西安交通大学 XI'AN JIAOTONG UNIVERSITY 本科"十三五"规划教材

普通高等教育软件工程专业系列教材

软件测试理论与实践

杜小智 编

 西安交通大学出版社
XI'AN JIAOTONG UNIVERSITY PRESS

国家一级出版社
全国百佳图书出版单位

图书在版编目(CIP)数据

软件测试理论与实践 / 杜小智编.
—西安:西安交通大学出版社,2020.7(2022.9重印)
ISBN 978 - 7 - 5693 - 1713 - 8

Ⅰ.①软… Ⅱ.①杜… Ⅲ.①软件-测试
Ⅳ.①TP311.55

中国版本图书馆 CIP 数据核字(2020)第 055926 号

书　　名	软件测试理论与实践	
编　　者	杜小智	
责任编辑	刘雅洁	

出版发行　西安交通大学出版社
　　　　　(西安市兴庆南路 1 号　邮政编码 710048)
网　　址　http://www.xjtupress.com
电　　话　(029)82668357　82667874(市场营销中心)
　　　　　(029)82668315(总编办)
传　　真　(029)82668280
印　　刷　西安日报社印务中心

开　　本　787 mm×1092 mm　1/16　**印张** 19.75　**字数** 481 千字
版次印次　2020 年 7 月第 1 版　2022 年 9 月第 3 次印刷
书　　号　ISBN 978 - 7 - 5693 - 1713 - 8
定　　价　49.00 元

如发现印装质量问题,请与本社市场营销中心联系。
订购热线:(029)82665248　(029)82667874
投稿热线:(029)82664953
读者信箱:85780210@qq.com

前　言

随着软件在各行各业的广泛使用,人们对软件质量提出了更高的要求。然而,由于规模和复杂程度不断增加,软件的质量却不尽人意,软件产品在开发以及运维过程中存在缺陷与不足。软件质量保证及软件测试技术具有非常重要的作用,其广度和深度在很大程度上影响着软件产品的质量。

回想起若干年前,编者作为国内某知名企业的一名软件工程师,主要负责软件开发工作。当时,开发人员每周甚至每天都会与测试人员发生争执。这是因为,开发人员不认可测试人员给出的测试报告。当时,公司的测试人员多数学历不高,普遍缺乏专业的软件测试知识和技能,主要采用随便操作(点击界面提供的元素)的方式,发现的缺陷往往是较为浅显的错误。此外,测试人员为了让开发人员认真对待其发现的缺陷,将诸如"标签大小写错误"之类的问题列为"严重缺陷",这引起了开发人员和测试人员之间无休止的争吵。究其原因,是测试人员的技能不够,无法给出令人信服的测试报告。几年后,编者接触到了软件测试,立刻有了一种醍醐灌顶的感觉,觉得软件测试妙不可言、深不可测。此后,编者多年来一直从事软件测试方面的教学与科研工作,也帮助一些企业开发和测试软件产品。

软件行业的发展日新月异,软件测试技术也在不断地发展和完善中,近年来涌现了大量的测试技术并在实际软件项目中得到广泛应用。本书结合编者多年的工作经验,注重理论与实践相结合,致力于为软件测试人员和软件质量保证人员提供系统化的理论知识,并培养其实践能力。本书中主要介绍软件质量保证基础知识,软件测试基础知识;重点讲述多类软件测试技术,包括黑盒测试技术、白盒测试技术、集成测试、系统测试、验收测试、面向对象的测试、变异测试、组合测试等;又对两类软件的测试,即 Web 应用测试、移动 APP 测试进行了详细介绍;最后,重点讲述了软件测试工具及部分工具的应用。与同类书籍相比,本书具有如下特点。

(1)内容具有较高的广度和深度,既讲述基础的软件测试技术,又讲述具有一定难度的测试技术。

(2)注重理论与实践性相结合,在讲述完每种测试技术的理论知识以后,给出应用案例来说明它如何使用。

(3)系统性和实用性强,书中给出的部分应用案例,在多个章节中都出现,用于说明各种测试方法的优缺点,使读者能够学以致用。

本书分为 3 个部分,共 13 章。第一部分是基础篇,包括第 1 至 7 章,主要讲述软件测试的基础知识以及传统的软件测试技术;第二部分是进阶篇,包括第 8 至 12 章,主要讲述多种类型软件所面临的测试问题及解决方法;第三部分是工具篇,包括第 13 章,介绍主流的商业付费以及开源免费的软件测试工具,并重点阐述几种测试工具的应用。

本书在编写过程中,参考了国内外同行的相关文献,在此表示由衷的感谢。同时,也特别感谢西安交通大学软件学院的研究生贺红梅、刘晋兰、杨楠、杨凤爽、黄正超、黄琳婷等。他们为本书的实践部分提供了帮助。

软件测试是软件工程专业的必修课,也可以作为计算机专业及其他相近专业的必修课或选修课。本书不仅可以作为相关专业本科生及研究生的教材,也可以作为软件测试人员、开发人员以及质量保证人员的参考资料。希望通过对本书的学习,读者能够系统地掌握软件质量保证及软件测试的理论知识,能够培养起软件质量意识。

由于软件测试知识浩瀚,编者只能选取部分内容进行讲述;但仍希望读者根据书中内容,具备举一反三能力,能够解决所面临的实际问题。由于软件测试技术发展迅速,编者的认识及水平有限,书中难免存在疏漏、错误及不妥之处,恳请读者和同行批评指正。

为了帮助读者更好地理解和掌握软件测试相关知识,本书编者在中国大学 MOOC(www.icourse163.org)上开设了配套课程"软件质量保证"。读者可以在中国大学 MOOC 网站上搜索课程名称或者编者姓名查找该课程,也可直接访问网址 https://www.icourse163.org/learn/XJTU - 1206911801 进行学习。

编　者

2019 年 12 月

目录

第三部分　工具篇

第一部分　基础篇

第1章 软件测试概述

近年来,软件产业发生了较大变化,"软件定义"全面融入各个领域,软件的作用越来越大。2018年我国软件产业业务收入达 6.3 万亿元;2019年我国软件产业业务收入近 7.2 万亿元,同比增长 15.4%。与此同时,人们对软件的质量提出了更高要求。由于软件的规模不断增大、复杂程度不断增加,软件测试和软件质量保证变得越来越重要。

本章重点讨论以下内容:

软件缺陷;

软件质量;

软件质量保证;

软件测试定义;

软件测试模型;

软件测试分类;

软件测试用例;

软件测试原则。

1.1 软件缺陷

自计算机诞生以来,缺陷就一直伴随着软件存在,下面探讨典型的软件缺陷案例、与缺陷有关的术语,分析缺陷产生的原因及缺陷的分类。

1.1.1 典型的软件缺陷案例

软件已经深入渗透到人们日常生活中的方方面面,成为人们工作、生活中不可缺少的有机组成部分。然而,作为人类逻辑思维的产物,由于人的不完美性,软件中会或多或少存在一些缺陷,给人们的生活、工作带来诸多不便,甚至造成严重的经济损失和人员伤亡。

1. 波音 737 MAX 8 坠机事件

2018 年 10 月 29 日,印尼狮子航空公司 JT610 航班从雅加达起飞仅 13 分钟后失联,不久坠海,机上 189 人全部遇难。

2019 年 3 月 10 日,埃塞俄比亚航空公司 ET302 航班从亚的斯亚贝巴飞往肯尼亚内罗毕,飞机起飞仅 6 分钟后坠毁,机上 157 人全部遇难。

这两起空难的共同点是都使用了波音 737 MAX 8 型飞机。事故调查发现,客机中的自动防失速系统(机动特性增强系统,Maneuvering Characteristics Augmentation System,MCAS)导致了两起致命空难。在这两起事故中,飞机的自动防失速系统为了回应错误的迎角信息而自动启动。

2. "瞳"的陨落

2016 年 2 月 17 日,日本成功发射了一颗名为"瞳"的卫星。"瞳"卫星的造价为 2.86 亿美元,约合人民币 18.6 亿元。卫星上携带的 X 射线检测仪器,被寄予厚望,代表了"新一代 X 射线天文学"的未来,有望揭开黑洞等宇宙未解之谜。

然而,时隔一个多月后,"瞳"却因自旋而解体。它的设计寿命为 10 年,却仅仅正常工作了 10 天。事后分析发现,事故是由一个底层软件错误导致的。"瞳"的悲剧始于用来感知卫星姿态的测量星体坐标的"星体定位跟踪器"装置。卫星在经过"南大西洋地磁异常区"的南非东海岸上空时,暴露在相对较高的辐射环境中,导致了"星体定位跟踪器"故障。卫星的电子设备当然都是经过防辐射处理的,但或许是工程师过于乐观,或许是"瞳"运气太差,当年的地球磁场变化不太合理,数据变化太大,超出了卫星设计上限。即使卫星拥有三重防线,但高辐射依然造成了卫星"瞳"的解体。

3. Android 5.0 内存泄漏问题

虽然 Android 是目前世界上应用最为广泛的手机操作系统之一,但在其发展历史上,也一路伴随着各种各样的缺陷,尤其以 Android 5.0 版本中的内存泄漏问题为甚。内存泄漏问题会导致设备的内存被耗尽且无法自动清理,使得后台程序随机崩溃。内存泄漏在 Android 5.0 的第一个开发者预览版就存在,且持续存在了很长时间;即使很多人都反馈了这个缺陷,但直到 2014 年 12 月才彻底解决这个问题。

4. OpenSSL "心脏滴血"漏洞

2014 年 4 月 7 日,OpenSSL "心脏滴血"漏洞被曝光。黑客只要对存在这一漏洞的网站发起攻击,每次从服务器内存读取 64 KB 数据,不断地重复获取,就能得到程序源码、用户 http 原始请求、用户 Cookie,甚至明文账号密码等敏感信息。全球三分之一的以"https"开头的网站受到此漏洞的影响,包括大批网银、购物网站、电子邮箱等。

引起这个漏洞的原因是服务器没有对客户端发来的心跳数据进行严格检验。例如客户端向服务器发送了一个心跳包,并告诉服务器包含 64 KB 数据;但实际上信息内容为空。服务器没有验证心跳包到底有没有数据内容,也没有验证信息内容的字节数和信息长度字段是否吻合!服务器仍然使用 memcpy 函数将从指向保存信息内容的地址处开始的 64 KB 内存信息全部复制出来,然后回送给客户端。

5. 微软 30 GB 版本 Zune 无法启动事件

2008 年的最后一天,微软的 30 GB 存储版本 Zune 遇到大规模无法启动问题。在这一天,用户只要重启了 Zune,它就会卡在开机 Logo 界面中无法启动。事故分析发现,30 GB 版本的 Zune 播放器中内置的时钟驱动软件存在 Bug,无法正确处理闰年的最后一天(2008 年是闰年)。有人找到了当时的时钟驱动程序源码,与该事件有关的代码如下所示,读者可自行分析其中是否包含缺陷。

```
while(days > 365)
{
    if(DateTime.IsLeapYear(year))
    {
```

```
        if(days > 366)
        {
            days -= 366;
            year += 1;
        }
    else
        {
        days -= 365;
        year += 1;
        }
}
```

6. Ariane 5 运载火箭爆炸事件

Ariane 5 是欧洲航天局推出的重型航天运载火箭。1996 年 6 月 4 日,Ariane 5 火箭第一次发射,一个软件错误便导致了灾难性后果。发射后仅仅 37 s,火箭偏离了它的预定飞行轨迹,随后解体并且爆炸。火箭当时载有价值 5 亿美元的卫星。在发射之前,Ariane 5 已经研发了 9 年、花费了约 80 亿美元并多次推迟发射。事后分析发现,引起事故的直接原因是 Ariane 5 的飞行控制系统直接复用了 Ariane 4 中的部分代码,而复用之后缺乏严格的测试。在火箭运行过程中,软件将一个 64 位浮点数转换成 16 位有符号整数时,产生了溢出。

7. 爱国者导弹防御系统

在 1991 年 2 月的海湾战争中,伊拉克发射的一枚飞毛腿导弹击中美国在沙特阿拉伯的宰赫兰基地,当场炸死 28 名美国士兵,炸伤 100 多人。其实,在此次战争中,美国用上了当时最为先进的爱国者防空导弹系统,也确实在实战中拦截了大多数的来袭导弹。但该系统存在一个时间累积误差。爱国者导弹的火控系统的时钟寄存器设计为 24 位,因此系统时间也只有 24 位的精度。在长时间的工作后,这个微小的精度误差逐渐被放大。在持续工作了 100 h 后,系统时间的延迟达 1/3 s。这使得火控系统对敌方导弹的位置预测发生了较大误差。临时的解决方案是,每隔一段时间重启一下爱国者防空导弹系统,从而消除累积误差。

1.1.2　与软件缺陷有关的术语

几十年来,作为改进软件质量的一种有效手段,软件测试得到了飞速发展。全世界无数学者和业界工程技术人员提出了各种各样的软件测试方法与技术。然而,不同的人和组织对软件及测试的理解不尽相同,因此,一些相关术语缺乏严格而又普遍被接受的定义。这里,给出几个与缺陷有关的术语,其他术语在相关章节中进一步给出。

错误(Error):人们在开发软件过程中发生的过错(Mistake)。错误是人类日常生活中的一部分,错误几乎无处不在。一个软件项目,通常包括需求分析、设计、实现、测试等环节,由于工作主体是人,因此在任何一个环节都可能出错。如,客户未完全描述清楚他的意图,分析人员未完全理解客户的需求从而编写出不完善的需求文档,设计人员未完全弄清楚需求文档描述的问题,实现人员受限于自身能力及工作状态编写出不完善的程序,等等。软件错误是一种人为过程,对于软件本身来讲是一种外部行为。

缺陷(Defect):错误在程序中的表现。由于犯错是人的一种属性,人们在分析、设计、编码及测试过程中会犯错,这些错误使得软件不够完善、存在缺陷。软件缺陷是存在于软件(文档、数据及程序)之中的那些不希望或不可接受的偏差,其结果是软件运行于某些特定情况时会出现软件故障,这时称软件缺陷被激活。缺陷是造成软件故障甚至失效的内在原因。在业界,常用"Bug"来指代缺陷。需要注意的是,将缺陷俗称为"Bug",容易让人们忽视缺陷的严重性。

故障(Fault):软件运行过程中出现的一种不希望或不可接受的内部状态。它是一种状态行为,是指一个实体发生障碍或毛病。在运行时,人们说一个软件发生了故障,是指该软件丧失了在规定的限度内执行所需功能的能力。故障是动态的,可能会导致失效。对于不带容错的软件,故障通常等于失效。故障是软件缺陷的内在表现。

失效(Failure):软件运行时产生的一种不希望或不可接受的外部行为结果。它是系统行为对用户预期的偏离,是面向用户的概念。失效是软件缺陷的外在表现,只有运行中的软件才可能发生失效。更进一步,失效可能会带来事故,如烧坏显示器、破坏磁盘。

综上所述,软件错误是一种人为的错误,一个软件错误会产生一个或多个软件缺陷。当一个软件缺陷被激活时,便产生一个软件故障;同一个软件缺陷在不同情况下被激活,可能产生不同的软件故障。如果没有及时地对软件故障进行容错处理,则会导致用户可见的软件失效;同一个软件故障,在不同情况下可能导致不同的软件失效。

1.1.3　软件缺陷产生的原因

根据上面对软件缺陷的描述,可以知道在软件项目的全生命周期中,各个阶段都可能由人们犯的错误而引入缺陷。随着软件规模越来越大、复杂度越来越高,软件需求分析、设计以及编码实现都面临着越来越大的挑战。由于软件项目团队成员思维上的主观局限性、现代软件的复杂性,以及软件项目开发周期的紧迫性,在开发过程中不可避免地出现软件缺陷。Ron Patton 将软件缺陷的判定细化为如下 5 种规则,只要满足任意一个规则,就认为软件存在缺陷:

(1)软件未实现需求规格说明书要求的功能;

(2)软件出现了需求规格说明书指明不应该出现的错误;

(3)软件实现了需求规格说明书中未提到的功能;

(4)软件未实现需求规格说明书虽未明确提及但应该实现的功能;

(5)软件难以理解、不易使用、运行缓慢等,即用户体验不佳。

在实际的软件项目中,往往会存在上述的多条规则,即同时存在多种不同类型的软件缺陷。也就是说,开发的软件应该满足刚刚好原则:既不能遗漏功能,也不能画蛇添足(增加不必要的功能)。引起软件缺陷的原因有许多种,包括:软件本身、团队工作、技术问题、开发过程管理等,这里给出一些典型的原因。

1.需求规格说明书问题

开发的软件最终要供用户使用,然而现在的软件或多或少都存在一些令用户不满意的地方,即软件存在缺陷。根据对众多软件项目的统计分析,人们惊奇地发现:大多数的软件缺陷不是由编程错误引起的,而是来自于需求规格说明书。

需求规格说明书是软件项目团队进一步进行设计、编码及测试的依据;它是否清晰完整地描述了用户真实的需求,在很大程度上决定了软件项目的成败。然而,在现实中,需求规格说明书却成为造成软件缺陷的罪魁祸首。这其中包括很多原因:需求分析员不懂用户业务,对用户需求在理解上存在偏差,使得需求规格说明书有错误;很多情况下,没有编写需求文档;编写的需求规格说明书不够完整;用户需求发生了变化,但规格说明书没有同步更新;需求规格说明书主要采用自然语言描述,往往带来一些歧义;编写的需求规格说明书没有及时让用户确认;等等。

2. 团队协作问题

现代的软件项目,由于规模较大、开发周期较短,通常需要多人组成一个团队甚至多个团队来共同完成,这不可避免地涉及团队成员之间的协作问题。在协作过程中,存在各种各样的问题,从而导致软件缺陷的产生。一些典型团队协作问题如下:

(1)不同阶段的团队成员相互理解不一致:需求分析人员与客户专业背景不同,沟通存在困难,使得需求理解不够全面或存在误解;软件设计人员对需求规格说明书理解有偏差;编码人员对设计文档中的部分内容不完全理解;等等。

(2)由于项目规模相对较大,不同人员在相互协作的时候,职责划分不够清晰,存在扯皮推诿情况。

(3)设计或编程过程中,团队成员相互之间沟通不够充分,双方对接口的理解不一致,从而造成每个人都做得很好,但程序却无法集成在一起。

(4)公司或团队文化,对软件质量不够重视。一些公司为了赶进度,存在侥幸心理,将包含许多缺陷的软件产品交付给用户,等着用户在使用过程中发现问题,然后再对问题进行处理。

(5)团队成员技术水平有限。如,刚毕业的大学生未经历过大型复杂软件的开发,缺乏系统的软件开发经验,会给软件项目带来许多风险。

3. 未考虑复杂应用场景

项目团队在开发软件时,通常只考虑基本的应用场景,只保证软件基本操作正常,未考虑各种复杂的应用场景。下面是一些常见问题:

(1)未考虑大量用户同时使用软件系统的情况。如,早期的12306网站,在节假日时,大量的用户同时访问进行购票,使得系统很快崩溃。

(2)未考虑海量数据使用场合。如,一个查询系统,在查询几百上千条数据时响应及时,但对于几千万条数据甚至更多时,响应可能需要几个小时甚至更长时间。

(3)对于边界条件缺乏考虑。

(4)只考虑正常情况,对于异常情况未充分考虑。

(5)对于一些实时性系统,未进行整体考虑和精心设计,未注意时间同步要求,使得系统出现逻辑混乱情况。

(6)只考虑系统自身,未考虑系统与第三方软件及硬件之间的依赖关系。

此外,在进行软件开发时,未考虑系统发生崩溃后,如何进行数据的备份与容灾,如何进行系统的自我恢复等。

4.技术方面问题

为在预期时间和经费预算内顺利完成软件项目,通常需要多名专业技术人员通力协作。然而,在实际项目中,往往由于各种技术方面的问题,软件项目不能顺利完成。下面是一些常见的技术方面的问题:

(1)开发人员的技术具有局限性,在进行系统设计与实现时,未全面考虑功能、性能、易用性及安全性等方面。

(2)在开发项目时,新技术不成熟使得软件存在缺陷;或项目团队对新技术的掌握不够熟练,使得在分析和解决问题时考虑得不够充分。

(3)用户的要求在现有技术水平下不可能实现,但团队成员未及时反馈给用户。

(4)软件的逻辑过于复杂,在问题分解时划分得不够合理。

由于软件变得越来越复杂,引起软件故障的原因有很多,涉及人员、技术、管理及成本等多方面。有关统计报告显示,目前的软件项目大约只有1/3能够在预定时间、预定经费内完成;还有1/3的软件项目要么延期、要么增加经费才能完成;剩下的1/3则是失败的项目。缺陷的存在是软件不能按期完成或失败的重要原因。

1.1.4　软件缺陷分类

缺陷是软件与需求不一致的某种表现,缺陷的存在使得软件质量不能满足用户预期。对缺陷进行分类有助于分析软件开发过程中存在问题与不足以及评估软件的质量。软件缺陷有多种分类方法:以缺陷产生的开发阶段来划分,以缺陷的修复成本来划分,以缺陷产生的后果来划分,以解决缺陷的难度来划分,以若不解决缺陷带来的风险来划分,以缺陷出现频次来划分,等等。

据相关分析报告,软件缺陷按需求分析、设计和编码等进行归类的结果如图1-1所示。

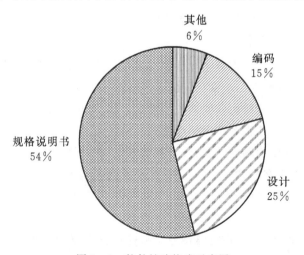

图1-1　软件缺陷构成示意图

从图1-1中可以看出,需求分析的结果——规格说明书是引起软件缺陷的最大原因,因其导致的缺陷占到了缺陷总数的一半以上;而通常认为产生缺陷较多的编码只排在第三位。

　　软件需求规格说明书,也称为软件需求规约、功能规格说明书、产品说明书等,它是项目团队内部人员进行设计、编码和测试的重要基础,也是外部用户参考的依据。为什么软件规格说明书是缺陷引入最多的地方? 除了上一小节描述的原因外,还有如下原因:①用户通常不是计算机和软件专业人士,软件团队缺乏用户的专业背景知识,双方在沟通的过程中存在较大的鸿沟,对要开发软件的功能理解不一致;②用户对软件的理解还不够深入,主要依靠想象来描述需求,这往往带来很大的偏差;③研发团队对需求规格说明书不重视,不愿意花太多时间在整理文档上。

　　设计是引入缺陷的第二大原因,因设计导致的缺陷占缺陷总数的 1/4;编码只排在第三位,这和人们的认识有所不同。发现缺陷后,对这些缺陷的修复也可能会引入新的缺陷或者并不一定能真正修复问题,一个典型的案例是 Windows 操作系统发布的补丁上面经常嵌套补丁。

　　在发现软件缺陷后,应按照优先级尽快修复。这是因为修复软件的费用随着时间的推移呈指数级增长;前一阶段的缺陷应尽量在前一阶段解决,而不应等到最后才处理;错误会积累和扩散,越到后期修复成本越高。例如,假定在需求分析阶段发现并修复一个缺陷需要 50 元,那么等到测试阶段才发现该缺陷,修复费用可能高达 500 甚至 5000 元。确定缺陷的优先级涉及多方面因素,包括缺陷所处的阶段、缺陷的重要程度、缺陷后果的严重程度、缺陷发生的概率等。

　　根据带来后果的严重程度,可以将缺陷划分成不同等级。不同的项目团队、不同的软件项目可以根据自身需求将缺陷划分为不同等级。Beizer 将缺陷按严重程度划分为 10 类,每类缺陷的说明如表 1-1 所示。

表 1-1　缺陷的严重程度

序号	严重程度	说明
1	轻微	词语拼写错误
2	中等	误导或重复信息
3	使人不悦	被截断的名称,0.00 元账单
4	影响使用	有些交易没有处理
5	严重	丢失交易
6	非常严重	不正确的交易处理
7	极为严重	经常出现"非常严重的"错误
8	无法忍受	数据库破坏
9	灾难性	系统停机
10	容易传染	扩展到其他系统的系统停机

　　此外,还可以结合程序自身,对缺陷进行分类,表 1-2 给出了输入/输出缺陷、逻辑缺陷、计算缺陷、接口缺陷、数据缺陷等程序缺陷。这些类型的缺陷更为具体,这种分类有助于开发人员在编写代码时有针对性地注意这些问题,从而提高软件的质量。测试人员可以根据表 1-2,检查被测软件是否存在这些类型的缺陷。

表 1 – 2　程序缺陷分类

类型	举例/说明	类型	举例/说明
输入缺陷	不接受正确的输入	接口缺陷	不正确的中断处理
	接受不正确的输入		I/O 时序有错
	描述有错或遗漏		调用了错误的过程
	参数有错或遗漏		子程序改变了原本仅为输入值的形参
	声明后的文件属性不正确	数据缺陷	传感器数据超出限制
	打开文件的语句中各项属性的设置不正确		不正确的数据范围
			不正确的类型
	格式规范与 I/O 语句中的信息不吻合		不正确的下标
	可用内存空间不足以保留将读取的文件		不正确的数据维数
	文件在使用前未打开		缩放数据范围或单位错误
	程序未正确处理异常		不正确的初始化
输出缺陷	格式有错		全局变量在引用它的所有模块中,定义和属性不同
	结果有错		调用内置函数后,实参的数量、属性和顺序不正确
	未判断文件结束的条件		不正确的数据声明
	不一致或遗漏结果		不正确的数据引用
	不合逻辑的结果		不正确的存储/访问
	拼写/语法错误		错误的标志/索引值
	修饰词错误		不正确的打包/拆包
	文件在使用后未关闭		使用了错误的变量
	在错误的时间产生正确的结果(太早、太迟)		
计算缺陷	不正确的算法		出现 1 次断开
	遗漏计算		不一致的数据
	不正确的操作数		错误的数据引用
	不正确的操作	逻辑缺陷	遗漏情况
	不正确的比较		重复情况
	括号错误		忽略极端情况
	精度不够(四舍五入,截断)		解释有错
	错误的内置函数		遗漏条件
接口缺陷	调用了不存在的过程		外部条件有错
	参数不匹配(类型、个数)		错误变量的测试
	不兼容的类型		不正确的循环迭代
	过量的包含		错误的操作符(例如用"<"取代了"<=")
	常数以实参形式传递		不正确的程序终止

1.2　软件质量与质量保证

缺陷的存在使得软件质量难以满足用户要求,那么到底什么是软件质量? 如何来保证软件质量? 下面探讨软件质量和质量保证的内涵。

1.2.1　软件质量

在日常生活中,人们经常会用到质量这个词,比如,某某牌子的计算机质量好,某牌子的手机质量差。对于软件产品而言,用户也希望使用质量高的软件。但对于什么是软件质量,不同的团队及个人有不同的理解和定义。这是因为质量本身是一个综合性概念,与具体的使用环境、用户的关注点有密切关系。下面给出一些机构和专家对质量的定义。

国际标准化组织(International Organization for Standardization,ISO)给出的质量定义是"反映实体(可单独描述和研究的事物,如活动、过程、组织、产品、体系或人以及它们的任何组合)满足明确和隐含需求能力的特性组合";Juran 将质量定义为"适合使用";美国质量协会给出的定义是"一个产品能够满足给定需求的所有特性";全面质量管理领域的创始人 Feigenbaum 将质量定义为"满足客户预期的有关市场、工程、制造及维护的综合产品与服务的全部特征",即当被所有人以任何方式使用时,产品能够正常工作,这就是质量。

从上面的定义可以看出,质量是一个与用户有密切关系的复杂多维度概念。有一点需要注意的是,上面给出的这些定义并没有将质量等同于"和需求规格说明书一致",也就是说,不管是开发人员还是测试人员,不能将软件质量与符合需求规格说明书等同起来。但在软件项目开发过程中,开发人员和测试人员往往将讨论的焦点聚集在程序是否符合需求规格说明书。正如上一小节所讲的,需求规格说明书通常导致了大量缺陷,如果以符合需求规格说明书为标准,人们能说软件具有高质量吗?

传统上,质量包括五个维度:功能性(Functionality)、易用性(Usability)、可靠性(Reliability)、性能(Performance)和可支持性(Supportability)。这种传统的划分方式是一种较好的分类方式,但在实际应用过程中,这些维度还较为粗略。可以将质量划分为更为细致的粒度:功能性、性能、可访问性、可维护性、并发性、可伸缩性、安全性、效率、可安装/卸载性、兼容性、可测试性、易用性、本地化性等等。这些细粒度的质量特性,除功能性外,其余特性可以统称为非功能性质量特性。在测试的过程中,可以针对这些质量特性,设计相应的测试用例来检查产品是否满足这方面的质量需求。

软件作为一种特殊的商品,也存在质量需求。下面给出两种软件质量(Software Quality)的定义。

(1)《计算机软件质量保证计划规范》(GB/T 12504—90)将软件质量定义为:软件产品中能满足给定需求的各种特性的总和。这些特性称为质量特性,包括:功能性、可靠性、易用性、可维护性、可移植性、经济性等。

(2)《软件工程术语集》(ANSI/IEEE Std 729—1983)中,软件质量定义为软件产品中能满足规定的和隐含的与需求有关的全部特征和特性。例如,软件产品满足用户要求的程度;软件各种属性的组合程度;用户对软件产品的综合评价程度;在使用过程中软件满足用户要求的程度。

根据上述定义,可以看出软件质量的定义与其他商品的定义非常类似,关注的是软件产品满足用户使用要求的程度。软件质量具体由用户所关注的质量特性来决定。

1.2.2　软件质量模型

通过上文对质量及软件质量的探讨,认识到质量是一个包含多个特性的综合概念,对于商品质量的度量,需要细化到每个质量特性上面。对于软件质量的特性来讲,一些机构及团队给出了较为认可的软件质量模型,包括 McCall 质量模型、ISO/IEC 9126 质量模型、Boehm 质量模型、ISO 9000:2000 质量标准和 Perry 模型。这里较为详细地介绍 McCall 质量模型和 ISO/IEC 9126 质量模型。

1. McCall 质量模型

McCall 质量模型由 McCall 及其同事于 1977 年建立,他们依据质量因子和质量标准来研究软件质量。McCall 模型给出了 11 个质量因子,这些质量因子属于软件产品的 3 个不同方面,如表 1-3 所示。

表 1-3　McCall 质量因子

质量分类	质量因子	定义	大的目标
产品操作	正确性	程序满足规范并完成用户的任务目标的程度	实现客户的需求了吗
	可靠性	程序在要求的精度下能按预期来执行目标功能的程度	一直保持正确性吗
	有效性	程序执行一个功能所需要的计算机资源和代码量	快速地解决了期望的问题吗
	完整性	能够控制未经授权的人访问软件或者数据的程度	安全吗
	易用性	在程序的学习、操作、准备输入和解释输出方面所需要的工作	可以运行吗
产品修复	可维护性	在运行的程序中定位和修复缺陷所需要的工作	可以修复吗
	易测性	测试程序以确定其执行目标功能所需要的工作	可以测试吗
	适应性	修改运行的程序所需要的努力	可以改变吗
产品转变	可移植性	把程序从一个硬件或者软件环境转移到另一个环境所需要的工作	可以在另一个机器上使用吗
	可重用性	软件系统的一部分可以重用到另一个软件系统中的程度	组件可以重用吗
	互操作性	把一个系统和另一个系统联合起来所需要的工作	能和其他系统交互吗

质量因子是系统的一种行为特征,是一种外部属性。不同的涉众(Stakeholder)人员所关注的质量因子不同。例如,客户关注软件产品是否可靠有效,而不会关心软件是否可以移植到其他平台。开发人员不仅关注可靠性和有效性,还关心软件的可重用性和可移植性来提高软件开发效率。质量保证人员则更关心易测性,从而能够快速判断其他质量因子是否满足需求。

McCall 质量模型给出了 23 种质量标准,目的是为了能够对质量因子进行量化,从而对整个软件质量进行量化评估。质量标准是质量因子的一个属性,一些质量标准与人员有关、一些与产品有关。质量标准与质量因子之间存在对应关系,如图 1-2 所示。其中,箭头从质量标准指向质量因子,表示质量标准对质量因子有积极的影响。

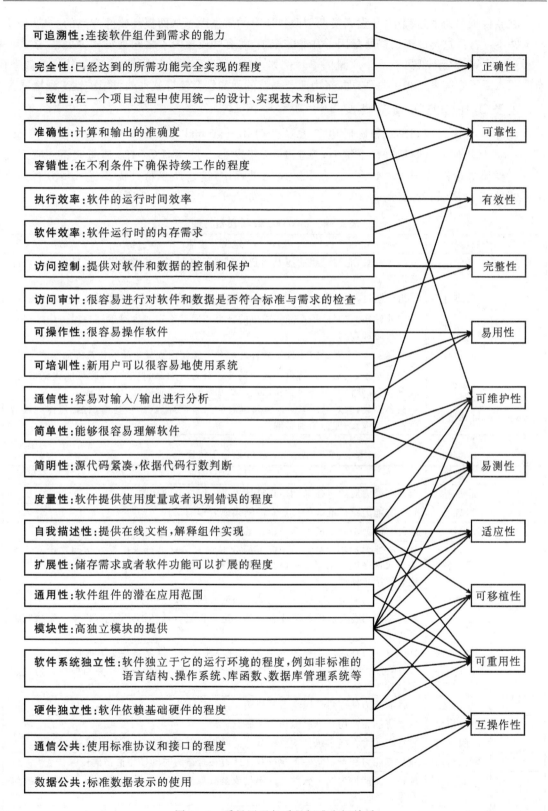

图 1-2 质量因子与质量标准之间关系

在软件项目研发过程中,研发人员期望改进所有的质量因子从而提高软件产品的质量,但实际上并不可行。这是由于这些质量因子并非完全独立,有些质量因子之间是负相关关系,改善一个质量因子可能会降低另外一个质量因子。例如,努力改善系统的易用性,会降低软件的效率;有些质量因子之间是正相关关系,如,努力改善系统的易测性会使得软件的可维护性得到增强。

2. ISO/IEC 9126 质量模型

国际标准化组织(ISO)和国际电工委员会(International Electrotechnical Commission, IEC)一起对软件质量模型进行了统一,并于 1991 年发布了 ISO/IEC 9126 质量模型。它定义了 6 大类质量特性,如表 1-4 所示。在实际应用过程中,这些质量特性需要进一步分解为质量子特性,6 个质量特性分解为 20 个质量子特性,如表 1-5 及图 1-3 所示。

表 1-4　ISO/IEC 9126 质量特性

序号	质量特性	定义及说明
1	功能性	一组属性集,它对一组功能及给定的特性施加影响;这些功能将满足指定或者隐含的需求
2	可靠性	一组属性集,它对软件在一段指定时间内在给定条件下维持其性能的能力施加影响
3	易用性	一组属性集,它对使用产品所需要的努力和通过给定或者暗示用户对使用效果进行评价施加影响
4	有效性	一组属性集,它对给定条件下软件性能和资源使用数量之间的关系施加影响
5	可维护性	一组属性集,它对进行特定修改所需要的努力施加影响(这些修改可能包括修复、改善,或者软件对于环境变化的适应和在需求和功能规范中的变更)
6	可移植性	一组属性集,它对软件从一个环境转移到另一个环境(这包括组织的、硬件的或者软件的环境)的能力施加影响

表 1-5　ISO/IEC 9126 质量子特性

序号	子特性	定义及说明
1	合适性	软件有能力对给定任务和用户目标提供一组充分的功能
2	准确性	软件有能力提供准确的或商定的结果或者影响
3	互操作性	软件有能力与一个或者多个给定系统进行交互
4	安全性	软件有能力预防无意识的访问并阻止对秘密信息进行未授权的访问攻击或者对信息或程序进行未授权的修改攻击(这种修改给攻击者带来了一些利益),或者拒绝合法用户使用服务
5	成熟度	软件有能力避免由于软件中的缺陷而造成的故障
6	容错性	软件有能力在有软件缺陷或者对其特定接口进行破坏的情况下,将性能维持在特定水平
7	可恢复性	软件有能力在故障出现的情况下,重建性能水平和恢复直接受影响的数据
8	易懂性	软件有能力使用户可以理解软件是否合适,以及对于特殊的任务与条件如何使用该软件
9	易学性	软件有能力使用户可以学习其应用
10	可操作性	软件有能力使用户可以操作和控制它
11	时间行为	软件有能力在指定条件下执行其功能时提供合适的响应、处理时间和吞吐量
12	资源利用	软件有能力在指定条件下执行其功能时在合适的时间使用恰当的资源
13	可分析性	软件产品能被诊断出软件中的不足或是故障原因的能力,以及能被识别出要被修改部分的能力
14	可变性	软件有能力使特定修改得以实施

续表 1 - 5

序号	子特性	定义及说明
15	稳定性	软件有能力使不希望的来自软件修改的影响最小
16	易测性	软件有能力使修改的软件能被确认
17	适应性	对于不同的特定环境,不需应用一些行动和手段就能修改软件,除了那些为软件目标而提供的行动和手段之外
18	可安装性	软件能安装到特定环境中的能力
19	共存性	软件在共享公共资源的公共环境中与其他独立的软件共存的能力
20	替换性	软件有能力替换其他软件在这一软件的环境中使用

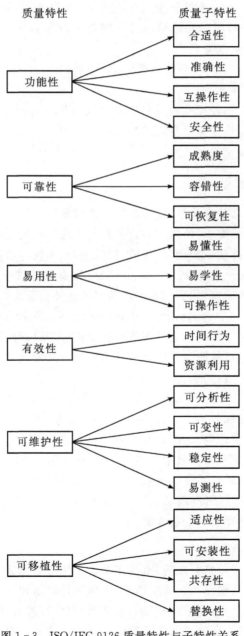

图 1 - 3 ISO/IEC 9126 质量特性与子特性关系

ISO/IEC 9126 质量模型仅仅提供了一种参考。针对具体的软件项目,团队成员在应用该模型时,需要首先充分理解自己的需求,然后定义质量特性和子特性。当然,这个过程是一个循序渐进的过程,可能需要迭代多次才能最终确定软件项目所需要的质量特性和子特性。

3. McCall 质量模型与 ISO/IEC 9126 质量模型的比较

McCall 质量模型与 ISO/IEC 9126 质量模型有很多相似性,它们都关注软件质量。McCall 模型中的质量因子与 ISO/IEC 9126 模型中的质量特性相对应,都包含有可靠性、易用性、有效性等,但两个模型还是有较大的区别。

(1)McCall 模型考虑内部质量,而 ISO/IEC 9126 模型则强调对用户可见的属性。

(2)McCall 模型有 11 个质量因子,而 ISO/IEC 9126 模型只有 6 个质量特性。

(3)McCall 模型中,质量因子和质量标准之间是多对多关系;而 ISO/IEC 9126 模型中质量特性与子特性之间是一对多关系。

(4)McCall 模型中的一个高层质量因子(如易测性)在 ISO/IEC 9126 模型中是属于可维护性的一个低层质量子特性。

需要注意的是,并没有一种标准的质量模型可以应用于各类软件项目。在实际的软件项目开发过程中,项目团队应该根据自身需求和软件项目特色,参考现有的软件质量模型,制定合适的质量模型。

1.2.3　软件质量保证

前面讨论了软件缺陷和软件质量,缺陷的存在造成软件质量的下降,软件开发人员为了保证交付给用户的软件能满足需求,使用了各种各样的方法。与其他产品的质量管理相似,软件产品的质量管理也包括软件质量控制、软件质量保证和全面软件质量管理。

软件质量保证(Software Quality Assurance,SQA)是确保软件产品自诞生起到消亡止的全生命周期的质量活动,即确定、达到和维护所需要的软件质量而进行的所有有计划的系统性管理活动。电气电子工程师学会(Insitute of Electrical and Electronics Engineers,IEEE)给出的定义:软件质量保证是一种有计划的系统化行动模式,对项目(Item)和产品符合建立的技术需求提供充分信任。即:软件质量保证是设计用来评价开发或制造产品过程的一组活动,这组活动贯穿软件生成的全生命周期。

软件质量保证中各种活动的目标涉及软件开发和维护中的功能、管理以及经济方面。具体来讲,软件质量保证的目标分为 3 个大的目标:①保证软件及其维护符合功能与技术需求;②保证软件及其维护符合管理需求,即时间和费用都在预算内;③为实现前两个目标,组织一些活动来改进软件开发效率和维护效率,并进一步优化 SQA 活动。

在实际的软件项目中,软件质量保证包括多个方面的活动,从多个方面来尽可能消除软件缺陷,从而使得软件质量达到用户需求,软件开发与维护的环境会直接影响软件质量保证活动。通常,软件质量保证活动分为如下 6 类。

1. 项目前的质量活动

在一个软件项目正式开始执行之前,有许多准备工作需要完成。如合同评审活动,在评审合同时,需要完成如下事项:确保用户需求清晰,确保项目规划和资源需求估计合理,对参与项目的专业员工的能力进行评审,评估客户能否正常履行合同,并对开发风险进行评估。

在正式实施软件项目前,还需要制定开发计划和质量计划。在开发计划中,需要对整个项目的开发进度及人员安排进行规划,明确所需要的硬件资源、开发工具、过程管理方式,确定与合作伙伴的分工与协作等。在质量计划中,需要明确软件项目的质量目标,并将质量目标分解为多个可量化的子目标,明确每个阶段的开始和结束的质量标准,给出较为详细的评审、测试、验证及确认活动的安排。

2. 软件生命周期中的质量活动

软件全生命周期包括两个大的阶段:开发阶段和运维阶段。主要活动包括:各种评审,听取专家意见,进行软件测试,执行软件维护,保证合作伙伴的工作质量等。

3. 基础设施方面的质量活动

为开发出符合用户质量要求的软件产品,需要各种各样的基础设施来支撑。主要包括:过程和工作指导,提供各种模板和检查清单,对员工的培训和能力认证,预防和纠正措施,配置管理以及各类文档管理等。

4. 管理方面的质量活动

这部分属于软件项目全生命周期中的管理活动,包括项目开发过程中的进度管理、人员管理、成本管理、维护合同控制、软件质量度量以及软件质量成本等。前面给出的软件质量模型可以用于软件项目中,对软件的质量进行度量并评估软件的质量成本,包括返工成本。

5. 软件质量标准

在实施软件项目时,尽可能采用相关标准,这样有利于项目的成功且易于被其他组织所接受。主要目标是使用国际专业知识,改进与其他组织质量系统的协调,对质量系统进行客观、专业的评估与度量。

目前主要的质量管理标准有 CMM 度量标准和 ISO 9001 和 ISO 9003 标准;项目过程标准有 IEEE 1012 标准和 ISO/IEC 12207 标准。

6. SQA 自身的考虑

在软件开发与维护过程中,应用软件质量保证来尽量使软件产品能够满足用户要求。在具体操作过程中,可能需要开发一些工具来支持 SQA 的顺利实施;需要不断检查 SQA 活动是否达到预期;对采用的 SQA 活动给出改进的建议,使其应用于新的软件项目时能得到更好的效果。

1.3　软件测试概念

为了保证和提高软件的质量,人们从管理学角度给出了软件质量保证概念,在软件开发及运维过程中采用各种各样的方法来确保软件能够达到一定的质量水平。然而,软件质量保证更多关注的是过程,重点在于减少软件开发过程中的错误做法从而提高软件的质量。而另一类保证和提高软件质量的手段是软件测试,它更加关注软件产品,重点在于发现软件产品中的缺陷,从而进一步由开发人员修复缺陷以提高软件质量。软件测试与软件质量保证之间的交叉点:软件质量保证通过努力改进过程来改进产品,由于即使过程都严格按照规范进行,也不一定能够得到符合质量要求的软件产品,因此,需要软件测试来对软件产品进行严格的试验,从而尽可能多地发现软件中存在的缺陷。

狭义上,软件测试(Software Testing)是为了发现错误而执行程序的过程。广义上,在软件开发过程中的所有评审、确认、检验等活动都是软件测试。进一步讲,软件测试是由特定测试团队执行的一个正式过程。在该过程中,通过在计算机上运行测试用例来检验一个软件单元、多个集成的单元或一个完整的软件。所有测试工作都按照预先计划的测试过程来执行计划的测试用例。

可以看到,广义上的软件测试与软件质量保证之间有很多的相同之处。不同的人对此有不同的理解,一般以软件测试关注产品、软件质量保证关注过程来区分。有一点需要注意的是软件测试和软件使用是不一样的。软件测试的目的是发现软件中存在的缺陷,而软件使用的目的则是利用软件提供的功能完成用户的预期业务。

由于软件是人类思维的产物,软件应该是确定性的,即它的行为是可以预测的且稳定的。软件测试的目的主要包括两个:发现软件中的缺陷,对软件的质量进行量化评估。

1.4　软件测试模型

如同软件开发存在过程模型一样,软件测试也存在一些过程模型来对测试流程和方法进行定义。软件测试也是一个过程,涉及许多问题,如,测试目标是什么,测试对象是什么,如何执行测试计划,如何设计测试用例,如何评价测试结果。经过几十年的发展,人们提出了多种软件测试模型,如 V 模型、W 模型、X 模型,以及 H 模型等。下面就 V 模型和 W 模型进行较为详细的说明。

1.4.1　V 模型

快速应用开发(Rapid Application Development,RAD)又称为 V 模型,是软件开发过程中的一个重要模型,旨在改进软件开发的效率与效果。V 模型是瀑布模型的变种,反映了测试活动与分析设计等开发活动的关系。V 模型如图 1-4 所示,从左到右描述了基本的软件开发过程和测试过程,将测试明确分成了不同阶段,也清楚描述了每个测试阶段和开发流程中各个阶段的对应关系。

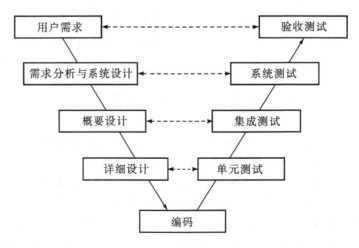

图 1-4　软件测试 V 模型

在 V 模型中,测试活动被分成了单元测试、集成测试、系统测试和验收测试。单元测试对应于详细设计,主要针对源码进行测试,通常由开发人员执行单元测试,以保证自己编写的程序不包含明显的缺陷。当然,也可以由测试人员进行单元测试来检验该程序单元是否满足预期要求。集成测试对应于概要设计,涉及多个单元综合在一起进行测试,重点检查各个单元之间的接口是否一致。系统测试是针对整个软件系统进行测试,涉及输入输出设备和人的因素,检验软件是否满足用户的功能性和非功能性需求。验收测试是由用户主导的测试,而前面三类测试是由软件开发团队主导的测试。验收测试由用户来检验软件是否满足其需求,在测试的过程中,用户使用真实的业务数据来查看软件的表现是否符合预期。

　　虽然 V 模型在一定程度上保证了软件的质量,但 V 模型还存在一些缺点与不足。它仅仅将测试活动作为编码之后的一个环节,理论上还是一个瀑布模型,只是将测试活动进行了细化。V 模型中,通过测试发现的缺陷,修复成本往往很高。

1.4.2　W 模型

　　W 模型也叫双 V 模型,它将开发过程细化为一个普通 V 模型,将测试过程细化为与开发过程并行的 V 模型。W 模型如图 1-5 所示,它基于尽早地和不断地进行测试的原则,在软件开发各个阶段增加了验证和确认活动。验证(Verification)是指开发人员是否在正确地做事情,强调过程的正确性,不仅检验当前阶段是否正确,还检验当前阶段是否与上一个阶段相一致。确认(Validation)是指开发人员是否在做正确的事情,强调结果的正确性,不仅检验当前阶段是否正确,还检验当前阶段的工作是否与用户的需求相一致。

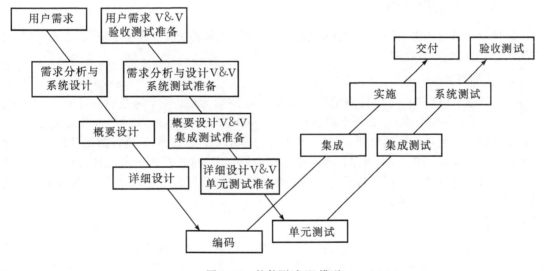

图 1-5　软件测试 W 模型

　　W 模型在 V 模型的基础上更进了一步,强调测试应伴随整个软件开发周期,测试的对象也不仅仅是程序,还包括需求文档、设计文档及相关文档数据。W 模型有助于尽早发现问题,如,需求分析完成后,立即进行验证和确认活动,从而发现需求分析人员给出的规格说明书是否和用户的要求相一致,规格说明书中是否存在矛盾。

　　虽然 W 模型较 V 模型有了较大的进步,但 W 模型依然存在一些局限和不足。如,W 模型仍然将开发活动分解为需求分析、设计、编码等串行活动,测试和开发之间也是一种线性的先后关系,不支持现代的主流迭代式开发模式。此外,对于现代大规模复杂软件,W 模型不能很好地适用,对于测试管理工作也带来很大挑战。

1.5　软件测试分类

经过几十年的发展,软件测试有多种多样的方法与技术,可以从不同角度对它们进行分类,本书给出 6 个不同角度的分类方式,如图 1-6 所示。

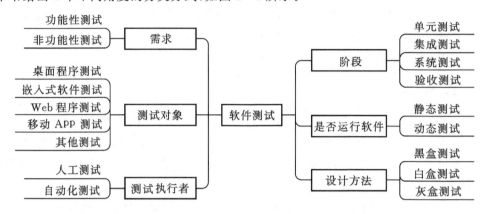

图 1-6　软件测试分类

1.5.1　按阶段分类

按照软件开发流程,针对不同的测试对象与目标,将测试过程分为 4 个阶段:单元测试、集成测试、系统测试和验收测试。

1. 单元测试

单元测试(Unit Testing)针对的是一个小的程序单元,如一个函数(Function)、一个类(Class)、一个模块(Module)或一个组件(Component),用于检验该单元是否满足预定功能。单元测试通常发生在项目的早期,在每个最小可测单元完成之后,立即进行测试工作。单元测试可以基于程序源码展开,也可以将程序单元作为黑盒考虑;开发人员可以执行单元测试,测试人员也可以进行单元测试。目前对于单元级别的测试,研究最为透彻,研究人员和工程人员提出了大量的方法和技术。

2. 集成测试

集成测试(Integration Testing)是将多个被测后的程序单元综合在一起进行的一种测试活动,其目标主要是发现与接口有关的问题。每一个实现良好的程序单元,合在一起的时候未必不发生错误。因此,需要集成测试来检验单元之间的数据传递是否正确,单元间的接口是否与预期一致等。

3. 系统测试

系统测试(System Testing)是在集成测试完成之后,将所有程序单元综合在一起,并同计算机硬件、输入输出接口设备、第三方系统、数据以及人等一起进行测试。全面分析被测软件是否满足预期功能性需求和非功能性需求。

4. 验收测试

验收测试(Acceptance Testing)是由用户主导的测试,目的是为了检验软件开发团队所交付的软件是否满足其最终需求。在测试过程中,用户采用真实的业务数据进行测试,不仅关注功能是否实现,还关注程序的性能是否满足要求,软件操作使用是否便捷易用,是否提供了足够的指导,等等。验收过程中,用户可能会请一些专家及组织中的相关人员来使用软件,或者请第三方测试机构来检验软件。

1.5.2　按是否运行软件分类

在进行测试工作时,不一定非要实际运行软件。按是否需要运行软件,软件测试可分为静态测试和动态测试。

1.静态测试

静态测试(Static Testing)是指不需要执行被测软件而进行的测试活动,包括桌面检查、代码走查、同行评审、静态分析等。测试人员通过检查程序源码或相关文档,确认代码是否符合规范,是否包含一些典型的易见错误,对程序的控制流和数据流进行分析等。静态测试往往能发现大量错误,如循环指数的次数是否正确,数组的下标是否越界。

2.动态测试

动态测试(Dynamic Testing)是指实际执行软件的测试活动,在测试过程中,将预先设计好的测试用例或临时设计的测试用例输入被测软件,然后判断程序的输出是否符合预期。动态测试往往能够发现一些深层次错误,而这些错误通常难以通过静态测试发现。

1.5.3　按设计方法分类

按设计方法可以将软件测试分为黑盒测试、白盒测试和灰盒测试。

1.黑盒测试

黑盒测试(Black Box Testing)将被测软件当作一个黑箱来考虑,不关心软件采用哪种编程语言实现,软件的代码是如何组织的。它只关心软件的输入和输出,不考虑软件的设计思路。通常黑盒测试的设计依据是软件需求规格说明书,有时黑盒测试也被称为行为测试、功能性测试或基于需求的测试。

2.白盒测试

白盒测试(White Box Testing)也叫玻璃盒测试(Glass Box Testing)、透明盒测试或结构性测试(Structural Testing),它是基于程序源码的测试。测试人员根据程序源码构建足够多的测试用例,从而满足需要的覆盖率。白盒测试一般只应用于单元测试。

3.灰盒测试

灰盒测试(Gray Box Testing)是介于白盒测试与黑盒测试之间的一种测试方法,或者说它是二者相结合的方法。测试人员了解被测软件中的局部设计思想,在测试过程中,不仅关注程序的输入和输出,也关注程序的内部表现,但这样的关注又不像白盒测试那样详细和完整。

1.5.4　按测试执行者分类

按测试工作的执行者,软件测试可以分为人工测试和自动化测试。

1.人工测试

人工测试(Manual Testing)也称为手工测试,是指测试工作由人来逐个完成。测试人员通过人工方式给被测软件输入一个测试用例,等被测软件执行完成以后,人工记录该测试用例是否通过。人工测试方式效率低下,但目前来讲,人工测试方式还不能完全被计算机所替代;尤其是探索性测试,目前基本上只能由人工进行。

2. 自动化测试

自动化测试(Automatic Testing)是由计算机自动完成的测试,在测试过程中,不需要或很少需要人工干预。自动化测试技术包括:录制/回放、脚本技术、数据驱动、关键字驱动和业务驱动等。自动化测试通常具有较高执行效率,但它也存在一些不足,如自动化测试工具不具备思维能力,只能按照人为编制的指令来执行,测试工具自身也可能存在缺陷。

在实际工作中,软件测试工作通常采用人工测试与自动化测试相结合的方式。

1.5.5　按需求分类

对于实际的软件项目,用户通常不仅关心功能方面的需求,还关注性能、安全性等方面的需求。因此,从需求角度可将软件测试分为功能性测试和非功能性测试,非功能性测试又可以按需求进一步细分。

1. 功能性测试

功能性测试(Functional Testing)主要基于软件需求规格说明书进行测试,验证软件是否实现了所期望的每个功能,也包括检验软件是否存在多余功能或遗漏了某些功能。

2. 非功能性测试

非功能性测试(Non-Functional Testing)是指除功能性测试之外的其他系统级别的测试,包括性能测试、安全性测试、可靠性测试、易用性测试、兼容性测试、压力测试、文档测试、安装/卸载测试、用户界面测试等。

1.5.6　按测试对象分类

随着技术和时代的发展,软件在各行各业得到了广泛应用。不同领域的软件具有不同的特征,对于它们的测试也存在较大差异。按测试对象可将软件测试分为桌面程序测试、嵌入式软件测试、Web 程序测试、移动 App 测试等。

1. 桌面程序测试

桌面程序测试是经典的软件测试,在互联网出现之前,软件测试多数属于桌面程序测试。它针对的是运行于计算机上的本地化程序,如字处理软件 WPS、图像处理软件 Photoshop。针对这类软件,测试活动主要关注其功能是否满足用户需求,而不太关心其非功能性方面的需求。

2. 嵌入式软件测试

近年来,嵌入式系统发展迅猛,对于嵌入式系统上的软件测试需求越来越大。由于嵌入式系统的工作环境通常较为复杂或恶劣,软件测试不仅关注其功能是否满足需求,更加关注其性能、可靠性等方面的需求。对于有些嵌入式系统来讲,其体积、功耗都有严格要求,且需要长时间在无人环境下持续运行,这给测试带来了极大的挑战。

3. Web 程序测试

随着互联网的发展,出现了大量的 Web 应用。对于 Web 程序的测试不能局限于功能方面的测试,还需要考虑性能测试、界面测试、安全性测试及兼容性测试。性能测试关注当同时有多个用户并发访问 Web 应用时,Web 程序能否依然正确地给出响应,需要考虑用户并发数量、请求响应时间、事务响应时间、吞吐率、资源利用率、请求成功率。对于 Web 应用来讲,其功能方面的测试包括链接测试、表单测试、Cookie 测试、Session 测试等。兼容性测试包括平台的兼容性测试和浏览器的兼容性测试。安全性测试包括应用级安全测试和传输级安全测试。

4. 移动 App 测试

随着移动互联网的发展,手机等便携式设备成为了人们生活中不可或缺的部分。移动 App 的广泛出现和应用给测试也带来了许多挑战。移动 App 测试包括功能性测试、兼容性测试、隐私测试等。兼容性测试需要考虑平台的兼容性、手机兼容性、屏幕尺寸兼容性等。隐私测试则考虑 App 是否访问了不需要的隐私数据,App 是否为山寨 App 等。

1.6　软件测试用例

软件测试的本质是针对被测对象,确定一组测试用例,测试用例在整个测试活动中处于核心位置。

1.6.1　软件测试的经济性

针对被测软件,一种测试思路是对软件进行穷尽性测试,考虑其所有的输入组合或考虑程序所有的执行路径。当所有的输入组合或执行路径被确认为无误后,可以认为软件是高质量的。然而,在现实中进行穷尽性测试是不现实的。

1. 穷尽性黑盒测试不现实

假定存在一个程序:$Y = \sin(X)$,其中:X 和 Y 都是 double 类型的实数。如果采用黑盒测试方法,对输入 X 进行穷尽性测试,即对 X 的每一个取值来判断程序的输出 Y 是否正确。很显然,人们无法对输入 X 进行穷举,因此穷尽性测试对于黑盒测试来讲是不现实的。更别说,实际需要的软件比这个程序要复杂得多。

2. 穷尽性白盒测试不现实

假设图 1-7 是一段代码的程序图,包含一个循环,循环次数最多可达 20 次。

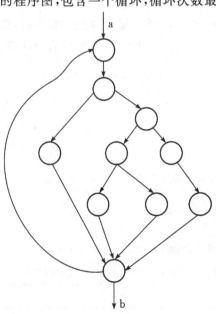

图 1-7　程序图示例

从图 1-7 可以看出,从语句 a 到语句 b 存在 4^{20} 条路径,约等于 1 万亿条路径。如果执行一条路径需要 1 s,那么总共需要 3 万多年才能将所有的路径覆盖一遍。因此,穷尽性路径测试也不现实。

更进一步,即使能够对路径进行穷尽性测试,白盒测试依然存在许多问题。例如:穷尽性测试后的程序依然无法保证其满足用户需求;程序编写错误,少了某些路径;对于一些数据敏感的错误,路径测试无能为力。

1.6.2　软件测试用例组成

由于既不能进行穷尽性黑盒测试、也不能进行穷尽性白盒测试,那么,目标就变为如何从海量可选的测试中选择出有限的测试用例,使得当这些测试用例作用于被测软件时能够得到最大的收益,即发现尽可能多的缺陷。这也恰恰是软件测试的艺术性体现,不同的测试方法和技术所选择的测试用例是不同的。通常,在设计测试用例时,以黑盒测试为主,以白盒测试为辅。

既然测试用例是整个测试工作的核心,那么测试用例都包含哪些信息呢? 一般来说,测试用例包含两个方面的信息:输入和预期输出。

输入包括由某种测试方法或技术所给出的实际输入和执行测试用例的前提(如环境等)。预期输出包括期望的输出和后果。

人们往往很容易给出输入,但是会忽视预期输出,这是因为在很多情况下预期输出很难确定。当预期输出难以确定的时候,工业界通常采用参考测试(Reference Testing)来进行测试,它们通过专家或其他软件、数据来检验本软件的输出是否可接受。

测试活动通常包括测试环境的建立、将输入作用于软件、等待软件给出输出、判断输出是否和预期输出相一致,如果一致,则测试通过;否则,测试失败。

有时,为了更好地管理测试活动,除了输入和预期输出外,测试用例还包含了一些其他信息,如,ID、目标、前提、执行历史、执行日期。一个典型的测试用例信息如表 1-6 所示。

表 1-6　典型的测试用例信息

测试用例 ID	TC-001	测试模块	用户登录
测试时间	2019-6-8　11:04	测试软件环境	Chrome
版本	V1.0	执行人	张三
测试步骤	1.输入正确的手机号(前提:测试数据)		
	2.密码留空		
	3.点击提交		
预期输出	系统提示"密码不能为空,请输入密码"		
结果	系统提示"密码不能为空,请输入密码"		
备注			

1.7　软件测试原则

为进行有效测试,软件测试人员需要遵循一些基本原则。

1. 尽早且持续测试

由于软件规模和复杂性日益增大,错误在软件开发过程中的各个阶段都可能被引入;不能将测试作为开发完成之后的一个环节来考虑,而应该将测试贯穿到软件项目的全生命周期中。在与客户签订合同时就应该开始测试工作,判断合同能否顺利执行下去。在需求分析、概要设计和详细设计的每个阶段,都需要测试来验证工作是否在正确进行。因此,对于实际的软件项目,测试应该尽早展开且需要持续展开。

2. 全面测试

对软件进行测试,不仅仅是程序代码的测试,还需要测试文档和数据。尤其是需求文档,它作为后续设计、编码及测试工作的基础,如果需求文档不完善,则会带来灾难性的后果。另外,全面测试也包括软件开发过程中各个环节的测试,检测开发过程是否和预先计划的流程一致;是否所有项目团队成员都具备质量意识、都积极参与到测试工作中。

3. 测试用例应该包括输入和预期输出两部分

如前所述,测试用例是测试活动的核心,不仅包含输入,还需要包括预期输出。但在现实工作中,尤其是采用计算机来自动生成测试用例时,预期输出往往缺失。这样,当输入作用于被测软件时,无法判断软件给出的输出是否正确。因此,在设计测试用例时,要给出正确的预期输出。

4. 程序员及开发团队应避免测试自己的程序

由于思维的盲点以及人类通常不愿意揭露自己的缺点,程序员及开发团队应尽量避免测试自己的程序,而是交给其他人或团队来测试。这样能够更加有效客观地发现程序中存在的缺陷。

5. Pareto 原则

Pareto 原则也称为群集现象,程序中 80% 的错误可能存在于 20% 的代码中。因此,在测试的过程中,如果发现某个模块包含很多缺陷,那么该模块可能会残留更多缺陷,这种现象已被许多软件项目所验证。如 IBM 公司 OS/370 操作系统,47% 的缺陷仅和 4% 的程序模块有关。在实际测试中,应该对更有错误倾向的模块进行严格测试,从而提高测试投资收益比。

6. 既要测试程序是否完成了该做的,还要确定程序是否做了不该做的

在执行测试时,不仅考虑程序的正常输入,还要更加关注程序的异常输入。确认一个软件实现了它应该具有的功能,仅仅是一半的工作,还要确认软件是否做了非预期的事情,即软件是否存在画蛇添足。用户在描述需求的时候,往往只说正常的情况,而对于各种异常情况,需要需求分析人员和测试人员来捕捉。此外,软件中存在的缺陷往往是由于开发人员没有考虑到各种异常情况造成的。

7. 穷尽性测试不现实

如前所述,不管是黑盒测试还是白盒测试,都无法进行穷尽性测试。因此,应该根据测试

计划和目标,设计合适且充分的测试用例来执行测试。

8.全面检查每个测试结果

对每一个测试结果,都要认真检查,以便于真正发现软件中存在的缺陷。更好的做法是,测试人员 A 发现的错误,由测试人员 B 再进行确认。

9.妥善保存测试资产

在测试过程中,会产生各种各样的测试资产,例如,测试计划、测试用例、测试数据、测试脚本、测试报告以及测试工具。现在的软件研发模式多采用迭代式开发,测试工作也需要迭代式进行,这些测试资产会被多次使用。它们对测试工作起着举足轻重的作用。因此,为提高测试效率,需要对这些测试资产进行妥善保存和维护。

10.测试是一项富有挑战性的工作

测试工作是在寻找程序开发人员的盲点,如果测试人员的能力过低,是难以胜任这项工作的。完全重复开发人员的工作,是不会发现更多缺陷的。因此,测试工作不是一些人所认为的低等工作,而是非常富有挑战性的工作,需要测试人员采用不同的方法和技术来发现程序中存在的缺陷。

1.8　讨　论

近年来,软件在人们工作、生活中起着越来越重要的作用。但由于软件规模不断扩大、软件复杂程度不断增加、从业人员水平参差不齐,软件中或多或少存在着缺陷,目前世界上不存在完美的软件。

为了开发出更高质量的软件,需要认真分析缺陷产生的原因。需求规格说明书方面的问题、团队协作问题、未考虑复杂应用场景以及技术方面问题等,都是造成软件缺陷的原因。对众多软件系统统计分析的结果表明:软件需求规格说明是引起软件缺陷的最大原因。因此,在软件项目的初期,需要认真调研分析用户的真实需求,形成较为完善的需求规格说明。

作为一种特殊的商品,软件的质量也涉及多个维度,如功能性、易用性、可靠性、维护性和经济性等。为更好地描述软件的质量,人们给出了多种质量模型:McCall 质量模型、ISO/IEC 9126 质量模型、ISO/IEC 25010 质量模型、Boehm 质量模型及 Perry 模型等。这些模型都将质量分成多个维度,并进一步细分为多个可以量化的子维度。如 ISO/IEC 25010 质量模型在 ISO/IEC 9126 质量模型的基础上进行了完善:

(1)增加了兼容性,突出了环境复杂性和多样性,如:Android App 的开发需要兼容多种版本、众多硬件设备;

(2)安全性独立作为一种质量特性,表明目前绝大多数软件系统运行于网络环境下,安全问题无法忽视。

为了保证和改进软件质量,人们采用软件质量保证技术对软件项目进行全生命周期管理,以确保能够在规定时间、规定预算内开发出满足用户预期的软件产品。软件质量保证是一种有计划的系统性行动模式,涉及 6 类质量活动,涵盖软件项目自诞生起直到消亡的全生命周期。

作为一种检验软件质量的重要手段,软件测试在软件生命周期中具有非常重要的作用。

软件测试的主要目的有 2 个：①发现软件中的缺陷；②对软件的质量进行客观评价。软件测试模型有 V 模型、W 模型、X 模型、H 模型等，每种模型都有其局限性，应根据项目实际需求选择合适的测试模型。由于存在多种软件测试方法和技术，可以从不同角度对它们进行分类，如，从设计方法角度可分为黑盒测试、白盒测试和灰盒测试。

由于无法进行穷尽性测试，因此，需要采用合适的技术对软件产品进行严格测试。测试用例的设计是测试工作的核心，测试用例通常包括输入和预期输出两个部分。对于实际的软件项目，应该在遵循软件测试原则的前提下，采用合适的软件测试技术，设计出能有效检验软件质量、发现软件缺陷的测试用例集。

由于软件测试是为了发现软件中的缺陷，因此，它是一项富有挑战性的工作。从业人员不仅需要掌握多种测试技术，还需要具备不畏艰辛、敢于接受挑战的奋斗精神。

本章小结

本章首先列举了典型的软件缺陷实例，并对几个与缺陷有关的概念进行了阐述；然后给出了软件质量、质量模型和质量保证的含义；接下来简单讲述了软件测试概念、测试模型及分类；最后介绍了软件测试用例及测试原则。

习题

1. 请区分错误、缺陷、故障和失效。
2. 什么是软件质量？
3. 什么是软件质量保证？
4. 软件测试的定义和目的是什么？
5. 软件测试 V 模型的特点是什么？
6. 请对比分析 V 模型和 W 模型。
7. 软件测试按阶段可分为哪些类型？
8. 软件测试按对象可分为哪些类型？
9. 软件测试按设计方法可分为哪些类型？
10. 为什么不能进行穷尽性测试？
11. 测试用例应该包含哪些信息？
12. 有哪些主要的测试原则？

第 2 章　软件测试流程

随着人们对软件产品的质量要求越来越高,软件测试工作的重要性日益体现。然而,测试并非随心所欲,而是有计划、系统性的工作。软件测试活动涉及多类角色,具有较为正式且严格的流程。

本章重点讨论以下内容:

软件测试角色;

RUP 测试流程;

定义评估任务;

测试与评估;

完成验收任务;

验证测试方法;

确认构建的稳定性;

改进测试资产。

2.1　软件测试角色

软件测试工作是富有挑战性的工作,需要多名不同类型的人员按照预定计划展开认真细致的工作。测试工作通常独立于开发任务,不同的组织根据测试工作内容的不同,将测试人员分成不同角色。有些组织将测试人员分为测试经理和测试员两类;有些组织将测试人员分为测试开发工程师和测试工程师两类;有些组织将测试人员分为测试经理、测试开发工程师和测试员三类。本书采用统一软件开发过程(Rational Unified Process,RUP)中的划分方式,将测试人员分为四类角色:测试经理、测试分析师、测试设计师和测试员。

测试经理(Test Manager)对整个测试工作负责,包括明确测试任务与目标、制定测试计划、安排测试人员、协调测试工作所需要的各类资源、对被测软件进行质量评估、编写和提交测试总结报告、总结测试过程中存在的问题并进一步改进测试工作,以及解决测试过程中碰到的各类问题。

测试分析师(Test Analyst)分析被测软件的特征、明确并细化测试目标、构思测试思想、设计测试用例、准备测试数据、对测试用例执行结果进行分析,以及编写软件缺陷报告。该角色涉及到测试用例的设计与选择,需要根据测试计划和目标,选择合适的测试用例集合。

测试设计师(Test Designer)也称为测试开发工程师、测试架构师、测试自动化专家等,主要负责定义测试方法并保证测试工作能顺利进行下去。具体职责包括:确定测试方法、确定测试环境和配置、开发自动化测试工具、提供测试指导手册、开发测试套、定义测试接口规范等。测试设计师本质上是开发人员,但工作的目标是开发较为通用的测试基础框架,甚至可能会对被测软件进行轻微修改来增加其可测性。

测试员(Tester)主要负责测试工作的执行,他将测试分析师给出的测试用例作用于被测软件,然后记录测试结果。该角色是测试工作的执行者,他也可以利用测试设计师提供的自动化测试工具执行测试工作。他对自动化测试能否成功起到很重要作用,他也可能会编写一些测试脚本来加快测试进程。

不同角色有不同的工作职责,但他们并非完全独立的。为保证测试工作顺利开展下去,不同角色之间会经常沟通、协同工作。比如,为了使自动化测试能够顺利执行下去,需要测试设计师和测试员经过多次沟通和实验,才能最终得到适用的自动化测试工具。某个测试用例未通过时,测试员通常会和测试分析师一起来分析原因。

2.2 RUP 测试流程

为保证测试工作顺利进行,不同的组织通常会根据其软件研发模式、软件特征、预算等制定不同的测试流程。虽然已有的流程不尽相同,但它们都包含一些共同的部分,如,制定测试计划、设计测试用例、执行测试、分析结果等。在众多软件测试流程中,RUP 测试流程/规程(Test Discipline)具有较高的代表性,适用于大多数现代软件项目。它不仅适合迭代式软件开发,稍作改造也适合于其他软件开发模型。图 2-1 为 RUP 测试流程。

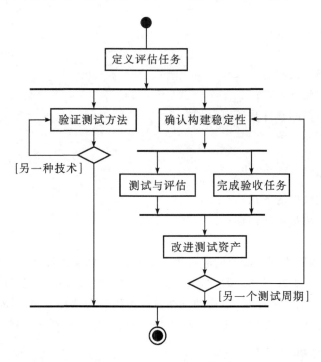

图 2-1 RUP 测试流程

RUP 测试流程描述了四类测试角色的任务与职责,具体包括 6 个主要环节:定义评估任务、测试与评估、完成验收任务、验证测试方法、确认构建的稳定性和改进测试资产。下面对每个环节进行详细介绍。

2.3　定义评估任务

定义评估任务(Define Evaluation Mission)是测试团队在开展具体测试工作前的第一步，主要目标是确定测试工作的重点。对于每次迭代来讲，该环节的主要任务包括：

①明确具体的测试工作目标；

②制定测试工作计划；

③确定合适的资源使用策略；

④确定测试工作的范围与边界；

⑤给出将要采用的测试方法；

⑥明确如何监督与评估测试过程。

定义评估任务考虑的是测试团队的高层目标，需要考虑哪些事情在激励着测试的进行，为什么是这些事情而非其他事情。该环节需测试经理、测试分析师和测试设计师的参与。

不同的团队、不同的软件、不同的预算，以及不同的公司愿景，都会影响软件测试的目标。有些测试团队将发现尽可能多的缺陷作为目标，有些团队将评估软件质量作为目标。下面是一些常用的测试团队的工作目标：

①发现缺陷；

②找出尽可能多的缺陷；

③评估软件质量；

④与规格说明书一致；

⑤阻止不成熟的软件发布；

⑥帮助产品经理判断软件是否可以发布；

⑦与现有同类产品一致；

⑧最小化投诉；

⑨最小化维护成本；

⑩发现安全使用软件的场景；

⑪检验软件是否满足用户预期；

⑫保证软件质量。

在实际工作中，测试团队可能会同时有多个目标，测试团队的工作目标也可能会随着软件生命周期而发生变化。如在早期的时候，测试团队的目标是发现尽可能多的缺陷；而在产品的后期，目标则变为评估软件的质量，以帮助判断是否可以发布软件。因此，对测试团队来讲，每次迭代的测试工作目标明确非常关键，并基于目标来进一步制定测试计划。

2.3.1　测试计划

根据测试目标，测试团队应针对被测软件制定较为详细的测试计划，从而基于测试计划来合理安排每位测试人员的工作。在制定测试计划时，应充分考虑被测软件的特征、测试团队的人员组成、测试周期、测试目标等因素，明确规定测试工作的范围、方法、资源和进度，明确每个任务的责任人，评估可能存在的风险等。

需要注意的是，测试工作范围不完全等同于开发团队的工作范围。虽然测试范围也基于软件需求规格说明书,但考虑的方面更多一些。这是因为软件需求文档往往不够充分,有很多隐含需求并未被包含在内。如,被测软件是否能够在多个操作系统平台上正确运行,软件能否在不同浏览器中正常显示?此外,由于目前的软件开发多采用迭代模式,测试对象也只是最终软件的一部分,而且每次迭代之后,测试的目标也会发生变化。这些都导致测试工作范围发生了变化。因此,要针对具体情况,明确每个测试周期的测试范围。

2.3.2　测试方法

测试方法(Test Approach)有时也称为测试策略(Test Strategy),确定将要具体使用的测试技术,从而完成预期测试使命。一个好的测试方法通常包括 5 个方面:多样化、风险为中心的、产品特定的、实际可行的和可防御的。

1. 多样化

多样化是指对于被测软件,不应该仅采用一种测试技术,而是同时采用多种技术。这是因为每一种测试技术只适合发现某类问题,而对于其他类型的缺陷则无法发现。同时综合应用多种测试技术,可以有助于增加发现软件缺陷的概率。

2. 风险为中心的

由于无法进行穷尽性测试,只能选择部分测试用例,这不可避免的会遗漏一些问题。为了使得测试工作变得更有成效,需要综合考虑风险。如,判断如果不对某个单元进行测试、或不采用某种测试技术会带来什么风险;需要考虑软件中是否可能存在某类缺陷及其危害程度如何。因此,在设计测试方法时,需要进行风险评估。

3. 产品特定的

不同的软件产品有不同的特征,一般的测试方法未必适用于要测试的软件。此外,不同的软件面临的风险是不同的,需要的资源随产品的不同也会变化。因此,在进行测试方法设计时,要根据产品的不同而进行变化,从而选择不同的技术组合。

4. 实际可行的

软件测试工作能否顺利执行,受限于很多因素:时间、预算、配置、资源、员工能力等。如果设计的测试方法超出了这些限制是没有意义的,因为它根本无法实现。例如,测试方法计划采用自动化测试,但是测试团队中没有程序员,根本无法开发自动化测试工具。因此,制定的测试方法一定要是可行的。

5. 可防御的

由于测试方法需要测试人员的充分参与才可能成功,这涉及到成本预算和人员预算等。但是如何让公司、组织或团队认可测试方法,需要能够解释清楚测试方法合理可行;否则,制定的测试方法可能会被否定。因此,测试方法一定是合理可行的,是能够自我解释清楚的。

2.4　测试与评估

测试与评估环节(Test and Evaluate)的目标是使测试工作达到合适的广度和深度,从而能够对每个测试项进行充分的评估。对于每个测试周期,该环节工作焦点在于如何达到可接受的测试深度和广度。这是整个测试周期中最为核心的环节,执行测试工作并对测试结果进行分析。该环节主要参与的角色是测试分析师和测试员,测试分析师对被测软件中的每个待测项选择合适的测试技术来生成测试用例,测试员执行测试用例并记录结果,测试分析师对测试结果进行分析。测试与评估主要解决几个问题:如何进行测试工作,如何评估测试结果,以及如何编写缺陷报告。

2.4.1　测试

上一小节讨论了测试方法,本节中需要选择合适的测试技术来匹配测试方法。经过多年的发展,研究人员和业界技术人员提出了非常多的测试技术,一些技术的思想存在交叠。有些测试技术听起来非常相似,但实际上它们还是有所区别的。例如,用户测试(User Testing)、易用性测试(Usability Testing)以及 UI 测试(User Interface Testing),它们的区别是什么?

用户测试是指站在用户角度进行测试,突出的是"人"。它关注的是谁来执行测试,而不关心如何测试、测试什么、何时测试、如何判断测试是否通过。当听到某个团队说他们在进行用户测试,就知道有一类人在进行软件测试工作。

易用性测试是执行测试来检验软件是否易于使用。软件可能操作起来不是非常便捷,软件的某些功能可能不能使用,软件用起来可能体验非常糟糕,使用该软件只是在浪费时间,所有这些都属于易用性测试。易用性测试关注软件用起来是否方便、用户体验是否良好,而不关注谁来测试软件、测试什么、如何测试等。

UI 测试是指对软件界面进行测试以判断它是否符合某种标准,是指测试工作期望覆盖的事物。如,这个按钮是否为标准按钮,这个输入框是否可以很便捷地接受用户输入。对于 UI 测试,需要对界面中的所有控件都进行测试,看看每个界面元素是否都按照预期方式工作,但不关心谁来测试以及如何测试等。

简单地说,用户测试关注的是谁来执行测试,易用性测试关注被测软件是否存在易用性问题,而 UI 测试则关注要测试的内容。更进一步,为了区分不同的技术,需要从多个维度来考虑测试工作。一般来说,可以从如下 5 个维度来考虑:

①测试者(Tester):谁执行测试工作;

②内容/覆盖(Coverage):要测试什么;

③潜在问题(Potential Problems):测试哪类问题;

④活动(Activities):如何测试;

⑤评估(Evaluation):如何判断测试用例是否通过。

所有的测试工作都包含这 5 个维度,但每种测试技术通常只会指定 1～2 个维度,剩下的维度由测试人员根据实际情况来补充完成。例如:要执行边界值测试,说明人们期望检验软件的输入是否处理了极值情况下的问题;但并没有说谁来执行测试,要测试哪些变量,如何测试这些变量以及如何判断结果是否通过,这些问题都需要测试人员来解决。

目前存在非常多的测试技术,如边界值分析、等价类、决策表、因果图、基于规格说明的测试、基于风险的测试、压力测试、回归测试、探索性测试、用户测试、场景测试、随机测试等黑盒测试技术,路径测试、基路径测试、数据流测试、基于程序片的测试等白盒测试技术。表 2-1给出了几种典型的黑盒测试技术。

表 2－1　典型的黑盒测试技术

名称	测试者	内容/覆盖	潜在问题	活动	评估
功能测试	任意	每个功能和用户可见变量	单个功能不能工作	任何有效的方式	任何有效的方式
等价类测试	任意	所有数据字段或数据字段的简单组合	数据、配置及错误处理	将字段的输入域划分为多个子集,从每个子集选择代表作为测试用例	由数据决定
基于规格说明的测试	任意	文档中的需求、特征等	实现与规格说明不一致	根据规格说明编写并执行测试;评审并管理需求文档可追溯性	软件行为是否与规格说明一致
基于风险的测试	任意	由识别的风险确定	可识别的风险	使用 QoS、风险启发式和缺陷模式来识别风险	可变
压力测试	专家	受限	不完善的异常处理	专门化	可变
回归测试	可变	可变	变更的副作用、不成功的缺陷修复	对每个(主要的)构建,创建并执行自动化测试套	可变
探索性测试	探索者	难以评估	计划的测试技术无法预见的事情	同时进行学习、计划及测试	可变
用户测试	用户	难以度量	除实际用户之外的人会遗漏的事情	由用户指定	由用户评估,可能需要指导
场景测试	任意	任何可用的故事	实际使用中可能发生的复杂交互	采访涉众并撰写剧本,然后实施测试	任意
随机测试	计算机	广泛但浅显,具有状态的应用的问题	宕机或异常	侧重于测试用例生成	通用方式或基于状态

　　有如此多的软件测试技术,自然带来一个问题:哪一种技术是最好的? 正如前面所述,这些技术主要对某一方面的错误有效,而对其他方面的问题无效。每种技术既有优点、也有缺点,并不存在一种针对所有问题都有效的技术。因此,在实际应用中,需要将多种技术结合起来,从而提高软件缺陷的发现率。

　　此外,要注意的是,在软件项目的生命周期中,采用的测试方法会发生变化,因此测试技术也需要进行改变。在项目早期适用的测试技术,到项目后期可能不再有效。这是因为在项目的早期,测试对象是有限的功能集合;而在项目后期需要考虑多功能的组合甚至整个软件。总的来说,测试技术应符合迭代目标。

2.4.2　评估

当执行完每个测试用例之后,需要记录测试结果。当测试用例未通过时,如何编写缺陷报告并评估软件? 在每个测试周期,测试人员都需要对每个测试项进行检验和评估,记录必要的准确信息来帮助解决问题,对可能存在风险的区域提供反馈。

测试员的主要工作是执行测试用例并记录结果,发现问题后填写缺陷报告。缺陷报告体现了测试员的能力。一个优秀的测试员,并不一定是发现缺陷数量最多的那个人,而可能是使缺陷被修复数量最多的那个人。缺陷报告质量的高低决定着该缺陷被修复的概率。

那么,是什么原因使得开发人员不愿意修复报告出来的缺陷呢? 下面是一些常见的原因:

①修复这个缺陷需要花太多的时间;

②用户不会这样操作软件;

③测试用例太极端;

④无法复现缺陷;

⑤看不懂缺陷报告;

⑥修改这个缺陷会引入更大风险;

⑦缺少足够的步骤等信息;

⑧对客户没有影响或影响甚微;

⑨缺陷不重要;

⑩这不是缺陷,软件就是这样设计的。

为了让开发人员愿意修复报告出来的缺陷,测试人员需要换位思考,站在开发人员角度考虑,想一想开发人员喜欢解决什么样的问题。因此,测试人员可以采用某种方式来激励开发人员,例如:

①这个缺陷非常严重;

②该缺陷会影响很多人使用;

③这个缺陷非常有意思,很有挑战性;

④领导说这个 Bug 必须修复;

⑤竞争对手因为这个缺陷损失了大量客户。

总的来说,就是要激励开发人员并消除他们可能拒绝的借口。为了使缺陷报告更容易被开发人员接受,通常在发现一个失效时,要进行跟随测试。这是因为当执行一个测试用例并发现了失效,此时看到的只是一个表象"软件未给出预期结果",但通常并未发现软件的缺陷到底是什么。测试人员可能并没有找到由该缺陷所导致的失效的最佳测试用例。因此,采用跟随测试来尝试说明这个缺陷比一开始看到的更加严重和更加容易出现。

例如,假定存在如下程序:

Input X;//输入一个数字 X

Input Y;//输入一个数字 Y

Output X/Y;//输出 X 和 Y 的商

很明显,上述程序是有缺陷的。在开始测试时,给 Y 输入一个非常小的值(如 10^{-30}),然后程序产生了一个失效并给出提示"结果溢出"。此时,不应该马上记录测试结果并编写缺陷报告："当输入 Y 等于 10^{-30} 时,软件出现了一个异常"。而应该再调整 X 和 Y 的取值,不断测试软件,最终发现:只要给 Y 输入 0,程序就会产生失效。因此,对于被测程序,应该思考缺陷是什么,临界条件是什么(即什么时候触发故障),软件表现出的失效是什么。对于如上示例,缺陷是程序允许除数为 0;临界条件是 Y 等于 0;失效表现为发生除 0 错误或计算结果溢出。

跟随测试作为一种探索性测试,有助于开发人员理解缺陷并加快缺陷的修复。跟随测试是在开始看到失效后继续进行测试,以期发现缺陷的所有影响。跟随测试主要包括 4 类:改变测试行为、改变程序选项与配置、改变运行环境和改变测试数据。

1. 改变测试行为

当执行某个操作 X 时,发现程序产生了一个失效;那么,多次执行 X,看看是否存在累积效应。这通常对于内存溢出、计算误差累积等缺陷的测试特别有效,如爱国者防空导弹系统发生的时间累积问题。测试人员尝试与失败任务有关的事情,测试尝试与失效有关的事情,尝试使用探索性测试技术,尝试更快地点击鼠标或键盘等。

2. 改变选项和配置

现在的软件往往提供给用户许多可以配置的选项。当发现一个失效时,修改软件的选项和配置,看看是否有相同或相似的失效产生。例如,原先使用的是 Oracle 数据库,现在切换成 MySQL;原先设定最大访问数是 100,现在修改为 50;原先使用冒泡排序,现在修改为快排序。

3. 改变运行环境

改变运行环境包括改变软件环境和硬件环境。如,程序原先运行在 Windows 10 系统内,现在系统替换为 Linux 或 Windows 7,检验软件是否依然出现失效;程序原先在 Chrome 浏览器上运行,现在浏览器换成 IE 或 Edge;程序原先运行在 intei 酷睿 i 7 处理器上,现在运行在 intel 酷睿 i 5 处理器上,检查程序是否依然发生失效;程序原先运行的计算机有 8 GB 内存,现在替换为2 GB内存;检查程序是否依然发生失效。实际上,在测试过程中,应该同时在两台配置完全不同的计算机上执行测试工作,从而检查缺陷是否和运行环境有密切关系。经常会碰到一类问题,在程序员的开发计算机上,软件运行正常;但当换到客户计算机或其他计算机上时,软件经常提示缺少某些库。

4. 改变测试数据

测试数据的变化也会给程序带来较大的影响。在小文件、小的并发访问量时,软件没有问题,但将小文件变为大文件、增加并发访问量时,软件往往会出现一些意想不到的情况。因此,在实际测试工作中,要认真设计测试数据,从而更有效地发现程序中存在的缺陷。

当发生失效时,要进行如上 4 类跟随测试,分析失效产生的条件,找出失效发生的规律,分析边界条件和不可复现的缺陷。对于不可复现的缺陷,要进行多次尝试,看看该缺陷是否和配置有关、是否和运行环境有关、是否是累积效应、是否和时间有关。当碰到不可复现的缺陷时,要尽可能多地记录下相关信息,包括操作步骤、测试数据、环境信息、执行过程中碰到的有意思的事情等等,这些都有助于开发人员来分析和定位问题。

当发现软件失效时,测试人员应该编写缺陷报告并将它提交给开发人员。在编写缺陷报告时,要注意两个基本原则:清晰和简单。如果写得不够清晰,开发人员往往会忽略缺陷而不去修复。如果写得不够简单,将两个或更多的缺陷写在一个报告中,通常只会有一个缺陷被修复。因此,发现两个缺陷就写两个报告,发现三个 Bug 就写三个缺陷报告。

　　一个好的缺陷报告需要包含充分的信息,包括标题、如何复现问题、发现问题的最少步骤、必要的测试数据、必要的过程信息、程序的版本、模块、严重程度、优先级、配置信息等,语气要中立。其中,要非常重视如何复现问题。当发现失效后,采用跟随测试得到复现问题的最少必要步骤。表 1-2 是一个缺陷报告示例。

表 2-2　缺陷报告示例

标题	首页轮播图点击图片无法跳转		
产品名称	××驾校管理系统	模块名称	首页轮播图
版本号	V1.0	测试人	张三
缺陷类型	功能错误	严重级别	四级
可复现性	是	缺陷状态	Open
测试平台	Windows 10	浏览器	Chrome
优先级	中		
简述	点击首页的轮播图本应可以查看驾校或考场的相应图片及相关信息,但现在点击之后没有响应		
操作步骤	1.登录进入驾校管理系统的首页 2.点击首页轮播图中的图片		
预期结果	跳转到指定页面		
实际结果	无法跳转		
注释			
处理结果	(开发部填写)		
处理日期		处理人	

2.5　完成验收任务

　　当一个测试周期的工作完成后,需要对测试工作进行总结,对软件质量进行评估,检验软件产品是否满足当前迭代目标。对于每个测试周期,完成验收任务(Achieve Acceptale Mission)的主要工作包括:

　　①优化测试用例集;

　　②对于测试过程中存在的主要问题,给出解决方案;

　　③对软件给出客观的质量评价;

　　④检查测试周期内的质量回归问题,即有多少个已修复的缺陷又出现了;

　　⑤给项目团队其他成员提供有价值的信息。

　　完成验收任务主要为测试经理和测试分析师的工作,验收主要任务是根据缺陷报告撰写测试总结报告。在测试周期内,测试经理需要不断地给项目经理反馈当前的测试进展,如已开展了多少测试工作、还有多少测试工作需要完成。回答这些问题,不同的人有不同的答案,这两个问题是一个复杂的多维度问题,不能简单地回复。通常可以从如下 8 个维度来回答这些问题。

①产品(Product):已经测试了 70% 的代码;

②计划(Plan):已经执行了 80% 的计划测试用例;

③结果(Result):已经发现了 800 个 Bug;

④工作量(Effort):已经持续工作了 2 个月,每周工作 60 小时,共执行了 9800 个测试用例;

⑤障碍(Obstacles):已经很努力工作了,但是效果不佳,因为缺少自动化测试工具;

⑥风险(Risks):软件还有 300 个 Bug 没有被修复,软件不应该在 3 天内交付给用户;

⑦测试质量(Quality of Testing):Beta 测试人员发现了 50 个本组没有发现的缺陷,本组采取的测试方法和技术不太有效;

⑧项目历史(History across Projects):上个项目在这个阶段未被修复的 Bug 少于 10%;这个产品也应该在这个比例内。

每个维度都提供某个方面的信息,一个良好的总结报告,应该包含这些维度中的多个或全部,从而可以给管理者提供更多有用的信息,以便于其做出合理的决策。通常一个测试总结报告由 4 部分组成:风险和职责,测试情况汇报,缺陷度量,以及确认延期或不修复的 Bug。

1. 风险和职责

在总结报告的开始部分,重点突出当前存在的问题。如:预期测试模块 A,但直到该测试周期结束,也未收到模块 A;测试中需要使用某个自动化工具,但该工具一直不完善无法使用;由于公司项目多,有经验的测试人员被调到其他项目,使得该项目无法按期完成测试;员工离职使得测试工作无法如期完成。如果测试工作由于某些原因延期了,希望一次最多延期一天,这样可以通过多种手段恢复正常进度。

2. 测试情况汇报

将测试情况进行汇总,可以用文字方式描述,也可采用图表方式表达。在报告中,应该包含多个维度的信息。不同的团队和人员,关注的焦点不同,所选择的状态维度也不同。

3. 项目缺陷度量

可以将项目自开始到现在所出现的 Bug 情况以及修复情况用图的方式展示,这样人们可以直观明了地了解项目的质量状态。在项目的后期,如果 Bug 修复率低于 Bug 发现率,那么项目的规划是存在风险的。

在进行软件项目缺陷度量时,一般情况下,测试初期的缺陷会逐渐增加,后期发现的缺陷数量会逐步减少,一个理想的 Bug 曲线如图 2-2 所示。

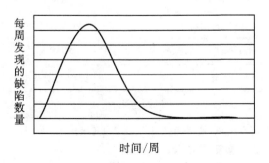

图 2-2 理想的 Bug 曲线示例

有时测试团队过度地坚持与所谓的理想 Bug 曲线一致,就会进行非常投机的操作。即理想的 Bug 曲线会带来很多副作用。例如,测试的初期,为了发现更多的缺陷,根据缺陷的群集效应,测试团队即使发现大量显而易见的缺陷,也故意不立即报告而是等到后面再报;在测试的后期,为了减少 Bug 发现率,测试团队故意不认真测试,发现缺陷当作没有发现或私下里告诉开发人员。

在测试过程中,当采用某种测试技术难以发现更多 Bug 时,往往是选择的测试技术碰到了瓶颈。此时,应该采用其他测试技术,从而可以发现更多缺陷。实际的 Bug 曲线应该如图 2-3 所示。

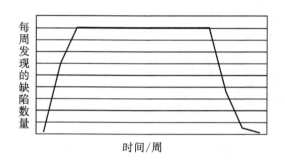

图 2-3　实际的 Bug 曲线示例

4. 确认延期或不修复的 Bug

在项目实际开发过程中,受限于开发周期和预算,不是所有发现的 Bug 都会被修复。一些 Bug 被开发人员设置为延期处理,一些 Bug 被开发人员标注为不修复。对于这些延迟或不修复的 Bug,测试团队需要将它们都列在总结报告中,由项目经理或上一级领导进行评估,从而确定这些 Bug 是否需要修复。需要注意的是,不是等到项目马上要完结的时候才将这些 Bug 报告出来,而是每周都列出这些要延期或不修复的 Bug。

一个测试总结报告示例如表 2-3 所示。

表 2-3　测试总结报告示例

名称	×××驾校管理系统测试报告		
测试轮次	第 3 轮	测试时间	2019-12-2—2019-12-8
测试地点	××公司	测试软件环境	Chrome/IE 8.0/FireFox
测试硬件环境	CPU:3.2 GHz;内存:16 GB;硬盘:256 GB	测试人员	张三,李四,王五
负责人	张三	负责人联系电话	137×××0987
风险与职责			
1.一名有经验的测试人员调离本项目,使得测试工作未如期完成; 2.人员管理模块的 Bug 一直没有修复,影响其他的模块测试; ……			

名称	×××驾校管理系统测试报告							

测试情况

名称	测试类型	测试员	实际创建/计划创建的测试数	通过/失败/阻塞的测试数	预算时间	实际花费时间	本轮发现的缺陷数	截止目前发现的缺陷数
个人信息管理	自动化	张三	50/50	50/0/0	1 d/人	1 d/人	0	2
学员管理	人工	张三,王五	145/150	140/3/2	3 d/人	3.5 d/人	3	5
考场管理	自动化+人工	张三,李四	120/200	115/2/3	3 d/人	2.5 d/人	2	6

项目缺陷度量

所提交和修复的缺陷数累计分布

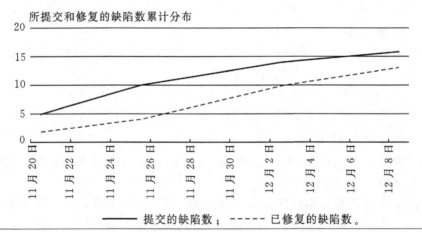

缺陷编号	模块名称	简要描述	缺陷严重程度	缺陷后期动作
1	学员投诉	未设定投诉字数的最大值	Minor	不修复
2	学员报名	报名付款时可直接跳转进入支付宝,但微信支付则需手动打开	Normal	延期
……	……	……	……	……

2.6 其他环节

RUP 测试流程共包含 6 个环节,前文已经介绍了 3 个。由于剩余的 3 个环节相对简单,因此,将它们合并在一个小节中。

2.6.1 验证测试方法

验证测试方法(Verity Test Approach)的目的是确定测试方法是否可行,是否满足项目的限制,采用的技术能否达到所需要的覆盖率,还存在什么风险。该环节主要参与者为测试设计师和测试经理,对于每次迭代,它的工作重点在于:

①较早地验证测试方法是否可行;

②建立支撑架构;

③获得需要的可测试性;

④了解每种测试技术的优缺点和适用情况。

在软件项目开发期间,时间、人员以及经费都是有限的,在某些方面投入多了,在其他方面必然会减少投入。所以,在制定测试计划时,要充分考虑所选择的测试方法是否经济可行、是否能够及时得到正确的结果。

为了使得测试方法可行,可能需要增加软件的可测试性(Testability)。通常情况下,可测试性包括可见性(Visibility)和可控性(Controllability)。可见性是指测试人员能够看到和理解软件正在做什么;可控性是指测试人员能够强迫某些事情发生。软件系统不可能自动变得可测试,在进行需求分析的时候,就应该考虑软件的可测试性。

改进软件的可测试性,可以从多个方面考虑。

1.增加软件的可见性

(1)软件使用标准的用户界面(User Interface,UI)控件,这样有助于采用图形用户界面(Graphic User Interface,GUI)层的自动化回归测试。

(2)对于每个类型的错误,设定唯一的错误消息;增加关于程序内部的可能错误的消息。

(3)充分利用日志系统,记录用户的操作记录及软件的运行状态。

2.采用基于组件的架构

(1)通过应用程序接口(Application Program Interface,API)来进行自动化测试,因为 UI可能会变,但 API 往往很少发生变化。

(2)暴露接口规范:除给用户提供 GUI 有关的 API 之外,开发人员可以提供更多额外的API。这可以让测试人员针对程序的底层逻辑设计自动化测试,降低维护成本。

3.使用一些设备和工具

软件开发过程中使用内存查看器、仿真器等,可以改进软件的可测性。

2.6.2　确认构建的稳定性

确认构建的稳定性(Validate Build Stability)也叫冒烟测试、构建回归测试、构建验证测试等,这主要为测试员的工作,该环节的目的是确认构建足够稳定从而值得测试,有助于及时阻止测试工作并减少浪费。对于每个需要测试的版本,其工作重点如下:

①评估构建的稳定性;

②评估构建的可测试性;

③确认该版本的开发工作符合预期;

④决定是否值得测试这个构建;

⑤如果新的构建被拒绝,继续测试当前版本的软件。

为什么构建稳定性验证如此重要? 这是因为现代的软件项目多采用迭代式开发,在整个项目生命周期中,会产生许多版本的软件。对于这些版本的软件都需要测试来发现其包含的缺陷以及评估其质量。但是,当一个版本不稳定时,对其进行测试往往是在浪费宝贵的测试时间和测试工作人力。构建稳定性验证属于配置管理过程,可以有效阻止不成熟的版本发布。

由于在软件项目的生命周期中,会存在很多个版本,需要频繁地进行构建稳定性验证,所以,构建稳定性验证应该采用自动化方式,而非人工方式。尤其对一些采用每日构建的企业而言,更需要自动化测试。当然,对于实际项目,可能以自动化测试为主、手工测试为辅。

关于构建稳定性验证,还有一些问题需要探讨。如,应该由谁执行构建稳定性验证,开发人员、测试人员、配置管理人员,还是发布团队? 实际上,谁都可以执行这个过程,不同的企业有不同的选择。但是,对于构建稳定性验证所需要的测试用例,应该由测试团队来负责维护,但允许其他团队增加测试用例。

2.6.3　改进测试资产

改进测试资产(Improve Test Assets)的目的在于在后续测试周期、甚至在其他的软件项目中,能够尽可能多地复用这些资产。对于每个测试周期来说,该环节的工作重点在于:

①构建测试套;

②为测试套编制测试脚本;

③去除过时的测试资产或投资收益比不高的资产;

④维护测试环境配置;

⑤维护测试数据集;

⑥维护自动化测试框架和工具;

⑦探索如何复用这些资产;

⑧及时形成文档,分享测试经验。

在测试的过程中,测试人员花费了许多时间和费用来开发测试思想、测试方法、测试用例、测试套、测试脚本、自动化测试框架、自动化测试工具、测试配置、测试数据、测试计划、缺陷报告、测试总结报告等资产,如果能够有效地重用它们,则可以带来很大的收益。

由于目前软件主要采用迭代式开发模式,每次迭代目标和输出的版本都会发生变化,使得这些测试资产不能直接完全复用。因此,需要一些策略来维护和改进这些资产。

2.7　讨　论

软件测试是一个富有挑战性的系统化工作,需要不同角色的人员密切合作才可能顺利完成测试任务。不同的组织对于测试人员的划分是不同的,在 RUP 中,软件测试角色包括:测试经理、测试分析师、测试设计师和测试员。不同角色的职责是不同的:测试经理主要对整个测试工作负责,具有较强的管理能力要求;测试分析师主要负责对被测软件进行分析,给出测试思想以及设计出测试用例,并分析测试结果;测试设计师本质上是软件开发人员,但主要负责开发软件测试工具,尤其是自动化测试工具,该角色对测试工作的执行效率负主要责任;测试员则主要负责测试工作的执行,并记录结果。这 4 类角色并不完全独立,他们之间经常需要共同协助,从而得到较好的测试结果。

软件测试工作通常包含多个步骤,在 RUP 中,测试流程被分成了 6 个主要环节:定义评估任务、测试与评估、完成验收任务、验证测试方法、确认构建的稳定性以及改进测试资产。如果采用迭代式开发,那么,通常每次迭代之后会触发一次新的测试周期。但是,如果开发团队提交的测试版本包含太多错误,即构建非常不稳定,测试团队可以拒绝对该版本的软件进行测试；此时，可以采用上一个稳定版本继续测试。由于测试时间和费用有限，需要采用合适的有针对性的测试方法和技术，因此，在每个测试周期，都需要验证采用的测试方法是否合适。对于每个测试用例，都需要分析测试结果，并最终形成缺陷报告和测试总结报告。

不同的组织可以根据自身需求，采用合适的测试流程。随着 DevOps(Development and Operations)的兴起和普及，人们开始采用全程软件测试(全程软件质量保证)，强调在整个软件的全生命周期中，都采用合适的测试活动(质量保证活动)。不仅在开发阶段(如需求分析、设计、实现)进行严格的测试工作，而且在运维阶段也执行认真详细的测试工作(如持续测试、收集用户反馈并及时响应)。

总地来说，需要根据被测软件的特性，制定合适的测试计划、安排合适的人员、设计合适的测试方法、设计充分的测试用例、开发自动化测试工具、分析测试结果并编写测试报告等。并根据需要，对测试过程中产生的测试资产进行改进，以便于复用，从而提高测试效率。

本章小结

本章首先介绍了软件测试角色，接着对 RUP 测试流程进行了介绍，并对 RUP 的各个环节进行了较为详细的说明。

习题

1. 测试团队中，通常包含哪些角色？
2. 测试经理的职责是什么？
3. 测试分析师的职责是什么？
4. 测试设计师的职责是什么？
5. 测试员的职责是什么？
6. RUP 测试流程包含哪些环节？
7. RUP 测试流程是否适合迭代式开发模式？
8. 定义评估使命的目的是什么？
9. 一个好的测试方法应该包含哪些方面？
10. 请区别用户测试、易用性测试和 UI 测试。
11. 可以从哪些维度来区分不同的测试技术？
12. 为什么开发人员会不接受测试人员提交的缺陷报告？
13. 如何使缺陷报告变得有效？
14. 一个好的缺陷报告应该包含哪些信息？
15. 发现失效后，为什么需要进行跟随测试？
16. 跟随测试包含哪些类型？
17. 如何编写一个好的测试总结报告？
18. 可以从哪些维度来描述测试工作进展情况？
19. 为什么不能完全依赖理想的 Bug 曲线？
20. 为什么需要验证测试方法？
21. 为什么需要确认构建的稳定性？
22. 测试活动中，有哪些类型的测试资产？
23. 在一个测试周期结束后，为什么要改进测试资产？

第 3 章　单元测试——黑盒技术

单元测试(Unit Testing)是第一阶段的测试,是指独立地测试程序单元。关于单元,并没有统一的定义。通常认为单元指的是函数、过程和方法,在一定情况下也可以认为类是一个单元。目前人们对于单元测试的认识最为清晰,已开发出各种各样的单元测试技术。本章重点讨论几种适合于单元测试的黑盒技术,下一章讨论几种适合于单元测试的白盒技术。

本章重点讨论以下内容:

边界值分析;

健壮性测试;

输出域边界值分析;

等价类测试;

输出域等价类测试;

扩展的等价类测试;

基于决策表的测试。

3.1　边界值分析

大量软件项目的测试实践表明,许多软件错误通常发生在输入或输出范围的边界或边界附近。例如:对于包含循环的程序来说,经常出现的错误是误将"<="写成了"<",使得循环指数少计算一次。因此,在设计测试用例时,需要充分考虑输入取极值的情况。

3.1.1　边界值选择的基本原则

根据软件测试实践经验,人们总结出了一些选择边界值的原则,供参考。

(1)如果输入条件规定了取值范围,则以此范围为基础设计测试用例。

例如:某电子产品正常工作的温度范围为-20~50 ℃,则选择边界值-20、50、-19.9、49.9、-20.1和50.1进行测试。

(2)如果输入条件规定了取值的个数,则以个数为基础设计测试用例。

例如:某学生管理系统,可管理30~3000名学生。那么,可以选择30、3000、31、2999、29以及3001作为测试用例。

(3)如果需求规格说明中指定了输出的范围和取值的个数,参考使用原则(1)和(2)。

例如:某个系统给出"每页最少显示1条结果记录,最多显示20条结果纪录",则可以考虑测试显示1、20、2、19甚至0和21条结果记录。

(4)如果输入或输出是一个有序集合,如线性表、顺序文件等,则选择该序列中的第一个及最后一个元素进行测试,进一步考虑第二个元素和倒数第二个元素。

(5)如果明确知道程序使用数组、链表等数据结构,应该测试这些数据结构上的边界条件。

(6)对被测软件进行深入分析,从而发现隐含的边界条件。

例如,无符号字符类变量的取值范围为 $0\sim255$,字符类变量的取值范围为 $-128\sim127$,布尔类型的变量边界为 0 和 1。

3.1.2　边界值测试用例设计

在使用边界值分析进行测试用例设计时,需要根据输入或输出域的取值范围,选择适当的值作为测试用例。通常,除了选择边界及边界周围的值之外,还应当选择一个范围内的有效值进行测试。具体地说,对于一个有明确范围的输入或输出,选择最小值、略大于最小值、正常值、略小于最大值和最大值进行测试,为了后面叙述方便,将这 5 个值分别标记为 min、min+、norm、max- 和 max。

如果想要考虑超出范围后,软件是否能够正确处理这些异常,可以增加两个测试值:略小于最小值和略大于最大值,记为 min- 和 max+。

3.1.3　输入域边界值测试

在进行输入域边界值测试时,需要考虑两个问题:(1)是否关心无效输入的情况;(2)是否考虑错误是由多个输入同时取极值造成的。对于第一个问题,关心的是在设计测试用例时不仅需要考虑有效值还要考虑无效值。对于第二个问题,考虑的是单缺陷假设还是多缺陷假设。单缺陷假设认为故障是由单个变量的错误取值引起的,而多缺陷假设认为软件故障是由多个变量同时取错误值所引起的。根据上面两个方面的问题,产生了 4 种不同类型的边界值测试:普通边界值测试,健壮性测试,最坏情况测试,健壮最坏情况测试。

1. 普通边界值测试

普通边界值测试基于单缺陷假设,只考虑输入取有效值的情况。在设计测试用例时,同一时刻只有一个变量取极值,而其他变量取正常值。

【例 3.1】　设某程序有两个输入 x_1 和 x_2,它们的取值范围分别为 $a\leqslant x_1\leqslant b,c\leqslant x_2\leqslant d$,假定 x_1 和 x_2 为整型变量。

针对例 3.1,采用普通边界值测试技术进行测试用例设计。对于变量 x_1 来说,分别取值 a、$a+1$、$(a+b)/2$、$b-1$ 和 b;对于变量 x_2 来说,分别取值 c、$c+1$、$(c+d)/2$、$d-1$ 和 d。因此,需要测试的 x_1 和 x_2 的组合为 $\{<a,(c+d)/2>,<a+1,(c+d)/2>,<(a+b)/2,(c+d)/2>,<b-1,(c+d)/2>,<b,(c+d)/2>,<(a+b)/2,c>,<(a+b)/2,c+1>,<(a+b)/2,d-1>,<(a+b)/2,d>\}$,如图 3-1 所示。

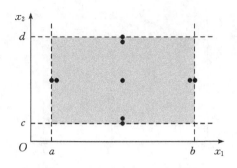

图 3-1　普通边界值测试用例

对于具有 n 个输入的程序,采用普通边界值测试技术,可以产生 $4n+1$ 个测试用例。

2. 健壮性测试

健壮性测试基于单缺陷假设,既考虑输入取有效值也考虑输入取无效值的情况。在设计测试用例时,同一时刻,只有一个变量取极值,而其他变量取正常值。

针对例 3.1,采用健壮性测试技术进行测试用例设计。对于变量 x_1 来讲,分别取值 $a-1$、a、$a+1$、$(a+b)/2$、$b-1$、b 和 $b+1$;对于变量 x_2 来说,分别取值 $c-1$、c、$c+1$、$(c+d)/2$、$d-1$、d 和 $d+1$。因此,需要测试的 x_1 和 x_2 的组合为 $\{<a-1, (c+d)/2>, <a, (c+d)/2>, <a+1, (c+d)/2>, <(a+b)/2, (c+d)/2>, <b-1, (c+d)/2>, <b, (c+d)/2>, <b+1, (c+d)/2>, <(a+b)/2, c-1>, <(a+b)/2, c>, <(a+b)/2, c+1>, <(a+b)/2, d-1>, <(a+b)/2, d>, <(a+b)/2, d+1>\}$,如图 3-2 所示。

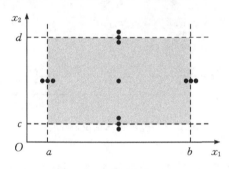

图 3-2　健壮性测试用例

对于具有 n 个输入的程序,采用健壮性测试技术,可以产生 $6n+1$ 个测试用例。

3. 最坏情况测试

最坏情况测试基于多缺陷假设,只考虑输入取有效值的情况。在设计测试用例时,同一时刻允许多个变量取极值,但每个变量只考虑有效输入情况。

针对例 3.1,采用最坏情况测试技术进行测试用例设计。对于变量 x_1 来说,分别取值 a、$a+1$、$(a+b)/2$、$b-1$ 和 b;对于变量 x_2 来说,分别取值 c、$c+1$、$(c+d)/2$、$d-1$ 和 d。因此,需要测试的 x_1 和 x_2 的组合为 $\{a, a+1, (a+b)/2, b-1, b\}$ 与 $\{c, c+1, (c+d)/2, d-1, d\}$ 的笛卡儿乘积,如图 3-3 所示。

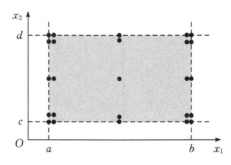

图 3-3　最坏情况测试用例

对于具有 n 个输入的程序,采用最坏情况测试技术,可以产生 5^n 个测试用例。

4. 健壮最坏情况测试

健壮最坏情况测试基于多缺陷假设,既考虑输入取有效值也考虑输入取无效值的情况。在设计测试用例时,同一时刻允许多个变量取极值,每个变量综合考虑有效输入和无效输入情况。

针对例 3.1,采用健壮最坏测试技术进行测试用例设计。对于变量 x_1 来说,分别取值 $a-1$、a、$a+1$、$(a+b)/2$、$b-1$、b 和 $b+1$;对于变量 x_2 来说,分别取值 $c-1$、c、$c+1$、$(c+d)/2$、$d-1$、d 和 $d+1$。因此,需要测试的 x_1 和 x_2 的组合为 $\{a-1,a,a+1,(a+b)/2,b-1,b,b+1\}$ 与 $\{c-1,c,c+1,(c+d)/2,d-1,d,d+1\}$ 的笛卡儿乘积,如图 3-4 所示。

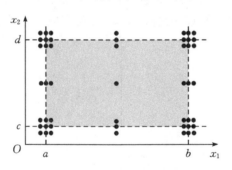

图 3-4　健壮最坏情况测试用例

对于具有 n 个输入的程序,采用健壮最坏情况测试技术,可以产生 7^n 个测试用例。

3.1.4　输出域边界值测试

对于某些程序,如果机械地采用输入域边界值测试技术,会产生大量无效的测试用例,且不能反映出程序的问题特征。此时,换一种思路,针对输出域采用边界值分析技术可能会得到良好效果。

【例 3.2】　佣金问题:某公司生产机器人及部件,机器人包含 3 大部件,主控模块、通信模块及执行模块。该公司的代理商负责销售机器人整机和部件,公司要求每个代理商每月最少销售一整套机器人(即三类部件至少各销售一个)。受限于公司产能,公司每个月最多给每个代理商提供 80 个主控模块、90 个通信模块以及 100 个执行模块。每个主控模块售价 90 元、每个通信模块售价 60 元、每个执行模块售价 50 元。到月末的时候,公司会根据代理商的销售情况计算佣金。佣金计算方法如下:每月销售额在 1000 元以下(含 1000 元)的部分,佣金为 10%;超过 1000 元但不超过 2400 元(含 2400 元)的部分,佣金为 15%;超过 2400 元的部分,佣金为 20%。

对于例 3.2,通过分析可以发现存在 3 个输入:主控模块(Control)销售量、通信模块(Comm)销售量以及执行模块(Exec)销售量,它们的取值范围分别为[1,80]、[1,90]和[1,100]。

采用输入域边界值测试技术进行测试用例设计,普通边界值测试和健壮性测试所产生的测试用例分别如表 3-1 和表 3-2 所示。

表 3-1　佣金问题的普通边界值测试用例

| 编号 | 输入 | | | 销售额 | 预期输出 |
	Control	Comm	Exec		佣金
1	40	45	1	6350	1100
2	40	45	2	6400	1110
3	40	45	50	8800	1590
4	40	45	99	11250	2080
5	40	45	100	11300	2090
6	40	1	50	6160	1062
7	40	2	50	6220	1074
8	40	89	50	11440	2118
9	40	90	50	11500	2130
10	1	45	50	5290	888
11	2	45	50	5380	906
12	79	45	50	12310	2292
13	80	45	50	12400	2310

表 3-2　佣金问题的健壮性测试用例

| 编号 | 输入 | | | 销售额 | 预期输出 |
	Control	Comm	Exec		佣金
1	40	45	0	执行模块不在有效值域内	—
2	40	45	1	6350	1100
3	40	45	2	6400	1110
4	40	45	50	8800	1590
5	40	45	99	11250	2080
6	40	45	100	11300	2090
7	40	45	101	执行模块不在有效值域内	—
8	40	0	50	通信模块不在有效值域内	—
9	40	1	50	6160	869
10	40	2	50	6220	878
11	40	89	50	11440	1661
12	40	90	50	11500	1670
13	40	91	50	通信模块不在有效值域内	—
14	0	45	50	主控模块不在有效值域内	—
15	1	45	50	5290	914
16	2	45	50	5380	923
17	79	45	50	12310	1616
18	80	45	50	12400	1625
19	81	45	50	主控模块不在有效值域内	—

从表 3-1 和表 3-2 可以看出,健壮性测试比普通边界值测试多了 6 个测试用例,分别对应于每个输入不在有效范围的情况。

受限于篇幅,这里不再给出最坏情况测试和健壮最坏情况测试用例。请读者根据前面对这两种测试技术的叙述,自行设计出测试用例。

根据输入域边界值测试技术对佣金问题的尝试,发现所设计出来的测试用例并没有反映出销售额为 1000 元附近和 2400 元附近的情况。且设计的测试用例只覆盖了销售额低于 1000 元(最坏情况测试/健壮最坏情况)和大于 2400 元的情况,未覆盖销售额在 1000 到 2400 元之间的情况。因此,输入域边界值测试并不适合于佣金问题。

对于佣金问题,可以采用输出域边界值测试技术来设计测试用例。通过分析,发现销售额(元)的取值范围为[200,17600],其中存在两个中间边界 1000 元和 2400 元。销售额的取值范围可进一步细分成三个范围:[200,1000]、(1000,2400]和(2400,17600]。对于每个范围,采用边界值测试技术,选择合适的边界,如表 3-3 所示。

表 3-3 输出域边界值选择

范围	边界值选择
[200,1000]	200,{250,260,290},600,{910,940,950},1000
(1000,2400]	{1050,1060,1090},1600,{2310,2340,2350},2400
(2400,17600]	{2450,2460,2490},10000,{17510,17540,17550},17600

根据输出域的边界选择,设计测试用例如表 3-4 所示。

表 3-4 输出域边界值测试用例

编号	输入			销售额	预期输出
	Control	Comm	Exec		佣金
1	1	1	1	200	20
2	1	1	2	250	25
3	1	2	1	260	26
4	2	1	1	290	29
5	3	3	3	600	60
6	4	5	5	910	91
7	5	4	5	940	94
8	5	5	4	950	95
9	5	5	5	1000	100
10	5	5	6	1050	107.5
11	5	6	5	1060	109
12	6	5	5	1090	113.5
13	8	8	8	1600	190
14	11	12	12	2310	296.5
15	12	11	12	2340	301
16	12	12	11	2350	302.5
17	12	12	12	2400	310
18	12	12	13	2450	320
19	12	13	12	2460	322

编号	输入			销售额	预期输出
	Control	Comm	Exec		佣金
20	13	12	12	2490	328
21	50	50	50	10000	1830
22	79	90	100	17510	3332
23	80	89	100	17540	3338
24	80	90	99	17550	3340
25	80	90	100	17600	3350

3.2 等价类测试

等价类测试是应用最为广泛的黑盒测试技术之一,采用等价类作为测试的基础包含两个动机:①期望进行某种意义上的完备性测试;②期望尽可能多地避免冗余测试。边界值分析无法满足这两个期望。等价类的核心是对输入域或输出域进行等价划分。划分是指将集合/论域分为多个互不相交的子集,且这些子集的并集等于全集。互不相交在一定程度上保证了无冗余性,并集等于全集在一定程度上保证了完备性。子集根据等价关系来确定,同一个子集中的每个元素具有一些共性。等价类测试的思想就是在每个子集中选择一个元素作为这个子集的代表来进行测试,软件对该元素的处理可以认为和对该子集中任何元素的处理是相同的。因此,只要等价类划分得合理,就可以极大地减少测试用例的数量。

3.2.1 等价类划分原则

等价类测试的核心工作是对输入域或输出域进行等价划分,下面是一些常用的指导原则。

(1)如果输入条件规定了一个取值范围,如输入值是温度,取值范围是 0~100 ℃,那么,可以确定一个有效等价类(0 ℃≤温度≤100 ℃)和两个无效等价类(温度<0 ℃、温度>100 ℃)。

(2)如果输入条件规定了取值的个数,如一辆汽车可以乘坐 1 至 7 名乘客,那么,可以确定一个有效等价类(1≤乘客数≤7)和两个无效等价类(没有乘客、乘客数>7)。

(3)如果输入条件规定了一个取值集合,并且认为软件对每个取值会进行不同处理,如某家公司员工的学历只能是大专、本科和研究生,那么,可以将每个取值确定为一个有效等价类,再确定一个不属于该集合的无效等价类(没有学历)。

(4)如果输入条件中包含"必须是"的情况,如邮箱地址必须以字母开头,且只能包含字母、数字和下划线,那么,可以确定一个有效等价类(以字母开头的邮箱地址,且只包含字母、数字和下划线)和若干个无效等价类:①首字符不是字母;②包含除字母、数字和下划线之外的其他字符;等等。

(5)如果认为程序对已划分的某个等价类中的元素有不同的处理方式,那么,应该将该等价类再进行细分。

(6)等价类的划分通常不能一步到位,需要多次尝试才能得到效果较好的等价关系。

3.2.2　等价类测试流程

采用等价类技术设计测试用例,主要包括两个步骤:确定等价关系和生成测试用例。

1. 确定等价关系

首先确定程序的所有输入条件,然后针对每一个输入条件,基于等价类划分原则将输入域分成两大类:有效等价类和无效等价类。有效等价类表示对程序的有效输入,而无效等价类表示不正确的输入值。

2. 生成测试用例

在确定等价关系之后,就可以很容易地确定测试用例。具体过程如下:

(1)给每个等价类设置一个不同的编号;

(2)编写一个新的测试用例,尽可能多地包含还未被覆盖的有效等价类,当所有的有效等价类都被覆盖之后,进入下一个步骤;

(3)编写一个新的测试用例,一次只包含一个还未被覆盖的无效等价类,当所有的无效等价类都被覆盖之后,结束。

3.2.3　等价类测试应用案例

下面给出一个案例来说明等价类测试如何使用。

【例 3.3】　三角形问题:有一个程序,接受三个整数输入 a、b 和 c,分别表示三角形的三条边。a、b 和 c 的取值范围都为[1,100]。程序根据输入的三条边判断三角形的类型:等边三角形、等腰三角形、普通三角形和不构成三角形。如果输入的 a、b 和 c 不在有效范围,程序会输出一条消息来说明问题,如边 a 不在有效范围内。

针对三角形问题,采用等价类测试进行测试用例设计,具体过程如下。

第一步:确定程序中的输入条件。根据例 3.3 的描述,可以看出三角形程序包含 3 个输入 a、b 和 c。

第二步:确定每个输入条件的等价关系。由于 a、b 和 c 的取值范围都为[1,100],根据等价类划分原则(1),可以将输入 a、b 和 c 分别划分出一个有效等价类和两个无效等价类,如表 3-5 所示,括号中的数字表示不同等价类的编号。

表 3-5　三角形问题等价类划分

输入条件	有效等价类	无效等价类
a	$1 \leqslant a \leqslant 100$ (1)	$a < 1$(2),$a > 100$(3)
b	$1 \leqslant b \leqslant 100$ (4)	$b < 1$(5),$b > 100$(6)
c	$1 \leqslant c \leqslant 100$ (7)	$c < 1$(8),$c > 100$(9)

第三步:设计测试用例。针对有效等价类,设计一个或多个测试用例,每个测试用例都尽可能多地包含尚未覆盖的有效等价类。对于本例来说,由于每个输入条件只有一个有效等价类,因此,只需要设计 1 个测试用例就可以覆盖完所有的有效等价类。针对无效等价类,设计一个或多个测试用例,每个测试用例覆盖一个无效等价类。对于本例来说,由于 a、b 和 c 分别有两个无效等价类,因此,需要设计 6 个测试用例来覆盖无效等价类。所设计的测试用例如表 3-6 所示。

表 3 - 6　三角形问题等价类测试用例（输入域）

编号	a	b	c	预期输出
1	50	50	50	等边三角形
2	0	50	50	a 不在有效范围内
3	200	50	50	a 不在有效范围内
4	50	0	50	b 不在有效范围内
5	50	200	50	b 不在有效范围内
6	50	50	0	c 不在有效范围内
7	50	50	200	c 不在有效范围内

由表 3 - 6 可以看出，对于三角形问题来说，目前进行的等价类测试远远不能满足测试需求。因为，三角形程序根据输入的三条边判断三角形的类型，共有 4 种类型。但是，目前的等价类测试值覆盖了一种类型，而未考虑其他类型。这是由于对等价类的划分不够合理造成的。

3.2.4　输出域等价类测试

对于三角形问题，从输入域考虑，机械地采用等价类划分原则，无法达到理想结果。根据问题描述，三角形程序的主要目的是根据输入确定三角形的类型：等边、等腰、普通和非三角形。因此，可以按照输出域进行等价类划分，第一次尝试可以得到如下等价类：

$R_1 = \{<a,b,c>:$ 以 a、b 和 c 为边可以构成等边三角形 $\}$

$R_2 = \{<a,b,c>:$ 以 a、b 和 c 为边可以构成等腰三角形 $\}$

$R_3 = \{<a,b,c>:$ 以 a、b 和 c 为边可以构成普通三角形 $\}$

$R_4 = \{<a,b,c>:$ 以 a、b 和 c 为边构不成三角形 $\}$

进一步，设计出如下测试用例，如表 3 - 7 所示。

表 3 - 7　三角形问题等价类测试用例（输出域第一次尝试）

编号	a	b	c	预期输出
1	50	50	50	等边三角形
2	60	50	50	等腰三角形
3	20	30	40	普通三角形
4	50	10	20	非三角形

从表 3 - 7 可以看出，站在输出域角度考虑三角形问题，得到了较好的测试用例集合。但是，如果再深入思考的话，会发现对于等腰三角形来说，包含三种情况：$a=b\neq c$、$b=c\neq a$ 和 $c=a\neq b$。因此，进行第二次输出域等价类划分，得到如下等价关系：

$R_1 = \{<a,b,c>:$ 以 a、b 和 c 为边可以构成等边三角形 $\}$

$R_{2\_1} = \{<a,b,c>:$ 以 a、b 和 c 为边可以构成等腰三角形，且 $a=b\neq c \}$

$R_{2\_2} = \{<a,b,c>:$ 以 a、b 和 c 为边可以构成等腰三角形，且 $b=c\neq a \}$

$R_{2\_3} = \{<a,b,c>:$ 以 a、b 和 c 为边可以构成等腰三角形，且 $c=a\neq b \}$

$R_3 = \{<a,b,c>:$ 以 a、b 和 c 为边可以构成普通三角形 $\}$

$R_4 = \{<a,b,c>:$ 以 a、b 和 c 为边构不成三角形 $\}$

基于这种输出域等价类划分，得到如下测试用例，如表 3 - 8 所示。

表 3-8 三角形问题等价类测试用例(输出域第二次尝试)

编号	a	b	c	预期输出
1	50	50	50	等边三角形
2	50	50	60	等腰三角形
3	60	50	50	等腰三角形
4	50	60	50	等腰三角形
5	20	30	40	普通三角形
6	50	10	20	非三角形

由于三角形问题也指定了输入变量 a、b 和 c 的取值范围,但在进行输出域等价类划分时,没有考虑输入不在有效范围的情况。将输入域的无效等价类与输出域的有效等价类结合起来,可以得到较为全面的测试用例集合,即将表 3-6 和表 3-8 合并在一起,如表 3-9 所示。

表 3-9 三角形问题等价类测试用例(综合)

编号	a	b	c	预期输出
1	50	50	50	等边三角形
2	50	50	60	等腰三角形
3	60	50	50	等腰三角形
4	50	60	50	等腰三角形
5	20	30	40	普通三角形
6	50	10	20	非三角形
7	0	50	50	a 不在有效范围内
8	200	50	50	a 不在有效范围内
9	50	0	50	b 不在有效范围内
10	50	200	50	b 不在有效范围内
11	50	50	0	c 不在有效范围内
12	50	50	200	c 不在有效范围内

3.2.5 扩展的等价类测试

Jorgensen 对传统的等价类测试技术进行了扩展,根据是否考虑无效等价类将等价类测试分成一般等价类测试和健壮等价类测试;根据考虑的是单缺陷假设还是多缺陷假设,将等价类测试分为弱等价类测试和强等价类测试。综合考虑上述两个条件,等价类测试分为 4 种:弱一般等价类测试、强一般等价类测试、弱健壮等价类测试和强健壮等价类测试。

1. 弱一般等价类测试

弱一般等价类测试仅考虑有效等价类,不考虑无效等价类,基于单缺陷假设。在设计测试用例时,采用如下方式:编写一个新的测试用例,尽可能多地包含还未被覆盖的有效等价类,直到所有的有效等价类都被覆盖。

对于例 3.3 给出的三角形问题,只需要设计 1 个测试即可符合要求:$<a,b,c>=<50,50,50>$。

2. 强一般等价类测试

强一般等价类测试仅考虑有效等价类，不考虑无效等价类，基于多缺陷假设。在设计测试用例时，考虑每个输入的有效等价类之间的组合。

对于例 3.3 给出的三角形问题，由于每个输入均只有一个有效等价类。因此，只需要设计 1 个测试即可符合要求：$<a,b,c>=<50,50,50>$。

3. 弱健壮等价类测试

弱健壮等价类测试不仅考虑有效等价类，也考虑无效等价类，基于单缺陷假设。弱健壮等价类测试就是传统的等价类测试。

对于三角形问题，采用弱健壮等价类设计的测试用例见表 3-6。

4. 强健壮等价类测试

强健壮等价类测试不仅考虑有效等价类，也考虑无效等价类，基于多缺陷假设。在设计测试用例时，考虑每个输入的所有等价类之间的组合。

对于三角形问题，由于每个输入均有 3 个等价类（一个有效等价类和两个无效等价类），因此，采用强健壮等价类测试会产生 $3 \times 3 \times 3 = 27$ 个测试用例，如表 3-10 所示。

表 3-10 三角形问题强健壮等价类测试用例

编号	a	b	c	预期输出
1	0	0	0	a,b,c 不在有效范围内
2	0	0	50	a,b 不在有效范围内
3	0	0	101	a,b,c 不在有效范围内
4	0	50	0	a,c 不在有效范围内
5	0	50	50	a 不在有效范围内
6	0	50	101	a,c 不在有效范围内
7	0	101	0	a,b,c 不在有效范围内
8	0	101	50	a,b 不在有效范围内
9	0	101	101	a,b,c 不在有效范围内
10	50	0	0	b,c 不在有效范围内
11	50	0	50	b 不在有效范围内
12	50	0	101	b,c 不在有效范围内
13	50	50	0	c 不在有效范围内
14	50	50	50	等边三角形
15	50	50	101	c 不在有效范围内
16	50	101	0	b,c 不在有效范围内
17	50	101	50	b 不在有效范围内
18	50	101	101	b,c 不在有效范围内
19	101	0	0	a,b,c 不在有效范围内
20	101	0	50	a,b 不在有效范围内
21	101	0	101	a,b,c 不在有效范围内
22	101	50	0	a,c 不在有效范围内

编号	a	b	c	预期输出
23	101	50	50	a 不在有效范围内
24	101	50	101	a,c 不在有效范围内
25	101	101	0	a,b,c 不在有效范围内
26	101	101	50	a,b 不在有效范围内
27	101	101	101	a,b,c 不在有效范围内

3.2.6　三角形问题的等价类进一步划分

经过上面对三角形问题的多次尝试,了解到等价关系的划分对测试的有效性意义重大,这也说明了软件测试具有很强的技巧性。

然而,再次对三角形问题进行思考,会发现还有很多没有考虑到的地方。当输入的 3 条边不能构成三角形时,会有多种情况,如 $a+b\leqslant c$、$a+c\leqslant b$、$c+b\leqslant a$;对于每种情况,还可以细分为两种情况,如 $a+b\leqslant c$ 可以分成 $a+b=c$ 和 $a+b<c$。此外,还可以考虑输入为非整数情况,如输入浮点数、空格等;还可以仅输入 a 和 b,而不输入 c;等等。图 3-5 给出三角形问题等价类划分的一种思考。

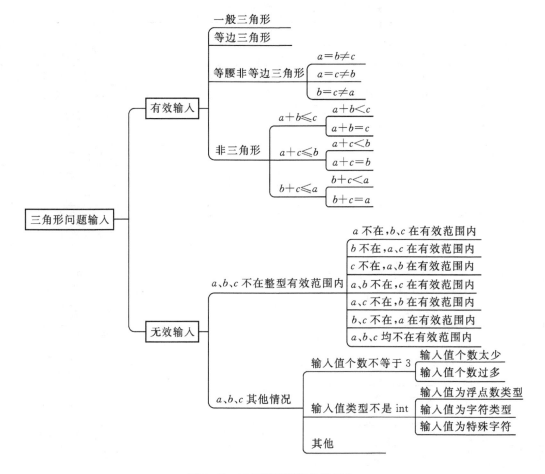

图 3 - 5　三角形问题等价类划分

3.3　基于决策表的测试

在日常生活中,人们经常需要做出决策。例如:今年高考应该报考哪所高校;今年要毕业了,应该选择哪种职业? 为了便于做出决策,人们设计了一种有效的工具"决策表"来辅助决策。

3.3.1　决策表

决策表被人们用来表述和分析复杂逻辑关系,适用于描述在不同条件下多种可执行动作的组合问题。决策表包含 4 个部分:条件桩、动作桩、条件条目和动作条目,如图 3-6 所示。

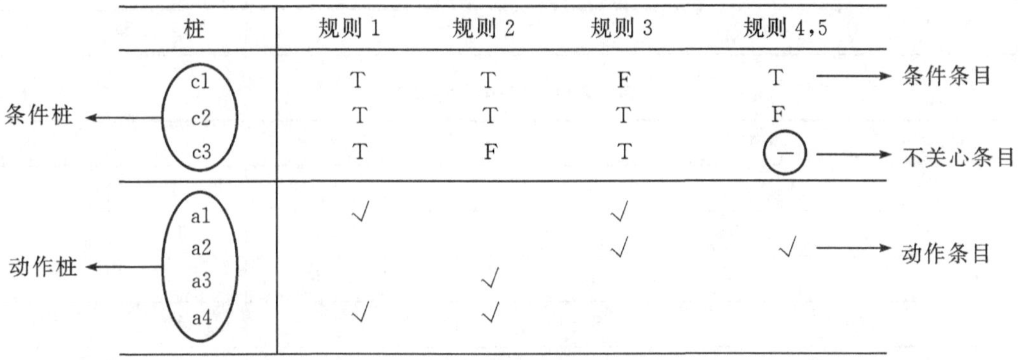

桩	规则 1	规则 2	规则 3	规则 4,5	
c1	T	T	F	T	→ 条件条目
c2	T	T	T	F	
c3	T	F	T	─	→ 不关心条目
a1	√		√		
a2			√	√	→ 动作条目
a3		√			
a4	√	√			

条件桩 ← (c1, c2, c3)　动作桩 ← (a1, a2, a3, a4)

图 3-6　决策表示例

条件表明了影响决策的因素,用 c1、c2 等表示;动作表明在某些条件下,应该执行的动作,用 a1、a2 等表示。规则指定了在特定的条件组合下,所采取的动作组合。需要注意的是,决策表不考虑条件及动作的顺序,它只是表明当这些条件都满足时,需要执行哪些动作。如图3-6所示,若条件 c1、c2 和 c3 都为真,则执行动作 a1 和 a4;若 c1 和 c2 为真、c3 为假,则执行动作 a3 和 a4;若 c1 为真、c2 为假,c3 为不关心条目(条件不相关或不适用,用"─"或"N/A"表示),则执行动作 a2。

如果每个条件只取真或假两种情况,则决策表称为有限条目决策表;如果条件的取值可以大于两个,则决策表称为扩展条目决策表。针对特定问题,选择合适类型的决策表。

3.3.2　决策表与软件测试

如果将条件看作是程序的输入、动作看作是程序的输出,那么,规则可以解释为测试用例。有些时候,条件也可以解释为程序输入的等价类,动作对应程序的主要功能处理部分。由于决策表可以较好地保持完备性,因此,基于决策表产生的测试用例集相对完善。

但在构建和应用决策表时,需要特别注意不关心条目,因为它往往隐含了多种情况。如果稍不注意,会带来不一致的决策表或冗余的决策表,如表 3-11 和表 3-12 所示。在表 3-11

中,由于规则 1～4 包含了不关心条目,当将其展开时,发现:c1 和 c2 为真、c3 为假时,规则 2 和规则 9 都适用,但它们执行的动作却并不相同。因此,该决策表存在不一致问题,是不确定的。而在表 3-12 中,规则 1～4 中的某条规则和规则 9 是重复的。

表 3 - 11　不一致的决策表

桩		规则					
		1～4	5	6	7	8	9
条件	c1	T	F	F	F	F	T
	c2	—	T	T	F	F	T
	c3	—	T	F	T	F	F
动作	a1	√	√	√			
	a2		√	√	√		√
	a3	√		√	√	√	

表 3 - 12　冗余的决策表

桩		规则					
		1～4	5	6	7	8	9
条件	c1	T	F	F	F	F	T
	c2	—	T	T	F	F	T
	c3	—	T	F	T	F	F
动作	a1	√	√	√			√
	a2		√	√	√		
	a3	√		√	√	√	√

3.3.3　决策表测试应用案例

下面给出一个案例来说明如何基于决策表进行软件测试。

【例 3.4】 NextDate 函数:NextDate 是一个接受年(year)、月(month)和日(day)三个输入变量的函数,程序输出所输入日期后面一天的日期。其中,年、月和日的取值满足如下条件:c1,$1896 \leqslant year \leqslant 2096$;c2,$1 \leqslant month \leqslant 12$;c3,$1 \leqslant day \leqslant 31$。如果输入不在有效范围内,则程序给出相应的消息提示,如"年不在有效范围内"。为简化问题,可以将输入不合法情况,统一给出消息提示"输入不在有效范围内"。

1. 第一次尝试

根据例 3.4 问题描述,可以得到 3 个条件:c1,年份是否在有效范围内;c2,月份是否在有效范围内;c3,日是否在有效范围内。得到 2 个动作:a1,输入不在有效范围内;a2,输出下一天的日期。得到决策表如表 3-13 所示。

表 3 – 13　NextDate 函数决策表（第一次尝试）

桩		规则			
条件	c1：1896≤year≤2096	F	—	—	T
	c2：1≤month≤12	—	F	—	T
	c3：1≤day≤31	—	—	F	T
动作	a1：输入不在有效范围内	√	√	√	
	a2：输出下一天的日期				√

从表 3 – 13 可以看出，虽然可以得到测试用例，但测试得非常不充分，没有考虑程序是如何具体处理的，月末该如何处理，年末又该如何处理等。

2. 第二次尝试

继续分析例 3.4，一年当中，每个月份的天数是不完全相同的。因此，可以采用等价类将月份分成 3 类：M1＝｛有 30 天的月份｝，M2＝｛有 31 天的月份｝和 M3＝｛2 月｝。同理，对日进行等价类划分，得到：D1＝｛1～28 日｝，D2＝｛29 日｝，D3＝｛30 日｝和 D4＝｛31 日｝。年可以分成 2 类：Y1＝｛闰年｝和 Y2＝｛非闰年｝。动作变为：a1，不可能的日期；a2，输出下一天的日期。基于这样的划分，可以得到如表 3 – 14 所示的决策表。由于有 8 个条件，所以存在 256 条规则。当然，表中包含不可能规则，如 2 月不可能有 30 日和 31 日，非闰年时 2 月不可能有 29 日，4 月不可能有 31 日。

表 3 – 14　NextDate 函数决策表（第二次尝试）

桩		规则										
条件	c1：月份在 M1 中？	T	F	F	F	F	T	T	F	T	T	T	…
	c2：月份在 M2 中？	F	T	F	F	F	T	F	T	F	F	F	…
	c3：月份在 M3 中？	F	F	T	T	T	F	T	T	F	F	F	…
	c4：日期在 D1 中？	F	F	F	F	F	F	F	F	T	T	T	…
	c5：日期在 D2 中？	F	F	F	F	F	F	F	F	F	F	F	…
	c6：日期在 D3 中？	T	T	T	T	T	F	T	T	F	T	T	…
	c7：日期在 D4 中？	F	T	F	F	T	F	T	T	F	F	T	…
	c8：年在 Y1 中？	T	T	T	T	T	T	T	T	T	T	T	…
动作	a1：不可能的日期				√	√	√	√	√	√	√	√	
	a2：输出下一天的日期	√	√	√									

3. 第三次尝试

在第二次尝试中，由于采用的是有限条目决策表，所以得到的决策表较为庞大。因此，改用扩展条目决策表，从而简化决策表设计。为了进一步分析程序中可能存在的问题，将动作进行细分：a1，不可能的日期；a2，日增 1；a3，日复位为 1；a4，月份增 1；a5，月份复位为 1；a6，年份增 1。构建的决策表如表 3 – 15 所示。

表 3－15 NextDate 函数决策表（第三次尝试）

桩		规则												
		1～2	3～4	5～6	7～8	9～10	11～12	13～14	15～16	17	18	19	20	21～22	23～24
条件	c1:月份在	M1	M1	M1	M1	M2	M2	M2	M2	M3	M3	M3	M3	M3	M3
	c2:日期在	D1	D2	D3	D4	D1	D2	D3	D4	D1	D1	D2	D2	D3	D4
	c3:年在	—	—	—	—	—	—	—	—	Y1	Y2	Y1	Y2	—	—
	规则条数统计	2	2	2	2	2	2	2	2	1	1	1	1	2	2
动作	a1:不可能的日期				√							√	√		√
	a2:日增1	√	√			√	√	√		√	?				
	a3:日复位为1			√					√		?	√			
	a4:月份增1			√					?		?	√			
	a5:月份复位为1								?						
	a6:年份增1								?						

从表 3－15 可以看出，现在的决策表包含了 24 条规则。但是，如果分析规则 15～16，会发现存在一些矛盾。对应于月份在 M2、日在 D4 时，当输入的是 1 月 31 日，则输出应该为动作 a3 和 a4；如果输入的是 12 月 31 日，则输出应该为动作 a3、a5 和 a6。对于规则 18，对应于 2 月、非闰年的情况，输入的日为 1～28；如果日选择的是 1～27，则输出应该是动作 a2；但如果日选择的是 28，则输出应该是动作 a3 和 a4。因此，目前设计的决策表不够合理，需进一步优化。

4.第四次尝试

原先对月份的划分不够合理，进一步将其分成 4 个等价类：M1＝{有 30 天的月份}，M2＝{除 12 月外的有 31 天的月份}，M3＝{2 月}和 M4＝{12 月}。将日进一步细分为 5 个等价类：D1＝{1～27 日}，D2＝{28 日}，D3＝{29 日}，D4＝{30 日}和 D5＝{31 日}。此外，考虑程序员在开发 NextDate 函数时，对闰年的计算是否正确，将 2000 年单独拿出来进行考虑，即年分成 3 类:Y1＝{闰年,2000 年除外}、Y2＝{2000 年}和 Y3＝{非闰年}。构建出如表 3－16 所示的扩展条目决策表。

表 3－16 NextDate 函数决策表（第四次尝试）

桩		规则											
		1	2	3	4	5	6	7	8	9	10	11	12
条件	c1:月份在	M1	M1	M1	M1	M1	M2	M2	M2	M2	M2	M3	M3
	c2:日期在	D1	D2	D3	D4	D5	D1	D2	D3	D4	D5	D1	D2
	c3:年在	—	—	—	—	—	—	—	—	—	—	—	Y1
	规则条数统计	3	3	3	3	3	3	3	3	3	3	3	1

桩		规则											
		1	2	3	4	5	6	7	8	9	10	11	12
动作	a1:不可能的日期					√							
	a2:日增1	√	√	√			√	√	√	√		√	√
	a3:日复位为1				√						√		
	a4:月份增1				√						√		
	a5:月份复位为1												
	a6:年份增1												

桩		规则											
		13	14	15	16	17	18	19	20	21	22	23	24
条件	c1:月份在	M3	M3	M3	M3	M3	M3	M3	M4	M4	M4	M4	M4
	c2:日期在	D2	D2	D3	D3	D3	D4	D5	D1	D2	D3	D4	D5
	c3:年在	Y2	Y3	Y1	Y2	Y3	—	—	—	—	—	—	—
规则条数统计		1	1	1	1	1	3	3	3	3	3	3	3
动作	a1:不可能的日期					√	√	√					
	a2:日增1	√							√	√	√	√	
	a3:日复位为1		√	√	√								√
	a4:月份增1		√	√	√								
	a5:月份复位为1												√
	a6:年份增1												√

从表 3-16 可以看出,有些规则的动作完全相同,如规则 1~3 涉及的是具有 30 天的月份,输入的日是非月末的情况,这 3 条规则可以合并为 1 条规则。因此,可以将表 3-16 进一步简化,如表 3-17 所示。

表 3 - 17　NextDate 函数简化决策表

桩		规则							
		1~3	4	5	6~9	10	11	12	13
条件	c1:月份在	M1	M1	M1	M2	M2	M3	M3	M3
	c2:日期在	D1,D2,D3	D4	D5	D1,D2,D3,D4	D5	D1	D2	D2
	c3:年在	—	—	—	—	—	—	Y1	Y2
动作	a1:不可能的日期			√					
	a2:日增1	√			√		√	√	√
	a3:日复位为1		√			√			
	a4:月份增1		√			√			
	a5:月份复位为1								
	a6:年份增1								

桩		规则						
		14	15	16	17	18～19	20～23	24
条件	c1：月份在	M3	M3	M3	M3	M3	M4	M4
	c2：日期在	D2	D3	D3	D3	D4,D5	D1,D2,D3,D4	D5
	c3：年在	Y3	Y1	Y2	Y3	—	—	—
行为	a1：不可能的日期					√	√	
	a2：日增1						√	
	a3：日复位为1	√	√	√				√
	a4：月份增1	√	√	√				
	a5：月份复位为1							√
	a6：年份增1							√

根据表 3－17 给出的决策表，可以很方便地设计出测试用例，如表 3－18 所示。

表 3－18　NextDate 函数的决策表测试用例

用例 ID	月份	日期	年	预期输出
1～3	6	15	2019	2019 年 6 月 16 日
4	6	30	2019	2019 年 7 月 1 日
5	6	31	2019	不可能
6～9	7	15	2019	2019 年 7 月 16 日
10	7	31	2019	2019 年 8 月 1 日
11	2	27	2019	2019 年 2 月 28 日
12	2	28	2016	2016 年 2 月 29 日
13	2	28	2000	2000 年 2 月 29 日
14	2	28	2019	2019 年 3 月 1 日
15	2	29	2016	2016 年 3 月 1 日
16	2	29	2000	2000 年 3 月 1 日
17	2	29	2019	不可能
18～19	2	30	2019	不可能
20～23	12	15	2019	2019 年 12 月 16 日
24	12	31	2019	2020 年 1 月 1 日

通过对例 3.4 NextDate 函数进行四次测试尝试，得到了较好的决策表以及测试用例集合。这说明在实际工作中应用决策表时，测试人员需要非常认真地考虑，可能需要不断优化和改进决策表才能得到理想的效果。

3.4　应用案例

上面讲述了 3 种常用的黑盒单元测试技术,为了加强对它们的理解,下面针对两个例子探讨这些技术的应用。

3.4.1　保险费程序

【例 3.5】　保险费程序:某保险公司在给客户投健康险的时候,主要考虑 2 个因素——年龄(Age)和过去一年的就医次数(Num)。

保险费＝基础价×年龄因子－优惠

其中:年龄因子是被保险人年龄的函数;优惠是指被保险人过去一年就医次数不高于一个与年龄有关的门限值时,保险公司给予的减免优惠。保险公司认可的被保险人年龄范围是 2～80 岁;如果被保险人过去一年就医次数超过 8 次,则保险公司拒绝投保;假设基础价为 1000 元。表3-19是保险费相关数据。

表 3-19　保险费相关数据

年龄范围	年龄因子	就医次数门限	优惠/元
[2, 12]	1.5	4	100
(12, 25]	0.8	2	150
(25, 45]	1	4	200
(45, 65]	1.2	4	150
(65, 80]	2	6	100

1.边界值分析

根据例 3.5 的问题描述,程序有两个输入,年龄和过去一年的就医次数,采用普通边界值测试技术进行测试用例设计。

首先,确定输入的边界值,根据题设可知:年龄 Age 的取值范围为[2,80],过去一年的就医次数 Num 的取值范围为[0,8]。因此可得这两个输入的边界数据如表 3-20 所示。

表 3-20　保险费程序的边界数据

变量	最小值	略大于最小值	正常值	略小于最大值	最大值
年龄	2	3	41	79	80
就医次数	0	1	4	7	8

其次,根据表 3-20 采用最坏情况测试技术可以得到 25 个测试用例,如图 3-7 所示。这 25 个测试用例明显不能满足我们的需求,因为太多的情况没有考虑。进一步研究年龄取值范围和就医次数门限,可以将年龄分为 5 个类别 $A1=\{2 \leqslant Age \leqslant 12\}$,$A2=\{12 < Age \leqslant 25\}$,$A3=\{25 < Age \leqslant 45\}$,$A4=\{45 < Age \leqslant 65\}$ 和 $A5=\{65 < Age \leqslant 80\}$;就医次数分为 4 个类别 $N1=\{0,1,2\}$,$N2=\{3,4\}$,$N3=\{5,6\}$ 和 $N4=\{7,8\}$。

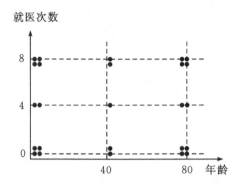

图 3-7　保险费程序最坏情况测试用例

基于上述关于年龄和就医次数的划分,得到如表 3-21 所示的详细边界数据。针对详细边界数据,采用最坏情况测试技术,设计出 189 个测试用例,如图 3-8 所示。

表 3-21　保险费程序的详细边界数据

变量	最小值	略大于最小值	正常值	略小于最大值	最大值
年龄	2	3	7	11	12
年龄	—	13	18	24	25
年龄	—	26	35	44	45
年龄	—	46	55	64	65
年龄	—	66	72	79	80
就医次数	0	—	1	—	2
就医次数	3	—	—	—	4
就医次数	5	—	—	—	6
就医次数	7	—	—	—	8

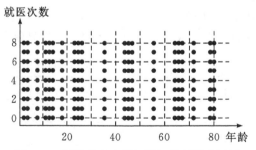

图 3-8　保险费程序详细最坏情况测试用例

2.等价类测试

采用传统的等价类测试(弱健壮)技术对保险费程序设计测试用例,在上面关于年龄和就医次数等价划分的基础上,分别增加两个无效等价类 A6 = {Age<2} 和 A7 = {Age>80},N5 = {Num<0} 和 N6 = {Num>8}。根据以上分类,设计出 9 个测试用例,如图 3-9 所示。

从图中可以看出,除了考虑异常情况外,对于正常情况,直接采用等价类测试取得的效果并不好。

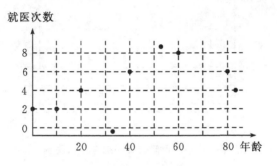

图 3-9 保险费程序等价类测试用例

3.基于决策表的测试

继续采用决策表来对保险费程序进行测试用例设计。根据上面分析,可以针对保险费程序提炼出 2 个条件:年龄所处的范围和就医次数是否超过门限。构造的决策表如表 3-22 所示。

表 3-22 保险费程序决策表

条件	年龄	2~12	2~12	12~25	12~25	25~45	25~45	45~65	45~65	65~80	65~80
	就医次数	0~4	5~8	0~2	3~8	0~4	5~8	0~4	5~8	0~6	7~8
动作	年龄因子	1.5	1.5	0.8	0.8	1	1	1.2	1.2	2	2
	优惠/元	100	—	150	—	200	—	150	—	100	—

基于该决策表,设计了 10 个测试用例,如图 3-10 所示。从图中可以看出,基于决策表的测试得到了较好的效果,没有冗余测试用例。但仔细分析的话,基于决策表的测试技术没有考虑被保险人过去一年就医次数超过 8 次的情况,也没有考虑年龄不在有效范围内的情况。因此,可以将这 3 种技术结合在一起,得到综合的测试用例,共 25 个,如图 3-11 所示。从图 3-11 中可以看出,这种方式设计出的测试用例,不仅考虑了年龄范围,就医次数是否超过门限,还考虑了各个年龄段边界处是否存在问题,以及输入不在有效范围内的情况。这说明,在对实际项目进行测试时,不应该只采用一种技术,而是综合采用多种测试技术。

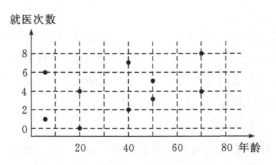

图 3-10 保险费程序决策表测试用例

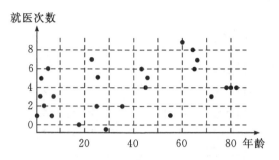

图 3-11　保险费程序综合测试用例

3.4.2　注册程序

现在的软件系统基本上都有注册和登录功能,下面是一个注册程序示例。

【例3.6】　注册程序:图3-12是一个系统的注册页面,包含4个输入框(用户名、密码、确认密码和验证码)和1个注册按钮。每个输入框都有一些限制条件,如图3-12中的标注所示。

图 3-12　注册程序

1.边界值分析

通过分析例3.6的注册程序,发现只有用户名和密码这两个输入有边界,可以进行边界值分析。用户名长度可以选择{4,5,11,17,18}边界数据,密码长度可以选择{6,7,11,15,16}边界数据。基于它们的边界数据,可以设计出测试用例。但是经过分析,可以发现确认密码和验证码输入却不太适合采用边界值分析技术。因此,对于注册程序案例,边界值分析技术只能作为其他技术的补充,而不能仅仅只采用边界值分析技术。

2.等价类测试

接下来尝试采用等价类测试技术对注册程序进行测试用例设计。

第一步,确定被测软件的输入条件,如表3-23所示。

表 3 - 23 注册程序的输入条件

编号	条件
C1	用户名长度
C2	用户名是否以字母开头
C3	用户名是否只包含字母、数字和下划线
C4	密码长度
C5	确认密码是否与密码相同
C6	验证码是否正确输入

第二步,确定每个条件的有效等价类和无效等价类,如表 3 - 24 所示,表中括号内的数字表示不同等价类的编号。

表 3 - 24 注册程序的等价类划分

条件	有效等价类	无效等价类
C1	4≤长度≤18(1)	长度<4(2),长度>18(3)
C2	是(4)	否(5)
C3	是(6)	否(7)
C4	6≤长度≤16(8)	长度<6(9),长度>16(10)
C5	是(11)	否(12)
C6	是(13)	否(14)

第三步,设计测试用例,采用传统等价类测试技术,得到 9 个测试用例,如表 3 - 25 所示。

表 3 - 25 注册程序的等价类测试用例

编号	输入				预期输出
	用户名	密码	确认密码	验证码	
1	Abcd_123	123456	123456	test	注册成功
2	Abc	123456	123456	test	注册失败
3	A1234567890123456789	123456	123456	test	注册失败
4	1234abc	123456	123456	test	注册失败
5	A@123	123456	123456	test	注册失败
6	Abcd_123	1234	1234	test	注册失败
7	Abcd_123	12345678901234567	12345678901234567	test	注册失败
8	Abcd_123	123456	654321	test	注册失败
9	Abcd_123	123456	123456	tttt	注册失败

虽然目前得到了较好的测试用例,但如果进一步分析,会发现注册程序还存在一些隐含的需求。例如,用户名是否已存在、密码过于简单。因此,需要进一步细化注册程序的输入条件,如表 3 - 26 所示。

表 3 - 26　　注册程序的细化输入条件

编号	条件
C1	用户名长度
C2	用户名是否以字母开头
C3	用户名是否只包含字母、数字和下划线
C4	密码长度
C5	确认密码是否与密码相同
C6	验证码是否正确输入
C7	用户名是否已存在
C8	密码是否过于简单

3.基于决策表的测试

　　结合等价类测试部分给出的输入条件等价关系,可以很方便地构造出决策表,从而得到测试用例集合。只是在考虑决策表的动作时,发现目前的程序输出只有两类:注册成功和注册失败。当注册失败时,用户希望软件能够给出较为具体的失败原因。因此,需要对输出再进行细化,细化后的输出示例如下所示:

①注册成功;

②用户名长度过短;

③用户名长度过长;

④用户名未以字母开头;

⑤用户名包含非法字符;

⑥密码长度过短;

⑦密码长度过长;

⑧两次密码不一致;

⑨用户名已存在;

⑩密码过于简单。

请读者结合输入条件的等价关系以及输出结果,自行构造决策表并设计测试用例。

3.5　讨　论

　　上面介绍了 3 种主要的适合单元测试的黑盒技术。从技术的实现难度来讲,边界值分析技术最简单,等价类测试技术次之,基于决策表的测试技术最为复杂。技术越复杂,生成测试用例所需的时间就越长。但是,从产生测试用例的数量上来说,边界值测试产生的测试用例数量最多,等价类测试次之,基于决策表的测试生成的用例数量最少。测试用例的数量越多,执行测试的工作量就越大,这需要在两个时间(设计测试用例时间和执行测试用例时间)之间进行平衡。通常情况下,测试用例的设计是一次性工作,而执行这些测试用例却需要多次工作。因此,我们希望在准备阶段(设计测试用例阶段)采用精细工作,尽可能地减少测试用例的数量。

　　对这 3 种技术生成的测试用例进行分析,可以发现采用边界值分析技术(如最坏情况和健壮最坏情况)经常会产生大量冗余的测试。等价类测试采用"相似处理"的思想来进行等价类划分,比边界值分析更进了一步。而基于决策表的测试充分考虑了输入条件之间的依赖性,得到了更为精练的测试用例集合。

除了本章所讲述的 3 类技术外,还有其他的黑盒单元测试技术,如因果图、随机测试、试探法、特殊值测试。每种测试技术都有其特点,需要读者针对被测软件特征选择合适的测试技术。

此外,这些黑盒测试技术依据需求规格说明来设计测试用例,而不关心程序是如何编码实现的。因此,设计出来的测试用例到底覆盖了哪些程序语句,还有哪些代码没有被覆盖到,即是不是还有遗漏,采用黑盒技术是无法察觉的。

本章小结

本章重点讨论了 3 种常用的黑盒单元测试技术:边界值分析、等价类测试和基于决策表的测试。

习题

1. 边界值分析的基本思想是什么?
2. 有哪些类型的边界值分析技术? 它们的区别是什么?
3. 等价类测试的基本思想是什么?
4. 在确定等价关系时,有哪些指导原则可以参考?
5. 等价类测试的基本流程是什么?
6. 等价类测试有哪些扩展类型? 它们的区别是什么?
7. 基于决策表的测试的基本思想是什么?
8. 决策表包含哪些组成部分?
9. 请比较边界值分析、等价类测试和基于决策表的测试。
10. 针对例 3.2 给出的佣金问题,采用等价类测试技术进行测试用例设计。
11. 针对例 3.2 给出的佣金问题,采用决策表测试技术进行测试用例设计。
12. 针对例 3.3 给出的三角形问题,采用边界值分析测试技术进行测试用例设计。
13. 针对例 3.3 给出的三角形问题,采用决策表测试技术进行测试用例设计。
14. 针对例 3.4 给出的 NextDate 函数,采用边界值分析技术进行测试用例设计。
15. 针对例 3.4 给出的 NextDate 函数,采用等价类测试技术进行测试用例设计。
16. 针对例 3.5 给出的保险费程序,采用健壮性测试、强一般等价类测试技术进行测试用例设计。
17. 针对例 3.6 给出的注册程序,依据表 3 - 24 给出的细化输入条件,采用等价类测试技术设计测试用例。
18. 针对例 3.6 给出的注册程序,采用决策表测试技术进行测试用例设计。

第 4 章　单元测试——白盒技术

白盒测试又称为结构性测试、透明盒测试、逻辑驱动测试或基于代码的测试,是一类广泛应用的软件测试技术。白盒测试将测试对象(被测软件)看作内部逻辑完全可见的盒子,测试人员通过分析程序的逻辑结构来设计测试用例,在不同点、不同分支检查程序的状态,从而确定程序的实际状态是否与预期状态一致。该类技术主要应用于单元测试级别,有时也可以应用于集成测试阶段。本章重点讨论以下内容:

程序图;

DD 路径;

测试覆盖指标;

基路径测试;

数据流测试;

基于程序片的测试。

4.1　程序图

随着软件工程的发展,几乎所有的程序设计人员所编写的代码都具有良好的结构。基于程序员所编写的源代码,根据代码语句之间的逻辑关系,可以很方便地构建出程序的控制流图,从而便于测试人员设计出测试用例。

定义 4.1　程序图 $P=(V,E)$,V 是节点的集合,E 是有向边的集合。其中,节点表示的是程序中的语句或语句片段,边表示程序语句或语句片段之间的控制流。

如果程序图 P 中存在两个节点 i 和 j,且存在一条从 i 到 j 的边,这说明程序语句或语句片段 j 可以在 i 之后立即被执行。

不同的程序设计语言,通常都包含分支语句、循环语句及串行语句。对于分支语句和循环语句而言,它们实际上包含了多条语句片段。如对于 if-then-else 语句而言,它的 then 分支和 else 分支可以包含多条代码。此时,将完整的 if-then-else 称为**语句**,而将 then 分支和 else 分支中的每条代码称为**语句片段**。为了更好地分析程序源码和进行结构性测试,本书选择语句片段作为最小研究单位;此外,为了简化程序图的描述,选择语句片段的编号作为节点。

【例 4.1】　针对例 3.3 给出的三角形程序,采用伪代码给出的程序源码如下所示。

1.// 三角形程序,接受三个输入作为三条边,输出三角形的类型

2.Program triangle

3.Int a, b, c; // 定义三个整型变量

4.Bool isTriangle; // 记录是否为三角形

5.// 输入参数

6.Input(a) ; // 输入边 a

7.Output("输入的边 a 是:", a); // 输出边 a

8.Input(b) ; // 输入边 b

9.Output("输入的边 b 是:", b); // 输出边 b

10.Input(c) ; // 输入边 c

11.Output("输入的边 c 是:", c); // 输出边 c

12.// 判断是否为三角形

13.If ((a+b>c) and (b+c>a) and (c+a>b))

14.　　Then isTriangle = true;

15.　　Else isTriangle = false;

16.EndIf

17.// 判断三角形类型并输出

18.If(isTriangle)

19.　　Then If((a==b) and (b==c)) // 三条边都相等

20.　　　　Then output("等边三角形");

21.　　　　Else If((a≠b) and (b≠c) and (c≠a))// 三条边都不等

22.　　　　　　Then output("普通三角形");

23.　　　　　　Else output("等腰三角形");

24.　　　　EndIf

25.　　EndIf

26.　　Else output("构不成三角形");

27.EndIf

28.End triangle //程序结束

例 4.1 给出的三角形程序源码对应的程序图如图 4-1 所示。非执行语句或语句片段,如语句 2、3、4,不在程序图中显示。

从图 4-1 可以很清晰地看出,节点 6 到 11 是一个顺序结构,节点 13 到 16 对应一个 if-then-else 语句,节点 18 到 27 是嵌套的 if-then-else 语句。节点 6 是程序源节点,节点 28 是程序汇节点。该程序符合单输入、单输出准则。由于没有循环,所以该程序图是一个有向无环图。

通过分析程序源码从而构建程序图,可以清晰地了解到:程序的执行对应于从源节点到汇节点的路径。测试用例的执行会通过程序图中的某条路径,因此,可以得到一种明确的描述,用它来表示测试用例和其所执行程序部分之间的关系。

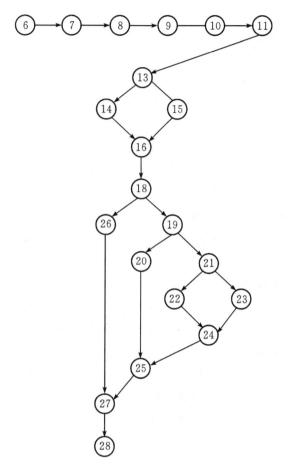

图 4-1　三角形程序的程序图

4.2　DD 路径

DD 路径(Decision to Decision Paths)是决策到决策的路径,是指一个语句序列。"决策"语句是指一个节点的入度或出度大于等于 2。在 DD 路径中,其语句序列内部没有分支。

定义 4.2　DD 路径是程序图中的一条链,分为如下 5 种情况:

(1)由一个入度为 0 的节点组成,对应于源节点;

(2)由一个出度为 0 的节点组成,对应于汇节点;

(3)由一个入度≥2 或出度≥2 的节点组成,对应于判定语句或其结束语句;

(4)由一个入度为 1 且出度为 1 的节点组成,对应于短分支;

(5)由长度≥1 的最大链组成,对应于串行语句序列。

在 DD 路径中,链是一条起始和终止节点不相同的路径,并且链中每个节点的入度和出度都为 1。对于例 4.1 给出的三角形问题代码,其节点属于的 DD 路径类型如表 4-1 所示。

表 4 - 1　三角形程序代码的 DD 路径

程序图节点	DD 路径名称	定义情况
6	第一	1
7～11	A	5
13	B	3
14	C	4
15	D	4
16	E	3
18	F	3
19	G	3
20	H	4
21	I	3
22	J	4
23	K	4
24	L	3
25	M	3
26	N	4
27	O	3
28	最后	2

定义 4.3　DD 路径图 $DP=\{V,E\}$ 是一个有向图，V 是节点的集合，E 是有向边的集合。其中，节点表示的是程序中的 DD 路径，边表示连续 DD 路径之间的控制流。

例 4.1 给出的三角形程序代码对应的 DD 路径图如图 4 - 2 所示。对比图 4 - 1 和图 4 - 2 可以看出，两者的样子相似，只是将程序图中的第 5 类 DD 路径变成了 DD 路径图中一个节点。因此，DD 路径图实际上是程序图的一种压缩。

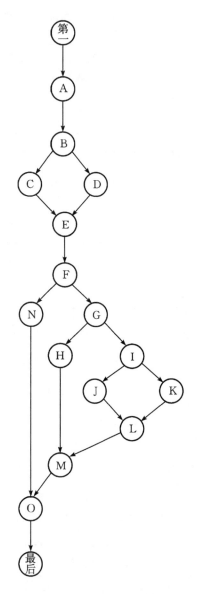

图 4-2   三角形程序的 DD 路径图

4.3   测试覆盖指标

从第 3 章黑盒测试技术的内容得知难以确定采用某种黑盒测试技术所生成的测试用例是否存在冗余和遗漏。这是因为对于黑盒测试技术,缺乏合适的度量标准,而结构性测试正好可以提供相应的测试覆盖指标。在评价某种测试技术优劣时,覆盖率是一个重要的度量指标。

定义 4.4   覆盖率是用于度量测试完整性的一种手段,可通过式(4-1)计算得到:

$$覆盖率 = \frac{被执行到的测试项数量}{总项数} \times 100\% \qquad (4-1)$$

覆盖率对于软件测试有非常重要的作用。通过覆盖率数据,可以确定测试工作是否充分,测试的不足体现在哪些方面,进而指导测试人员设计出更全面的测试用例集合。

4.3.1　基于程序图的覆盖指标

由于程序图及 DD 路径图都是有向图,因此,可以借鉴图论的知识来考虑度量指标。图包含节点和边,有向图中的边带有方向性,表示了节点之间的逻辑关系。下面给出相关度量指标。

定义 4.5　节点覆盖 G_{node} 是指采用给定的测试用例集作用于被测软件时,程序图中的所有节点都被遍历到,则称这组测试用例集满足节点覆盖。

定义 4.6　边覆盖 G_{edge} 是指采用给定的测试用例集作用于被测软件时,程序图中的所有边都被遍历到,则称这组测试用例集满足边覆盖。

定义 4.7　路径覆盖 G_{path} 是指采用给定的测试用例集作用于被测软件时,程序图中所有从源节点到汇节点的路径都被遍历到,则称这组测试用例集满足路径覆盖。

这 3 种覆盖指标有很大的不同,其中节点覆盖最容易实现,它表明了只要设计足够多的测试用例,使程序中的每条语句或语句片段被执行到即可达到节点覆盖。边覆盖在节点覆盖的基础上,更进了一步,考虑问题更加深入,它比节点覆盖要求得更加严格一些。对于 if-then 这样的语句,如果采用节点覆盖,则会错过隐含的 else 子句;而采用边覆盖,才会考虑到这种情况。路径覆盖则在边覆盖的基础上又进了一步,考虑了从源节点到汇节点的所有路径。但是,如果一个程序中存在循环,则很难满足路径覆盖指标。

【例 4.2】　下面是一个接受三个整型输入的函数 func,返回值为整型。

```
1. Function func(Int x, Int y, Int z):Int // 输出为整型类型
2.     Int m = n = 0;
3.     If((x > 0) and (y < 10))
4.         Then m = x + z;
5.               n = m * 3;
6.     EndIf
7.     If((x == 2) or (z > 6))
8.         Then n = x－y;
9.     EndIf
10.    n = m + n;
11.    Return n;    // 返回计算结果
12. End func // 函数结束
```

对于例 4.2 给出的程序伪代码,构建出其程序图,如图 4-3 所示。程序图由 11 个节点、12 条边组成。

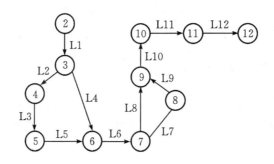

图 4 - 3　func 函数的程序图

1. 节点覆盖测试用例

根据节点覆盖定义,需要设计一组测试用例,当这些测试用例执行完之后,所有的节点都需要至少被遍历一遍。由于 func 函数相对简单,所有的语句出现在同一条路径上,因此,只需要设计 1 条测试用例即可满足要求,设计的参考测试用例如表 4 - 2 所示。白盒测试技术并未指定如何设计测试用例,仅仅给出了测试用例应该满足的度量标准。因此,可以设计出完全不同的测试用例集合。

表 4 - 2　func 函数的节点覆盖测试用例

编号	输入			覆盖的节点
	x	y	z	
1	2	5	8	2,3,4,5,6,7,8,9,10,11,12

2. 边覆盖测试用例

根据边覆盖定义,需要设计一组测试用例,当这些测试用例执行完之后,程序图中所有的边都需要至少被遍历一遍。对于例 4.2 所示的 func 函数,设计 2 条测试用例即可满足覆盖要求,参考测试用例如表 4 - 3 所示。

表 4 - 3　func 函数的边覆盖测试用例

编号	输入			覆盖的边
	x	y	z	
1	2	5	8	L1,L2,L3,L5,L6,L7,L9,L10,L11,L12
2	3	12	5	L1,L4,L6,L8,L10,L11,L12

3. 路径覆盖测试用例

根据路径覆盖定义,需要设计一组测试用例,当这些测试用例执行完之后,程序图中从源节点 2 到汇节点 12 的路径都需要至少被遍历一遍。根据程序图可以很清楚地看出,func 函数中存在 4 条路径:P1={2,3,4,5,6,7,8,9,10,11,12};P2={2,3,4,5,6,7,9,10,11,12};P3={2,3,6,7,8,9,10,11,12},P4={2,3,6,7,9,10,11,12}。因此,需要设计至少 4 条测试用例才能覆盖所有路径,参考测试用例如表 4 - 4 所示。

表 4-4　func 函数的路径覆盖测试用例

编号	输入			覆盖的路径
	x	y	z	
1	2	5	8	P1
2	3	5	5	P2
3	3	12	8	P3
4	3	12	5	P4

由于 func 程序中不存在循环,因此,从源节点 2 到汇节点 12 的路径是确定的。但在很多程序中,存在循环的情况,那么从源节点到汇节点可能存在无数条路径。此时,无法设计足够多的测试用例来满足路径覆盖指标。对于包含循环的程序,后文再详细探讨。

4.3.2　逻辑覆盖指标

逻辑覆盖主要针对程序内部的逻辑结构进行测试用例设计,包含如下 6 种覆盖指标:语句覆盖,判定覆盖,条件覆盖,判定-条件覆盖,条件组合覆盖,路径覆盖。

1.语句覆盖

语句覆盖是指设计若干个测试用例,将它们作用于被测程序后,程序中的每一条可执行语句至少被执行一次。由于程序图来源于程序代码,因此,语句覆盖与节点覆盖相同。

对于例 4.2 给出的程序代码,采用节点覆盖给出的测试用例,可以实现语句覆盖,但并不能检查判定逻辑是否有问题。例如,如果将"while(x>0 and y>0)"语句中的"and"改为"or",上述测试用例依然能够覆盖所有可执行语句。即语句覆盖是一种非常弱的逻辑覆盖指标。

2.判定覆盖

判定覆盖也称为分支覆盖,是指设计一组测试用例,当它们作用于被测软件时,程序中每个判定的取真分支和取假分支至少各执行一次。判定覆盖等同于定义 4.6 给出的边覆盖。但在实际中,人们在分析程序源码时,往往会忽略隐含的分支。如对于 if-then 语句,可以考虑到 then 子句,但对于隐含的 else 子句则有可能遗漏。

对于例 4.2 给出的程序代码,采用边覆盖给出的测试用例,可以将程序中每个判定的真假分支都至少遍历一次,但并不能对判定条件进行检查。例如,将第二个判定中的条件"z > 6"错写成"z < 6",上述测试用例依然满足判定覆盖。

3.条件覆盖

条件覆盖是指设计足够多的测试用例,将它们作用于被测软件后,程序中每个判定内的每个条件的各种可能取值至少被执行一次。

条件覆盖关注的是更为细致的条件取值情况,而不仅仅是整个判定的取值。对于例 4.2 来说,存在两个判定:"$(x > 0)$ and $(y < 10)$"和"$(x == 2)$ or $(z > 6)$"。对于每个判定,对其中的条件取值加以标记,如下所示。

对于第一个判定"$(x > 0)$ and $(y < 10)$":

条件 1: $x > 0$,取真值为 T1,假值为 T1!;

条件 2: $y < 10$,取真值为 T2,假值为 T2!。

对于第二个判定"(x == 2) or (z > 6)"：

条件 3：x == 2，取真值为 T3，假值为 T3!；

条件 4：z > 6，取真值为 T4，假值为 T4!。

设计测试用例，如表 4 - 5 所示。

表 4 - 5　func 函数的条件覆盖测试用例

编号	输入			覆盖的条件取值
	x	y	z	
1	2	5	8	T1 T2 T3 T4
2	-1	12	5	T1! T2! T3! T4!

条件覆盖并不一定能够保证分支覆盖，甚至也不能保证语句覆盖。因为，该覆盖指标仅仅只在微观层面考虑了各个条件的取值情况。如果判定中只包含一个条件，那么条件覆盖就等同于分支覆盖。

4. 判定-条件覆盖

判定-条件覆盖是判定覆盖和条件覆盖的结合，要求设计一组测试用例，针对被测程序运行完这些测试用例后，不仅程序中每个判定的各种取值至少被执行一次，而且每个判定中每个条件的各种取值也至少被执行一次。

判定覆盖：

对于第一个判定：取真为 True1，取假为 False1；

对于第二个判定：取真为 True2，取假为 False2。

对于例 4.2 给出的程序，基于判定-条件覆盖指标，设计的测试用例如表 4 - 6 所示。

表 4 - 6　判定-条件覆盖测试用例

编号	输入			覆盖的条件取值	覆盖的判定取值
	x	y	z		
1	2	5	8	T1 T2 T3 T4	True1 True2
2	-1	12	5	T1! T2! T3! T4!	False1 False2

从表面上看，判定-条件覆盖测试了所有条件的取值，但实际上某些条件会掩盖其他条件。例如，对于条件表达式"(x > 0) and (y < 10)"来说，当 x≤0 时，程序就一般不会再去判定 y 是否小于 10 了。因此，采用判定-条件覆盖指标，逻辑表达式中的条件组合错误不一定能够检查出来。

5. 条件组合覆盖

条件组合覆盖是指设计足够多的测试用例，运行被测软件后，程序中每个判定的所有条件的可能取值组合都至少被执行一次。

针对例 4.2 给出的例子，对各个判定的条件取值组合标记如下：

①x>0，y<10，作 T1T2；

②x>0，y≥10，作 T1F2；

③x≤0，y<10，作 F1T2；

④x≤0，y≥10，作 F1F2；

⑤x＝2，z＞6，作 T3T4；

⑥x＝2，z≤6，作 T3F4；

⑦x！＝2，z＞6，作 F3T4；

⑧x！＝2，z≤6，作 F3F4。

基于条件组合，设计的一组测试用例如表 4-7 所示。

表 4-7　条件组合覆盖测试用例

编号	输入			覆盖的条件取值	组合号
	x	y	z		
1	2	5	8	T1 T2 T3 T4	①⑤
2	2	12	5	T1 F2 T3 F4	②⑥
3	−1	5	8	F1 T2 F3 T4	③⑦
4	−1	12	5	F1 F2 F3 F4	④⑧

表 4-7 中的测试用例覆盖了例 4.2 中的所有可能的条件取值组合，同时也保证了所有判定的各个分支都被覆盖。但是，条件覆盖组合也不能保证程序中所有可执行路径都能被覆盖到。

此外，如果一个判定中包含 n 个简单条件，为达到条件组合覆盖，需要执行 2^n 种情况。当 n 足够大的时候，要满足条件组合覆盖往往是不现实的。此时，在保证满足判定覆盖的前提下，需要尽可能地减少测试用例的数量。如何进行测试约减，在后续第 10 章组合测试部分详细解释。

6.路径覆盖

路径覆盖是指设计一组测试用例，当它们作用于被测软件时，程序中的所有路径都至少被覆盖一次。这里的路径覆盖与定义 4.7 给出的路径覆盖 G_{path} 是相同的，这里不再赘述。

这 6 种逻辑覆盖指标之间的包含关系，如图 4-4 所示。

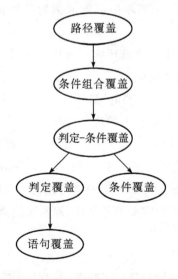

图 4-4　逻辑覆盖指标之间的关系

4.3.3　Miller 的覆盖指标

Miller 通过系统地研究程序代码，给出了一些指标，如表 4 - 8 所示（注：表中多数指标来源于 Miller 个人，一些指标是其他人扩展的）。根据这些基于程序 DD 路径的指标，并结合实践指出：当一组测试用例满足 DD 路径覆盖指标时，可以发现程序中大约 85% 的缺陷。

表 4 - 8　Miller 的覆盖指标

指标	覆盖描述	指标	覆盖描述
C_0	所有语句	C_{mcc}	多条件覆盖
C_1	所有 DD 路径	C_{ik}	包含最多 k 次循环的所有程序路径（通常 $k=2$）
C_{1p}	所有判断的每种分支	C_{stat}	路径具有"统计重要性"的部分
C_2	C_1 覆盖＋循环覆盖	C_∞	所有可能的执行路径
C_d	C_1 覆盖＋DD 路径的所有依赖对偶		

由于覆盖指标 C_0 最初针对的是完整语句，即 if-then 或 do-until 等都作为一个完整语句来考虑，对于现在的测试来说是不够充分的。如果将指标 C_0 中的语句对应到语句片段，则 C_0 等同于 C_1。这里的覆盖指标 C_1 等同于前面所述的语句覆盖和节点覆盖。

覆盖指标 C_{1p} 指的是覆盖所有判定的每种分支，这与前面的判定覆盖和边覆盖相同。

覆盖指标 C_2 是在 DD 路径覆盖 C_1 基础上增加了循环覆盖。

覆盖指标 C_d 是在覆盖指标 C_1 基础上增加了 DD 路径的所有依赖关系。因为，在一些程序中，DD 路径的执行存在依赖关系，单纯的 DD 路径覆盖是无法发现这类情况的；因此，一些复杂的深层次缺陷无法被发现。后面的数据流测试部分将详细探讨这个问题。

覆盖指标 C_{mcc} 指的是考虑每个判断中可能取值的各种情况，这与前面的条件组合覆盖相同。

覆盖指标 C_{ik} 指的是包含最多 k 次循环的所有程序路径，通常 $k=2$。该指标考虑了循环的情况，但是对于循环问题进行了简化。

覆盖指标 C_{stat} 指的是重点考虑"重要的"路径。但是，存在一个难点：如何确定路径是否重要？虽然，现在存在一些方法来确定重要的路径，但由于各个程序的特点不同，难以找到较为通用的方法。此外，即使找到了所谓的重要路径，由于用户数量的庞大性、运行环境的复杂性，使得那些"不重要"的路径会被触发，从而引起严重的软件失效。

覆盖指标 C_∞ 指的是覆盖程序所有可能的执行路径，与前面路径覆盖指标相同。如前所述，如果包含循环语句，则程序可能有无数条路径，通常无法满足该指标。

4.3.4　循环覆盖

循环的存在使得程序的路径数量增加了很多，甚至是无穷条。然而，循环是程序设计中非常重要的一种结构，软件项目通常离不开它。循环可以分为 4 种类型：简单循环、串接循环、嵌套循环和复杂循环。下面对这 4 种类型的测试进行探讨。

1. 简单循环

简单循环存在两种形式: while-do 和 do-until, 分别如图 4 - 5(a) 和 (b) 所示。可采用改进的边界值分析技术来设计测试用例, 具体如下所示, 其中, n 为循环的最大次数。

① 不进入循环;

② 只通过一次循环;

③ 两次通过循环;

④ m 次通过循环, 且 $m < n$;

⑤ $n-1$ 次通过循环;

⑥ n 次通过循环。

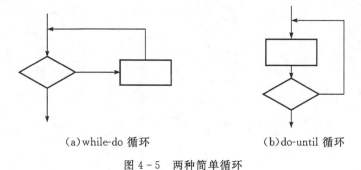

(a) while-do 循环   (b) do-until 循环

图 4 - 5 两种简单循环

2. 嵌套循环

如果一个循环体内包含其他循环, 如图 4 - 6 所示的是一个两层嵌套循环, 则产生的程序路径数量会呈几何级数增加, 所需要的测试数量也急剧增加。为使测试工作更具效率, 采用"由内向外"逐层测试的思想进行测试用例设计, 具体过程如下。

步骤 1: 首先采用简单循环测试策略来测试最内层循环, 同时其他层次的循环变量为最小值 (即尽可能将除被测层次循环外的所有循环不进行多次循环处理)。

步骤 2: 由内向外构造下一层循环, 所选择的这层采用简单循环处理方式; 这层所包含的内层循环采用"典型"值; 这层之外的循环设置为最小值。

步骤 3: 重复步骤 2, 直到所有层次的循环都测试完成。

步骤 4: 对各层循环同时取最小值或同时取最大值进行测试。

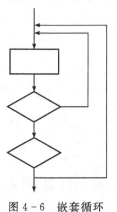

图 4 - 6 嵌套循环

3.串接循环

串接循环是指程序中两个或多个连续的循环,如图 4 - 7 所示。如果两个循环彼此独立,则使用简单循环测试策略分别测试这两个循环。但是,如果两个循环并不独立,即第一个循环会影响第二个循环参数取值,则采用嵌套循环测试策略较为合适。

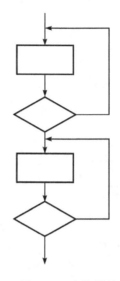

图 4 - 7　串接循环

4.复杂循环

复杂循环也叫不规则循环,是指循环体内有节点的入度或出度大于 1,甚至两个或多个循环相互嵌套,如图 4 - 8 所示。这种情况属于不良风格的程序,应该重新设计程序。

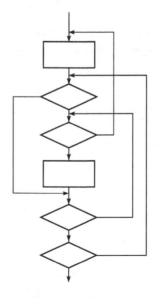

图 4 - 8　复杂循环

4.4　基路径测试

　　基路径测试是一种常用的白盒测试技术，它来源于线性代数中向量空间的"基"。向量空间中的每个向量，都可以通过使用一组相互独立的基向量经过加法和数乘运算得到。向量空间中的一切都可以用一组基向量来表示，如果某个基向量被删除，则这种覆盖特性会丢失。如果把程序中所有可执行路径看作是一种向量空间，那么，这个空间中的基就是需要测试的非常有意义的元素集合。

　　如果在程序图（或 DD 路径图）中，添加一条从汇节点到源节点的边，则程序图变成了强连通图，其圈数量（圈复杂度）就是图中线性独立环路的数量，计算如式（4-2）所示。

$$V(G)=e-n+p \qquad (4-2)$$

其中：e 是强连通图的边数；n 是节点数；p 是连通区域数，一般情况下，连通区域数为 1。

　　回到原先的程序图，则从源节点到汇节点的线性独立路径数量的计算如式（4-3）所示。

$$V(G)=e-n+2p \qquad (4-3)$$

　　有了线性独立路径数量之后，进一步需要确定基路径，即如何找出这些线性独立路径。McCabe 给出一种基线方法来确定基路径集合，主要步骤如下。

　　步骤 1：选择一条基线路径，选择包含尽可能多的判定节点的路径；

　　步骤 2：回溯基线路径，依次"反转"每个判定节点，即判定节点取其他值；

　　步骤 3：重复步骤 2，直到所有的判定节点都取了不同值为止。

　　【例 4.3】　最大公约数程序：下面是一个采用 Euclid 方法计算两个整数的最大公约数的程序伪代码。

　　1.Function MCM(Int x, Int y): Int

　　2.Int m = 0;

　　3.While(x > 0 and y > 0)

　　4.　　If(x > y)

　　5.　　　　Then　x = x-y;

　　6.　　　　Else　y = y-x;

　　7.　　EndIf // if 结束

　　8.EndWhile // while 循环结束

　　9.m=x+y;

　　10. Return m;

　　11. End MCM

针对例 4.3 给出的程序代码，其程序图如图 4-9 所示。采用公式（4-3）可计算出它包含 3 条线性独立路径。

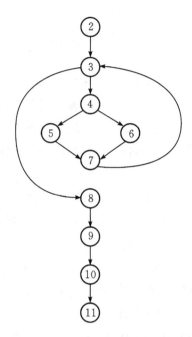

图 4-9　求最大公约数函数的程序图

采用 McCabe 基路径方法来确定基路径：

第一步，选择基线路径 P1 = {2, 3, 4, 5, 7, 3, 8, 9, 10, 11}。

第二步，对基线路径中的每个判定节点依次进行反转。对判定节点 3 进行反转，得到第二条基路径 P2 = {2, 3, 8, 9, 10, 11}。对判定节点 4 进行反转，得到第三条基路径 P3 = {2, 3, 4, 6, 7, 3, 8, 9, 10, 11}。

由于程序中所有的判定节点都完成了反转，因此，所得到的路径 P1～P3 就是例 4.3 的一组基路径。

McCabe 方法给出了拓扑结构上的独立基路径。但需要注意的是，如果在进行反转时，发现某条路径并不可行，则增加一条原则：永远反转语义可行路径中的判定结果。

4.5　数据流测试

在前面介绍的路径测试部分，将程序代码看成是一种有向图，然后根据有向图的拓扑结构，结合某些覆盖指标来设计测试用例。然而，程序中不同语句之间往往会有依赖关系，使得拓扑结构上可行的路径，在逻辑上并不可行。采用数据流测试来解决上述问题。

数据流测试中常用的一种方法是定义/使用测试，它关注变量被定义后是否被使用、如何使用，变量在使用前有没有被重复定义多次，所使用的变量有没有被定义等。

4.5.1　相关术语

针对拥有单入口单出口节点的程序图 $G(P)$ 和其程序 P 的变量集 V，PATHS(P) 是程序 P 中的所有路径集合。给出如下定义。

定义 4.8　定义节点 $DEF(v,n)$ 是指变量 $v \in V$ 在节点 $n \in G(P)$ 处被定义,即变量 v 在语句片段 n 处可能被修改。

定义 4.9　使用节点 $USE(v,n)$ 是指变量 $v \in V$ 在节点 $n \in G(P)$ 处被使用,即变量 v 在语句片段 n 处保持不变。

定义 4.10　谓词使用节点 $P\_USE(v,n)$ 是指变量 $v \in V$ 在节点 $n \in G(P)$ 处被当作谓词使用,即语句片段 n 处会将 v 用作谓词。

定义 4.11　计算使用节点 $C\_USE(v,n)$ 是指变量 $v \in V$ 在节点 $n \in G(P)$ 处被当作除谓词外的使用,即语句片段 n 处会使用 v 的值,但不会将其作为谓词使用。

定义 4.12　定义-使用路径 du-path(v) 是指 $PATHS(P)$ 中的一条路径,该路径的起始和最终节点分别是变量 v 的定义节点和使用节点。

定义 4.13　定义-清除路径 dc-path(v) 是指 $PATHS(P)$ 中的一条路径,该路径的起始和最终节点分别是变量 v 的定义节点和使用节点;并且,在路径中没有其他节点是 v 的定义节点。

定义-使用路径和定义-清除路径描述了变量被定义到被使用的源代码的数据流。不是定义-清除的定义-使用路径,是潜在有问题的地方,需要更加关注。

4.5.2　定义-使用路径测试覆盖指标

Rapps-Weyuker 给出了一组数据流测试指标,其中给出的全路径、全边及全节点与前面的路径覆盖、边覆盖以及节点覆盖相同。其余的指标均与定义节点、使用节点以及定义-使用路径有关。假设 T 是包含变量集合 V 的程序 P 所对应的程序图 $G(P)$ 中的一个路径集合,且定义-使用路径是逻辑可行的。

定义 4.14　当且仅当对于每个变量 $v \in V$,T 包含从 v 的每个定义节点到 v 的一个使用节点的定义-清除路径,称集合 T 满足程序 P 的全定义准则。

定义 4.15　当且仅当对于每个变量 $v \in V$,T 包含从 v 的每个定义节点到 v 的所有使用及其后续节点的定义-清除路径,称集合 T 满足程序 P 的全使用准则。

定义 4.16　当且仅当对于每个变量 $v \in V$,T 包含从 v 的每个定义节点到 v 的所有谓词使用节点的定义-清除路径,如果 v 的某个定义没有谓词使用,则包含至少一个它的计算使用,称集合 T 满足程序 P 的全谓词使用/部分计算使用准则。

定义 4.17　当且仅当对于每个变量 $v \in V$,T 包含从 v 的每个定义节点到 v 的所有计算使用节点的定义-清除路径,如果 v 的某个定义没有计算使用,则包含至少一个它的谓词使用,称集合 T 满足程序 P 的全计算使用/部分谓词使用准则。

定义 4.18　当且仅当对于每个变量 $v \in V$,T 包含从 v 的每个定义节点到 v 的所有使用以及后续节点的定义-清除路径,如果存在循环,则需要包含经过一次循环的路径,称集合 T 满足程序 P 的全定义-使用准则。

这些数据流测试覆盖指标之间涉及包含关系,如图 4-10 所示。

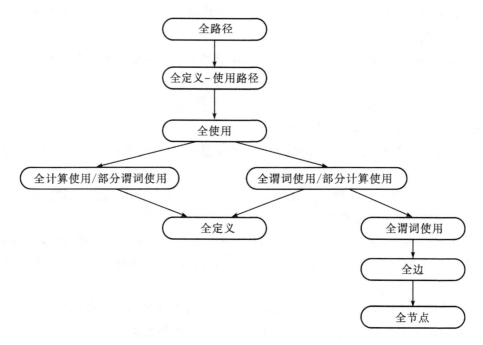

图 4 - 10 数据流测试覆盖指标之间的关系

在这些数据流测试覆盖指标中,全使用准则和全定义-使用准则比较容易使人混淆。它们之间的区别主要包括两个方面:覆盖的路径数量和对循环的处理。

1.二者需覆盖的路径数量不同

例如,针对如下程序:

```
1.Input(y);
2.If(x>0)
3.    Then x =x+2;
4.Endif
5.Output(x+y);
```

对于变量 y 来说,其定义节点为{1},使用节点为{5};y 的定义-使用路径有 2 条且都为定义清除路径,P1 = {1, 2, 4, 5}和 P2 = {1, 2, 3, 4, 5}。若采用全使用准则,则只需要设计 1 条测试用来覆盖路径 P1 或 P2 即可。但是,若采用全定义-使用准则,则需要设计 2 条测试用例来覆盖这两条路径 P1 和 P2。

2.二者对循环的处理不同

例如,对于如下程序:

```
1.Input(y);
2.While(x > 0)
3.    x－－;
4.EndWhile
5.Output(y);
```

对于变量 y 来说,其定义-使用路径 P = {1, 2, {3, 2}*, 4, 5},其中: * 表示 0 或多个。若采用全使用准则,则只需要设计 1 条测试用来覆盖这些路径中的一条即可,如{1, 2, 4, 5}。但是,若采用全定义-使用准则,则需要设计 2 条测试用例来覆盖两条路径:无环路路径{1, 2, 4, 5}和一次环遍历路径{1, 2, 3, 2, 4, 5}。

4.5.3 数据流测试应用案例

为帮助读者理解如何进行数据流测试,下面举例说明。

【例 4.4】 如下是一个程序的伪代码。

```
1. Program myfun
2. Int x, y;
3. Input(x, y);
4. If(x > 0)
5.     Then x = 0;
6. EndIf
7. If(y < 0)
8.     Then y = 1;
9. EndIf
10. Output(x, y);
11. End myfun
```

对例 4.4 分析可知,程序中存在两个变量 x 和 y,它们的定义/使用节点如表 4-9 所示,它们的定义-使用路径如表 4-10 所示。从表 4-10 可以看出,从同一个定义节点到同一个使用节点,可能存在多条定义-使用路径。

表 4-9 定义/使用节点

变量	定义节点	使用节点
x	3, 5	4, 10
y	3, 8	7, 10

表 4-10 定义-使用路径

序号	变量	路径(开始、结束)节点	定义-使用路径	是否定义-清除路径
P1	x	3, 4	3,4	是
P2	x	3, 10	3,4,5,6,7,8,9,10	否
P3	x	3, 10	3,4,5,6,7,9,10	否
P4	x	3, 10	3,4,6,7,8,9,10	是
P5	x	3, 10	3,4,6,7,9,10	是
P6	x	5, 10	5,6,7,8,9,10	是
P7	x	5, 10	5,6,7,9,10	是
P8	y	3, 7	3,4,5,6,7	是
P9	y	3, 7	3,4,6,7	是

序号	变量	路径(开始、结束)节点	定义-使用路径	是否定义-清除路径
P10	y	3, 10	3,4,5,6,7,8,9,10	否
P11	y	3, 10	3,4,5,6,7,9,10	是
P12	y	3, 10	3,4,6,7,8,9,10	否
P13	y	3, 10	3,4,6,7,9,10	是
P14	y	8, 10	8,9,10	是

对于全定义准则,需要设计足够多的测试来使得每个变量的每个定义都被考虑到。对于例 4.4 来说,只需要设计 1 个测试用例,如取 $<x,y>=<1,-1>$,即可满足全定义准则。它覆盖了定义-使用路径 P1、P6、P8 和 P14。

对于全谓词使用/部分计算使用准则,要求充分考虑每个变量谓词使用;如果当某个变量的定义节点不存在谓词使用,则要考虑它的计算使用。对于例 4.4 来说,只需要设计和全定义准则相同的测试用例即可满足需求,即 $<x,y>=<1,-1>$。

对于全计算使用/部分谓词使用准则,要求充分考虑每个变量的计算使用;当某个变量的定义节点不存在计算使用,则考虑它的谓词使用。对于例 4.4 来说,需要设计 2 个测试用例才能满足要求,如取 $<x,y>=<1,-1>$,$<x,y>=<0,0>$。

全使用准则是全谓词使用/部分计算使用和全计算使用/部分谓词使用两个准则的综合。对于例 4.4 来说,设计和全计算使用/部分谓词使用准则相同的两个测试用例:$<x,y>=<1,-1>$ 和 $<x,y>=<0,0>$ 即可满足要求。

全定义-使用准则要求设计足够多的测试用例,覆盖所有的定义-清除路径。对于例4.4来说,需要设计 4 个测试用例,如表 4-11 所示。

表 4 - 11　满足全定义-使用准则的测试用例

编号	测试用例	覆盖路径
1	$<1,-1>$	P1,P6,P8,P14
2	$<0,0>$	P1,P5,P9,P13
3	$<1,0>$	P1,P7,P8,P11
4	$<0,-1>$	P1,P4,P9,P14

由于例 4.4 中不存在循环,所以,满足全定义-使用准则的测试用例也满足全路径覆盖。

4.6　基于程序片的测试

程序片或程序切片是一种重要的软件工程思想,它具有自然、直观的特点。一般来说,程序片是一组程序语句(语句片段),它们用来确定/影响某个变量在程序某个点上的取值。程序片的定义如下。

定义 4.19　对于一个程序 P 和 P 中的一个变量集合 V,变量集合 V 在语句 n 上的一个程序片,记为 $S(V,n)$,是 P 中在语句 n 之前对 V 中变量取值有影响的所有语句片段的集合。

纵观程序片的发展历程,需要考虑两个基本问题:它是前向的还是后向的,是动态的还是静态的? 后向片是指程序中所有影响语句 n 处 V 中变量取值的语句片段集合。前向片是指程序中受语句 n 处 V 中变量值影响的所有语句片段。动态片考虑的是在执行程序期间用到的特定值,而静态片则考虑所有可能会影响到的语句片段。本书中考虑的是静态后向片。

针对例 4.4 给出的伪代码,对变量 x 在语句 10 处进行切片,得到如图 4-11 所示的程序片。

2. int x, y;

3. input (x, y);

4. if (x > 0)

5. 　　Then x = 0;

6. Endif

10. Output (x, y);

同理,针对例 4.4 给出的伪代码,对变量 y 在语句 10 处进行切片,得到如图 4-12 所示的程序片。

2. int x, y;

3. input (x, y);

7. if (y>0)

8. 　　Then y=1;

9. Endif

10. Output (x, y);

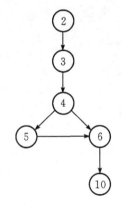
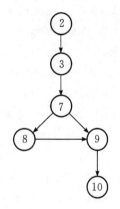

图 4-11　变量 x 的程序片　　　　　　图 4-12　变量 y 的程序片

通过切片技术,得到了原程序中的部分代码,而且这些部分代码可以单独执行且不影响其他部分。如针对 x 的程序片,可以测试其对 x 处理逻辑是否正确;同理,对于 y 的程序片,可以测试其对 y 的处理逻辑是否正确。当两个程序片分别测试完成后,可以认为整个程序也得到了合理的测试。

当采用片的思想对程序进行分析时,可以将程序代码切分成多个小的片,每个片都可以单独执行,从而分别进行测试。此外,对于某些程序来说,采用片可以将其分割成多个相对独立的部分,当测试发现问题时,有助于定位缺陷。

4.7　应用案例

　　为说明如何进行白盒测试,继续以第 3 章给出的例 3.5 保险费程序为例展开讨论。保险费程序的伪代码如下所示。

1.Program Insurance　　//保险费程序

2.Int age, num, insurance, discount;　　//定义四个变量:年龄,过去一年的就医次数,保险费,优惠

3.Float ageFactor;　　//年龄因子

4.Int baseInsurance=1000;　　//保险费基数

5.Input(age , num);　　//输入参数:年龄,过去一年的就医次数

6.insurance = discount = 0;

7.Select Case age

8.　　　Case 1: 2 <= age <= 12

9.　　　　　ageFactor = 1.5;

10.　　　　　If(0 <= num <= 4)

11.　　　　　　　Then discount = 100;

12.　　　　　EndIf

13.　　　Case 2: 12 < age <= 25

14.　　　　　ageFactor = 0.8;

15.　　　　　If(0 <= num <= 2)

16.　　　　　　　Then discount = 150;

17.　　　　　EndIf

18.　　　Case 3: 25 < age <= 45

19.　　　　　ageFactor = 1;

20.　　　　　If(0 <= num <= 4)

21.　　　　　　　Then discount = 200;

22.　　　　　EndIf

23.　　　Case 4: 45 < age <= 65

24.　　　　　ageFactor = 1.2;

25.　　　　　If(0 <= num <= 4)

26.　　　　　　　Then discount = 150;

27.　　　　　EndIf

28.　　　Case 5: 65 < age <= 80

29.　　　　　ageFactor = 2;

30.　　　　　If(0 <= num <= 6)

31.　　　　　　　Then discount = 100;

32.　　　　　EndIf

33.　　　Case 6: Else

34.　　　　Output("被保险人年龄超出范围");

35.　　Return;//程序返回

36. EndSelect

37. insurance = baseInsurance * ageFactor - discount;

38. Output(insurance)

39. End Insurance//程序结束

针对保险费程序的伪代码,其程序图如图 4-13 所示,DD 路径如表 4-12 所示,DD 路径图如图 4-14 所示。保险费程序共有 11 条可执行路径,如表 4-13 所示。

表 4-12　保险费程序的 DD 路径

程序图节点	DD 路径名称	定义情况
4	第一	1
5~6	A	5
7	B	3
8~9	C	5
10	D	3
11	E	4
12	F	3
13~14	G	5
15	H	3
16	I	4
17	J	3
18~19	K	5
20	L	3
21	M	4
22	N	3
23~24	O	5
25	P	3
26	Q	4
27	R	3
28~29	S	5
30	T	3
31	U	4
32	V	3
33~35	W	5
36	X	3
37~38	Y	5
39	最后	2

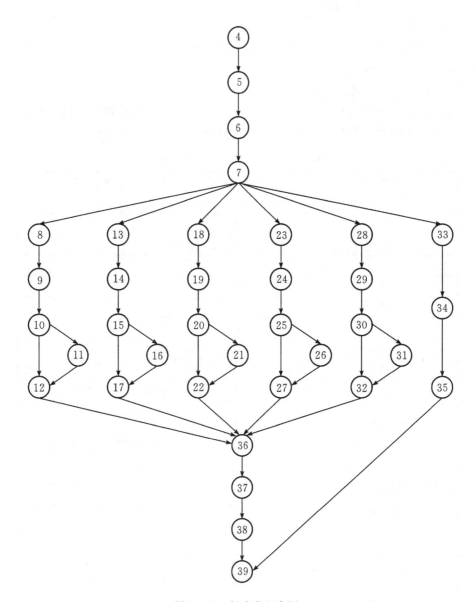

图 4-13　保险费程序图

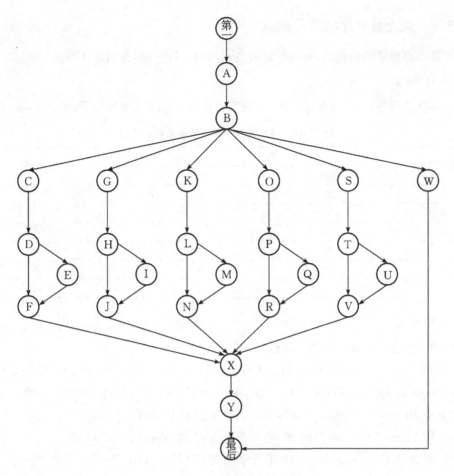

图 4-14　保险费程序 DD 路径图

表 4-13　保险费程序的可执行路径

编号	可执行路径
P1	第一—A—B—C—D—F—X—Y—最后
P2	第一—A—B—C—D—E—F—X—Y—最后
P3	第一— A—B—G—H—J—X—Y—最后
P4	第一— A—B—G—H—I—J—X—Y—最后
P5	第一—A—B—K—L—N—X—Y—最后
P6	第一—A—B—K—L—M—N—X—Y—最后
P7	第一—A—B—O—P—R—X—Y—最后
P8	第一—A—B—O—P—Q—R—X—Y—最后
P9	第一—A—B—S—T—V—X—Y—最后
P10	第一—A—B—S—T—U—V—X—Y—最后
P11	第一—A—B—W—最后

4.7.1 保险费程序的路径测试

基于保险费程序的伪代码,针对逻辑覆盖给出的 6 种指标,分别设计测试用例。

1. 语句覆盖

对于保险费程序,为了满足语句覆盖,只需要设计 6 个测试用例即可,如表 4 - 14 所示。

表 4 - 14　保险费程序的语句覆盖测试用例

编号	输入		通过路径
	age	num	
1	5	1	P2
2	20	1	P4
3	40	1	P6
4	60	1	P8
5	70	1	P10
6	90	1	P11

2. 判定覆盖

保险费程序总共包含 6 个判定,分别如下。

(1)语句 7"Select Case age",共有 6 条分支:S1,"2 <= age <= 12";S2,"12 < age <= 25";S3,"25 < age <= 45";S4,"45 < age <= 65";S5,"65 < age <= 80";S6,"Else"。

(2)语句 10"0 <= num <= 4",有 2 条分支:T2,True;F2,False。

(3)语句 15"0 <= num <= 2",有 2 条分支:T3,True;F3,False。

(4)语句 20"0 <= num <= 4",有 2 条分支:T4,True;F4,False。

(5)语句 25"0 <= num <= 4",有 2 条分支:T5,True;F5,False。

(6)语句 30"0 <= num <= 6",有 2 条分支:T6,True;F6,False。

设计 11 个测试用例,可满足判定覆盖,如表 4 - 15 所示。

表 4 - 15　保险费程序的判定覆盖测试用例

编号	输入		覆盖的分支	通过路径
	age	num		
1	5	7	S1、F2	P1
2	5	1	S1、T2	P2
3	20	7	S2、F3	P3
4	20	1	S2、T3	P4
5	40	7	S3、F4	P5
6	40	1	S3、T4	P6
7	60	7	S4、F5	P7
8	60	1	S4、T5	P8
9	70	7	S5、F6	P9
10	70	1	S5、T6	P10
11	90	1	S6	P11

3.条件覆盖

由于每个判定只有一个条件,因此,采用表 4 - 15 所示的测试用例可以满足条件覆盖。

注:由于采用的是伪代码形式,本书中,将类似于"0 <= num <= 4"的表达作为一个条件。

4.判定-条件覆盖

判定-条件覆盖是判定覆盖和条件覆盖的综合,采用表 4 - 15 所示的测试用例可以满足判定-条件覆盖。

5.条件组合覆盖

由于每个判断只有一个条件,不存在条件组合问题。因此,采用表 4 - 15 所示的测试用例可以满足条件组合覆盖。

6.路径覆盖

由于保险费程序中不存在循环,共存在 11 条路径。因此,采用表 4 - 15 所示的测试用例可以满足路径覆盖。

4.7.2 保险费程序的基路径测试

采用 McCabe 基路径方法对佣金程序进行测试,根据其源码及程序图,首先得到基线路径 P1 = {第一,A,B,C,D,E,F,X,Y,最后}。

接着,针对基线路径中的各个判定依次进行反转,得到新的基路径:P2={第一,A,B,G,H,I,J,X,Y,最后},P3={第一,A,B,K,L,M,N,X,Y,最后}。

重复上述过程,直到程序中所有的判定都进行了反转,从而得到一组基路径,如表 4 - 16 所示。

表 4 - 16 保险费程序的基路径

描述	基路径
原始(基线路径)	P1:第一—A—B—C—D—E—F—X—Y—最后
在 B 处翻转 P1	P2:第一—A—B—G—H—I—J—X—Y—最后
在 B 处翻转 P2	P3:第一—A—B—K—L—M—N—X—Y—最后
在 B 处翻转 P3	P4:第一—A—B—O—P—Q—R—X—Y—最后
在 B 处翻转 P4	P5:第一—A—B—S—T—U—V—X—Y—最后
在 B 处翻转 P5	P6:第一—A—B—W—最后
在 D 处翻转 P6	P7:第一—A—B—C—D—F—X—Y—最后
在 H 处翻转 P7	P8:第一—A—B—G—H—J—X—Y—最后
在 L 处翻转 P8	P9:第一—A—B—K—L—N—X—Y—最后
在 P 处翻转 P9	P10:第一—A—B—O—P—R—X—Y—最后
在 T 处翻转 P10	P11:第一—A—B—S—T—V—X—Y—最后

接下来,设计一组测试用例来覆盖这组基路径,如表 4 - 17 所示。

表 4 – 17　保险费程序基路径测试用例

描述	基路径	测试用例	
		age	num
原始（基线路径）	P1：第一—— A—B—C—D—E—F—X—Y—最后	5	7
在 B 处翻转 P1	P2：第一——A—B—G—H—I—J—X—Y—最后	20	7
在 B 处翻转 P2	P3：第一——A—B—K—L—M—N—X—Y—最后	40	7
在 B 处翻转 P3	p4：第一——A—B—O—P—Q—R—X—Y—最后	60	7
在 B 处翻转 P4	P5：第一——A—B—S—T—U—V—X—Y—最后	70	7
在 B 处翻转 P5	P6：第一——A—B—W—最后	90	1
在 D 处翻转 P6	P7：第一——A—B—C—D—F—X—Y—最后	5	1
在 H 处翻转 P7	P8：第一——A—B—G—H—J—X—Y—最后	20	1
在 L 处翻转 P8	P9：第一——A—B—K—L—N—X—Y—最后	40	1
在 P 处翻转 P9	P10：第一——A—B—O—P—R—X—Y—最后	60	1
在 T 处翻转 P10	P11：第一——A—B—S—T—V—X—Y—最后	70	1

4.7.3　保险费程序的数据流测试

保险费程序涉及 6 个变量，它们的定义节点、使用节点，以及定义–使用路径分别如表 4 – 18 和表 4 – 19 所示。

表 4 – 18　保险费程序的定义和使用节点

变量	定义节点	使用节点
baseInsurance	4	37
age	5	8，13，18，23，28，33
num	5	10，15，20，25，30
discount	6，11，16，21，26，31	37
insurance	6，37	38
ageFactor	9，14，19，24，29	37

表 4 – 19　保险费程序的定义–使用路径

编号	变量	路径（开始、结束）节点	定义–使用路径	是否定义–清除路径
1	baseInsurance	4，37	4,5,6,7,8,9,10,12,36,37	是
2	baseInsurance	4，37	4,5,6,7,8,9,10,11,12,36,37	是
3	baseInsurance	4，37	4,5,6,7,13,14,15,17,36,37	是
4	baseInsurance	4，37	4,5,6,7,13,14,15,16,17,36,37	是
5	baseInsurance	4，37	4,5,6,7,18,19,20,22,36,37	是
6	baseInsurance	4，37	4,5,6,7,18,19,20,21,22,36,37	是
7	baseInsurance	4，37	4,5,6,7,23,24,25,27,36,37	是
8	baseInsurance	4，37	4,5,6,7,23,24,25,26,27,36,37	是
9	baseInsurance	4，37	4,5,6,7,28,29,30,32,36,37	是

编号	变量	路径（开始、结束）节点	定义 - 使用路径	是否定义 - 清除路径
10	baseInsurance	4，37	4,5,6,7,28,29,30,31,32,36,37	是
11	age	5，8	5,6,7,8	是
12	age	5，13	5,6,7,13	是
13	age	5，18	5,6,7,18	是
14	age	5，23	5,6,7,23	是
15	age	5，28	5,6,7,28	是
16	age	5，33	5,6,7,33	是
17	num	5，10	5,6,7,8,9,10	是
18	num	5，15	5,6,7,13,14,15	是
19	num	5，20	5,6,7,18,19,20	是
20	num	5，25	5,6,7,23,24,25	是
21	num	5，30	5,6,7,28,29,30	是
22	discount	6，37	6,7,8,9,10,12,36,37	是
23	discount	6，37	6,7,8,9,10,11,12,36,37	否
24	discount	6，37	6,7,13,14,15,17,36,37	是
25	discount	6，37	6,7,13,14,15,16,17,36,37	否
26	discount	6，37	6,7,18,19,20,22,36,37	是
27	discount	6，37	6,7,18,19,20,21,22,36,37	否
28	discount	6，37	6,7,23,24,25,27,36,37	是
29	discount	6，37	6,7,23,24,25,26,27,36,37	否
30	discount	6，37	6,7,28,29,30,32,36,37	是
31	discount	6，37	6,7,28,29,30,31,32,36,37	否
32	discount	11，37	11,12,36,37	是
33	discount	16，37	16,17,36,37	是
34	discount	21，37	21,22,36,37	是
35	discount	26，37	26,27,36,37	是
36	discount	31，37	31,32,36,37	是
37	insurance	6，38	6,7,8,9,10,12,36,37,38	否
38	insurance	6，38	6,7,8,9,10,11,12,36,37,38	否
39	insurance	6，38	6,7,13,14,15,17,36,37,38	否
40	insurance	6，38	6,7,13,14,15,16,17,36,37,38	否
41	insurance	6，38	6,7,18,19,20,22,36,37,38	否
42	insurance	6，38	6,7,18,19,20,21,22,36,37,38	否
43	insurance	6，38	6,7,23,24,25,27,36,37,38	否
44	insurance	6，38	6,7,23,24,25,26,27,36,37,38	否
45	insurance	6，38	6,7,28,29,30,32,36,37,38	否
46	insurance	6，38	6,7,28,29,30,31,32,36,37,38	否

编号	变量	路径(开始、结束)节点	定义－使用路径	是否定义－清除路径
47	insurance	37，38	37，38	是
48	ageFactor	9，37	9,10,12,36,37	是
49	ageFactor	9，37	9,10,11,12,36,37	是
50	ageFactor	14，37	14,15,17,36,37	是
51	ageFactor	14，37	14,15,16,17,36,37	是
52	ageFactor	19，37	19,20,22,36,37	是
53	ageFactor	19，37	19,20,21,22,36,37	是
54	ageFactor	24，37	24,25,27,36,37	是
55	ageFactor	24，37	24,25,26,27,36,37	是
56	ageFactor	29，37	29,30,32,36,37	是
57	ageFactor	29，37	29,30,31,32,36,37	是

采用表 4－15 中的测试用例 1、2、4、6、8 和 10，即可满足全定义准则；使用测试用例 1、2、4、6、8、10 和 11 可满足全谓词使用/部分计算使用准则；使用测试用例 1、2、4、6、8 和 10 可满足全计算使用/部分谓词使用准则；使用测试用例 1、2、4、6、8、10 和 11 可满足全使用准则；使用测试用例 1～11 可满足全定义－使用路径覆盖。

4.7.4　保险费程序的程序片测试

对于保险费程序，采用程序片测试没有太多的启发，这里给出几个有意思的程序片：

S(discount, 37) = {2, 5, 6, 7, 8, 10, 11, 13, 15, 16, 18, 20, 21, 23, 25, 26, 28, 30, 31, 36, 37}

S(ageFactor, 37) = {3, 5, 7, 8, 9, 13, 14, 18, 19, 23, 24, 28, 29, 36, 37}

S(baseInsurance, 37) = {4, 37}

S(insurance, 37) = {2, 6, 37}

这些片的并集(加上"EndIf"语句以及语句 38、39)是整个程序。如果在第 37 行发生失效，discount 变量和 ageFactor 变量上的片将程序分解成两个不相交的部分，这有助于进行故障隔离工作，即容易确定失效是由 discount 计算错误引起的，还是由 ageFactor 计算错误引起的。

4.8　讨　论

前面讨论了几种白盒测试技术，它们各有优缺点。路径测试考虑的是软件程序图中的拓扑上的路径；而数据流测试则更进一步，考虑的是各个 DD 路径之间的依赖关系。除了上述技术外，还有一些常用的白盒测试技术。

4.8.1　其他白盒测试技术

1. 程序插桩

程序插桩是指在被测软件的合适位置添加代码，从而对程序中的变量进行检查。如，程序员在代码中增加一些打印语句,观察程序在特定位置的输出信息,判断程序是否运行正常。程序员也可以在代码中插入确认语句(如 Assert),用来判断程序执行到该语句时,某个变量的值是否符合预期。插入的代码通常称为"探测器"。通过程序插桩技术,可以显示或读取程序内部数据和私有变量,可以监测程序的执行状态,可以人为触发一些事件等。

设计程序插桩时,应该考虑一些问题:需要探测什么信息,在什么位置插入探测器,需要设置多少个探测器,探测程序如何设计,探测器是否会影响原程序的正常执行等。

2. 域测试

域测试也是一种基于程序结构的测试。Howden 曾将程序中出现的错误分成 3 类:域错误、计算错误和缺少路径错误。程序中每条执行路径对应于输入域的一类情况,是程序的一个子计算。如果程序的控制流存在错误,对于某一特定的输入,程序可能会执行一条错误的路径,这称为域错误或路径错误。如果对于特定输入,程序执行的路径是正确的,但输出结果不正确,则称为计算错误。缺少路径错误是指程序员设计的代码丢失了某些应有的路径。

域测试主要针对域错误进行测试,"域"指的是程序的输入空间。域测试在分析输入域的基础上进行测试,目标是检验输入空间中每一个输入是否都能产生正确的结果。域测试存在两点不足:①域测试对程序有很多要求和限制;②如果程序规模较大、存在较多路径时,所需的测试会很多。

3. 符号测试

符号测试的基本思想是允许给程序输入的不仅是具体数值,还可以是符号。它是基于代数运算的一种结构性测试方法。符号可以是一个基本符号,也可以是一个表达式。在执行过程中以符号的计算代替了传统的数值计算,所得到的结果是符号公式或符号谓词。符号测试是程序测试与程序验证的一种折中。但目前来看,符号测试只适用于小规模软件,且容易出现二义性、分支等问题。

4. Z 路径覆盖

Z 路径覆盖是传统路径覆盖的变体。路径测试要求设计足够多的测试用例,将程序中所有的可执行路径都覆盖至少一次,但由于循环的存在,程序中的路径可能非常多,使得通常无法达到路径测试覆盖。

Z 路径覆盖对循环机制进行了简化,通过限制循环次数来减少需要测试的程序路径数量。Z 路径覆盖只考虑不进入循环(0 次循环)和仅循环 1 次这两种情况,而对于其他循环次数不作考虑。

4.8.2 单元测试技术讨论

根据前面对几种白盒测试技术的分析及其在几个案例上的应用,发现:虽然可以基于某个覆盖指标,设计出足够的测试用例,但是,得到的测试用例是不完整的,缺少预期输出部分。除非程序员在开发软件的过程中,利用这些技术得到程序的某些中间状态,并基于这些中间状态检查程序是否正确。

再回想第 3 章讲述的黑盒测试技术,可以发现黑盒测试技术生成的测试用例不仅包含输入,也包括预期输出。但是,对于黑盒技术,并不清楚它们对程序的测试程度如何,即不清楚某种黑盒技术设计的测试用例,可以覆盖多少条语句、多少条路径等。因此,可以采用本章所讲述的各种覆盖指标来分析各种黑盒测试技术的优劣。表 4－20 给出对保险费程序使用各种黑盒测试技术时的路径覆盖情况。所选择的测试用例来自于 3.4.1 节。从表中可以看出,最坏情况测试技术生成的 25 个测试用例只覆盖了 11 条路径中的 6 条,详细最坏情况测试技术生成的 189 个测试用例只覆盖了 10 条路径,弱健壮等价类测试技术生成的 9 个测试用例覆盖了 6 条路径,决策表测试技术生成的 10 个测试用例覆盖了所有的 10 条路径,混合测试技术生成的 25 个测试用例覆盖了所有的 11 条路径。很明显,黑盒测试技术通常存在漏洞和冗余。

表 4－20　保险费程序中各种黑盒测试技术的路径覆盖情况

序号	方法	测试用例数量	所覆盖的路径
1	最坏情况	25	P1,P2,P5,P6,P9,P10
2	详细最坏情况	189	P1,P2,P3,P4,P5,P6,P7,P8,P9,P10
3	弱健壮等价类	9	P2,P3,P5,P7,P10,P11
5	决策表	10	P1,P2,P3,P4,P5,P6,P7,P8,P9,P10
6	混合	25	P1,P2,P3,P4,P5,P6,P7,P8,P9,P10,P11

▨ 本章小结

本章介绍了几种典型的白盒测试技术:路径测试、基路径测试、数据流测试、基于程序片的测试等。根据讨论,可以发现白盒测试技术给出了多种覆盖指标,在对某个软件项目进行测试时,应选择合适的测试覆盖指标。通常,黑盒测试技术缺少覆盖标准,白盒测试技术不清楚所执行的测试用例是否通过。因此,在实际工作中,应该将二者结合起来。

▨ 习题

1. 什么是 DD 路径? 它包含哪几种情况?

2. 请对比分析逻辑覆盖指标和 Miller 的覆盖指标。

3. 对于循环来说,如何进行测试用例设计。

4. 基路径测试方法的工作原理是什么?

5. 什么是定义-使用路径? 什么是定义-清除路径?

6. 请比较全使用准则和全定义-使用准则。

7. 程序片测试的基本思想是什么?

8. 针对例 4.1 给出的三角形程序源码,设计足够的测试用例来分别满足语句覆盖和条件组合覆盖。

9. 针对例 4.1 给出的三角形程序源码,设计足够的测试用例来分别满足边覆盖和路径覆盖。

10. 针对例 4.1 给出的三角形程序源码,给出其所有的定义-清除路径。

11. 针对例 4.1 给出的三角形程序源码,设计足够的测试用例来分别满足全定义准则、全使用准则和全定义-使用准则。

12. 针对例 4.3 给出的最大公约数程序,设计足够多的测试用例,分别满足判定覆盖和路径覆盖。

第 5 章　集成测试

在单元测试完成之后,下一个阶段需要进行集成测试,检验多个单元综合在一起之后是否能够正常工作。集成测试介于单元测试和系统测试之间,也是目前人们掌握最为薄弱的部分。

本章重点介绍如下内容:

集成测试基本概念;

集成测试策略;

基于调用关系的集成测试;

基于路径的集成测试。

5.1　集成测试概述

集成(Integration)是指将多个软件单元组合起来形成更大的软件单元。集成测试(Integration Testing)是指根据实际情况对程序中已通过单元测试的单元采用适当的集成策略组装起来,检查各个单元之间的接口以及集成之后的功能是否正确。在进行软件集成和测试的过程中,经常出现这种情况:每个单元都能单独正确工作,但这些单元集成在一起之后就会出现各种各样的问题。这是由于单元之间通过接口相互调用时会引入一些问题。例如:数据经过接口可能会丢失;一个单元的微小误差通过接口进入另一个单元时会被放大;全局的数据结构发生错误;多个子功能单元综合在一起无法正常工作。1999 年 9 月,美国发射的火星气象探测器在进入预定轨道的过程中失去联络,任务失败。事后调查发现,事故是由于两个不同组织采用不同数据单位造成的。洛克希德·马丁公司的太空科学家使用英制单位(磅)来计算推力,而美国国家航空航天局喷气推进实验室使用的则是公制单位(牛顿)。如果在发射探测器前,认真地进行集成测试,该问题应该可以避免。

集成测试和开发阶段的概要设计阶段相对应,集成测试通常与软件集成过程结合在一起,测试人员和开发人员、甚至设计人员一起来进行集成及集成测试,从而得到稳定正确的软件。集成测试依据概要设计和集成测试计划展开工作。集成测试的对象是经过单元测试的稳定的单元。如果一个单元没有经过测试,直接拿来进行集成测试,则往往会使得集成测试无法进行下去,大大增加测试的成本。最简单的集成测试是两个单元的集成,检验它们之间的接口是否正确。实际上,随着软件规模的增加,集成测试过程也变得较为复杂,需要根据具体情况采取不同的策略将多个单元综合成模块、子系统甚至整个系统,从而验证它们是否符合概要设计规格说明。

集成测试也称为组装测试、联合测试、模块测试、子系统测试或组件测试等。通常,集成测试采用黑盒测试技术进行测试用例设计。但对于某些关键软件,则会采用灰盒测试,即黑盒测试与白盒测试相结合的方法。

5.1.1　集成测试内容

集成测试主要识别单元之间的存在的问题,重点检验单元的交互问题。为更好地进行集成测试,需要考虑如下内容:

哪些单元是集成测试的重点;

应该采用哪种策略来进行集成测试;

单元接口应该以何种顺序进行检验;

应该采用哪种技术测试每个接口;

集成测试过程中以何种顺序连接各个单元;

单元代码编制进度是否和集成测试的顺序一致;

集成测试过程中是否需要专门的硬件设备;

将多个单元连接起来,数据在经过接口时是否会丢失;

多个子功能单元组合起来后,能否实现预期的父功能;

一个单元是否会对另外一个单元的功能带来负面影响;

一个单元的误差,经过与其他单元交互后,是否会被放大;

全局数据结构是否会被异常修改,从而带来问题;

单元相互调用时,是否会引入新的问题;

及时进行回归测试,从而确认未引入新的错误。

5.1.2　集成测试的层次和原则

一个软件系统通常经历多个不同的开发阶段和测试阶段,是一个分层设计和不断细化的过程。集成测试一般可以分为多个层次:模块内(单元间)集成测试、子系统内(模块间)集成测试、子系统间集成测试。面向对象程序设计的软件系统的集成测试可分成类内集成和类间集成两个层次的测试。当然,更为复杂的系统还涉及软件子系统和硬件子系统之间的集成测试、软件系统与第三方系统之间的集成测试等。

集成测试不同于简单的程序联调,需要针对概要设计尽早开始规划。遵循如下几条原则,可以使得集成测试工作更加有效。

必须测试所有公共接口;

在进行集成前,必须对关键单元进行充分测试;

集成测试应按照某种策略进行,避免无序集成;

在选择集成测试策略时,应综合考虑成本、进度和质量等因素;

集成测试应该针对概要设计,尽早展开;

测试人员应充分参与到单元划分及接口设计上;

若某个接口发生修改,与之有关的测试工作必须重新进行;

集成测试应依据计划和方案进行,避免随意测试;

应有第三方审核测试用例与测试过程;

当满足测试计划中的结束标准后,集成测试工作才能停止;

集成测试结果及测试过程中碰到的不寻常事情应当如实记录;

集成测试计划、测试用例、测试脚本等资产应该认真管理,以备复用。

5.2　集成测试策略

集成策略是集成测试中非常重要的环节,它决定了各个单元被合并进来的顺序。由单元组装成完整软件的策略可分成两大类:增量式集成和非增量式集成。在对两个以上的单元进行集成时,需要考虑它们和周围单元之间的联系。为了模拟这些联系,需要设置称为驱动器和桩的辅助程序。

驱动器(Driver):用来模拟待测单元的上级单元。在进行集成测试时,驱动器接受测试数据,并把相关数据传递给被测单元,调用被测单元并打印输出结果。

桩(Stub):也称为存根程序,用来模拟待测单元执行过程中需要调用的下级单元。在测试过程中,被测单元调用桩,给桩传递数据,桩进行处理后返回结果给被测单元。通常,桩的实现很简单,只进行很少的处理,用以协助检验被测单元与其下级单元的接口。

5.2.1　非增量式集成

非增量式集成也称为大爆炸式(Big-Bang)集成,是在对每个单元进行充分测试之后,将所有单元全部集成起来一次性地进行集成测试。

【例 5.1】　采用非增量式集成方法测试图 5-1 所示的程序。该程序分为三层,包括 7 个单元。最顶层为单元 A,表示主程序;中间层包含 B、C 和 D 三个单元;最底层包含 E、F 和 G 三个单元。其中:E 是 B 的下级单元;F 和 G 是 D 的下级单元。

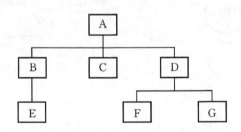

图 5-1　程序结构图

测试过程如下:

(1)首先,对每个单元进行充分测试,测试的顺序可以任意。

①对单元 A 的测试:由于 A 是主程序,它调用 B、C 和 D 三个单元,但没有被其他单元调用;所以,在测试 A 之前,需要先开发三个桩 S_B、S_C 和 S_D 来模拟单元 B、C 和 D。在三个桩开发并测试完成后,进行单元 A 的测试,可采用第 3 章和第 4 章介绍的各种测试技术。

②对单元 B 的测试:由于 B 被 A 调用,且 B 调用 E;因此,需要针对 B 设计一个驱动器 D_A 和一个桩 S_E。

③对单元 D 的测试:由于 D 调用 F 和 G,且同时被 A 调用;因此,针对单元 D 设计一个驱动器 D_A 和两个桩 S_F 和 S_G。单元 D 的驱动器和桩的关系如图 5-2 所示。

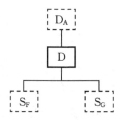

图 5-2　单元 D 及其桩与驱动器

④对单元 C、E、F 和 G 的测试：由于它们都没有调用其他单元，只是被其他单元所调用，因此，对这四个单元分别设计四个驱动器 D_A、D_B、D_D 和 D_D。其中：单元 F 和 G 都是模拟单元 D 的驱动器，但它们的内容是不一样的。

（2）将所有单元综合在一起进行集成测试。

集成测试过程如图 5-3 所示。

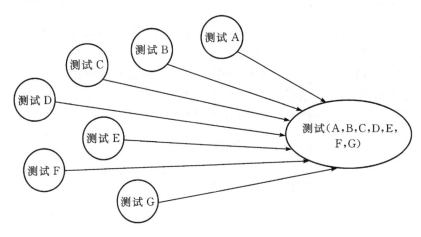

图 5-3　例 5.1 的非增量式集成过程

非增量式集成是将所有单元组装在一起，然后将其作为一个整体来测试。这种方法可以减少测试工作量，但也存在一些问题。如果在集成过程中发现问题，难以定位和解决问题。此外，全部单元一下子集成在一起，可能会同时发现很多错误。

5.2.2　增量式集成

与大爆炸式集成相比，增量式集成一次只集成一个或有限多个单元。在集成的过程中，如果发生错误，则相对容易进行定位和纠正。增量式集成可以分成自顶向下、自底向上以及三明治式集成。

1. 自顶向下集成

自顶向下集成采用与设计一样的思路，根据软件系统的层次结构进行测试。该方法从主控单元开始，沿着程序的控制层次逐步向下移动，逐渐把每个单元合并进来，直到所有单元都被包含到软件中。自顶向下集成可采用广度优先、深度优先或其他策略。

自顶向下集成的具体过程包括如下步骤。

步骤 1：对主控单元（顶层）进行测试，测试时，主控单元调用的所有下层单元都用桩来代替。

步骤 2：根据选定的集成策略（如深度优先、广度优先），每次用一个实际单元替换一个桩。如果新添加的单元不是叶子节点（还调用其他单元），则在替换的过程中，增加相应的桩。

步骤 3：在加入一个新单元的同时进行测试，即增量测试。

步骤 4：为保证新加入的单元没有引入新的错误，可能需要进行回归测试。回归测试根据需要全部或部分地重复先前的测试工作。

步骤 5：重复步骤 2～4，直到所有的单元被加入到软件中。

【**例 5.2**】 对图 5-1 给出的程序进行自顶向下集成，采用广度优先和深度优先的增量测试，过程分别如图 5-4(a) 和图 5-4(b) 所示。

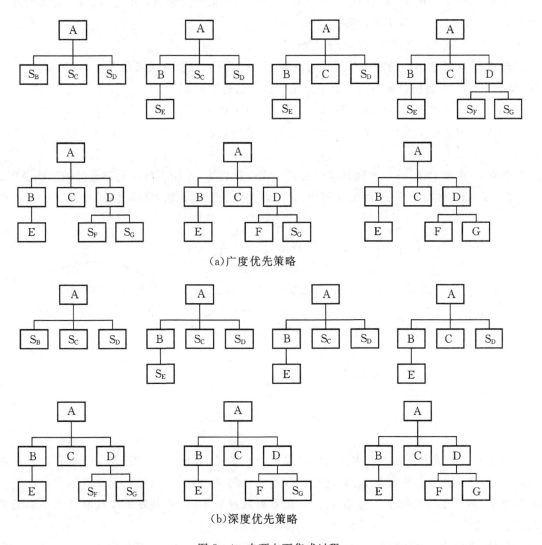

图 5-4 自顶向下集成过程

自顶向下集成能够在测试的早期检验主要的控制单元。因为，对于一个结构分解良好的软件，主要的控制单元通常位于结构层次中的上层，测试过程中会较早被碰到。如果主要的控制单元存在问题，自顶向下集成能够较早地发现问题并进一步解决问题。如果采用深度优先策略，可以对早期实现的软件功能进行检验，从而增强开发人员及用户对软件项目的信心。

自顶向下集成方法较为简单，在实际使用过程中可能会碰到逻辑上的问题。为充分测试软件结构中的高层单元，需要底层单元的支持；但在测试的初期，采用桩而非真实的单元进行测试。自顶向下的方法需要开发和维护大量的桩，增加了测试成本。此外，底层单元的验证被推迟了，因为比较晚才能测试到底层单元（尤其是采用广度优先策略）。

2. 自底向上集成

自底向上集成从软件结构的最底层单元（叶子节点）开始集成和测试。由于单元是自底向上逐个加入到软件中，它调用的所有单元在它之前已经被添加到软件中。因此，不需要开发与维护桩，但需要开发和维护驱动器。

自底向上集成的具体过程包括如下步骤。

步骤 1：从软件结构的底层单元开始测试，可以把两个或多个底层单元合并在一起进行测试，或者只把一个底层单元和其上层单元结合在一起进行测试。

步骤 2：开发驱动器对步骤 1 选择的单元（或单元组）进行测试。

步骤 3：用实际单元代替驱动器，与已被测试的单元（单元组）一起变成更大的单元组进行测试。

步骤 4：重复上述步骤，直到最顶层单元加入到软件中，即所有的单元都已经被集成进来。

【例 5.3】 针对图 5-1 给出的程序，采用自底向上集成方法，集成过程如图 5-5 所示。

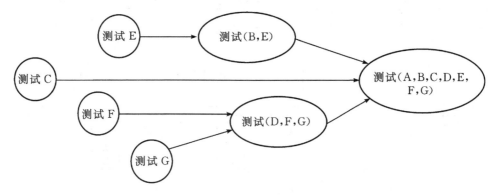

图 5-5　自底向上集成过程

自底向上集成方法由于首先从最底层单元开始集成，因此，可以对底层单元的行为较早地进行验证；且测试工作的初期，可以进行并行集成和测试。此外，自底向上集成不需要桩的开发和维护，额外工作量较少。这是因为，在集成测试过程中，桩的开发工作量要远大于驱动器的开发工作量。

但是，自底向上集成方法也存在一些不足，如需要较多的驱动器开发工作。对于软件高层的验证推迟了，一旦发现高层设计存在问题，整个软件项目会有很多返工，甚至完全的重构。

3.三明治式集成

三明治式集成是一种结合了自顶向下和自底向上的混合式增量测试。该方法是一种中等规模的大爆炸式集成,虽然减少了桩和驱动器的开发工作量,但是在一定程度上增加了缺陷定位的难度。三明治式集成的基本过程如下。

步骤 1:确定以哪一层为界进行集成,对于三层结构的软件,选择中间层为界。

步骤 2:对选择的界线之上的层采用自顶向下策略进行集成,直到界线层为止。

步骤 3:对选择的界线之下的层采用自底向上策略进行集成,直到界线层为止。

步骤 4:对系统进行整体测试。

【**例 5.4**】　针对图 5-1 给出的程序,采用三明治式集成测试,集成过程如图 5-6 所示。

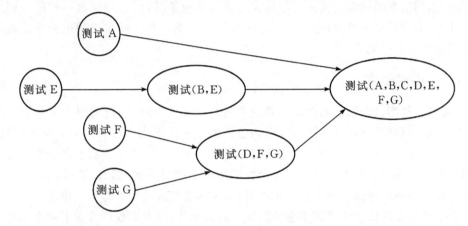

图 5-6　三明治式集成

上面给出的三明治式集成是一种按照软件结构层次,从水平方面考虑的;还存在另外一种三明治式集成,从垂直方面考虑。该方法将软件结构看作树状结构,三明治式集成是将树分解成多个子树分别测试;子树测试完成后,对整棵树(完整软件)进行测试。

【**例 5.5**】　针对图 5-1 给出的程序,采用另一种三明治式集成测试,集成过程如图 5-7 所示。

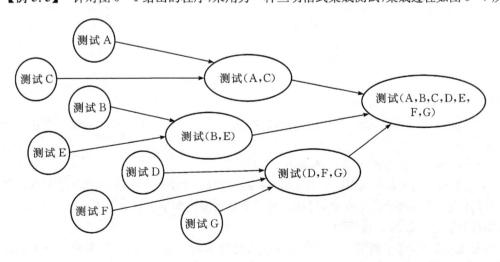

图 5-7　另一种三明治式集成

5.3　基于调用关系的集成测试

上一节介绍的增量式集成方法在有些情况下并不可行。这是因为,这类方法通常依据的是软件的功能分解结构,但是,功能分解结构是从项目管理而非软件开发角度考虑的。开发人员编码实现的软件结构并不一定遵循这样的层次结构。此外,这类集成方法需要较多的工作来开发驱动器和桩。

一种自然而然的想法是:既然在集成测试阶段所有的单元已经开发完成且经过了充分的单元测试,它们之间的调用关系是可以确定的;那么,为什么不利用这些调用关系进行集成呢?这就是基于调用关系的集成。根据程序单元之间的调用情况,可以构建出一种称为调用图的有向图,其中:节点是每个单元,边是单元之间的调用关系。有两种基于调用关系的集成测试方法:成对集成和相邻集成。

5.3.1　成对集成

成对集成是将测试限制在两个具有调用关系的单元上,即程序调用图中每条边都对应着一次集成。成对测试具有较好的故障隔离和定位能力。由于该方法只对两个单元进行集成,所以,当出现问题时,只需要排查这两个参与集成的单元即可。但成对集成测试也存在一些不足。例如,某个单元可能与多个单元之间存在调用和被调用关系,那么,该单元会经历多次集成,有可能在某些集成测试过程中它是正确的,但在其他集成过程中却发生错误。对某个单元的修复,会造成相关的所有集成需要重新测试一遍。此外,成对集成仅考虑了两个单元之间的集成,并未考虑更多单元进行综合之后是否满足功能需求。

【例5.6】　图5-8是一个程序的调用关系图,采用成对集成对其进行测试。

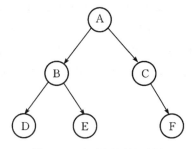

图5-8　程序调用关系图

测试过程如下:

(1)首先,对每个单元进行充分测试,测试的顺序可以任意。在单元测试过程中,需要构建桩和驱动器。

(2)根据单元之间的调用关系,构建程序调用图。

(3)测试调用图中每条边两侧的单元组,每条边进行一次集成。本例中,需要进行5次集成。

(4)将所有单元综合在一起进行测试,即整个系统进行集成测试。

集成测试过程如图5-9所示。

需要注意的是,对于调用关系图中入度或出度较多的单元,应进行更为充分的测试,因为它们对许多单元都有影响。

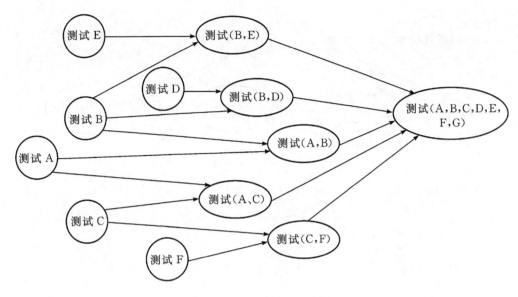

图 5-9 成对集成测试过程

5.3.2 相邻集成

上面介绍的成对集成充分利用单元之间的调用关系,在一定程度上减少了桩和驱动器的开发,但仍需要较多的集成步骤。相邻集成在成对集成的基础上更进一步,对于某个单元来说,综合考虑与该单元有直接关系的所有单元,即以该单元为中心,同时将它调用的所有单元,以及所有调用它的单元,综合在一起进行集成。这大大降低了桩和驱动器的开发,也减少了集成的次数。但是,相邻集成也存在与三明治式集成相同的问题:中等规模的爆炸所带来的故障定位与分离问题。

根据程序调用关系图,可以很方便地算出需要进行的相邻集成的次数:

$$邻居数 = 节点数 - 汇节点(叶子)数$$

【例 5.7】 针对图 5-8 给出的程序调用关系图,采用相邻集成对其进行测试。

测试过程如下:

(1)首先,对每个单元进行充分测试,测试的顺序可以任意。在单元测试过程中,需要构建桩和驱动器。

(2)根据单元之间的调用关系,构建程序调用图。

(3)依次选取每个非汇节点的程序单元,以它为中心构建相邻单元组进行测试。本例中,需要进行 3 次相邻集成。

(4)将所有单元综合在一起进行测试,即整个系统进行集成测试。

集成测试过程如图 5-10 所示。

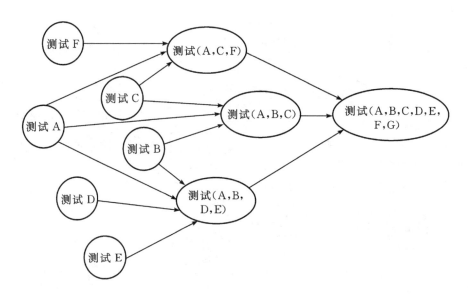

图 5-10　相邻集成测试过程

5.4　基于路径的集成测试

基于调用关系的集成测试考虑到了程序单元运行时候的交互,但主要考虑的是两个或有限数量的单元之间的依次调用,没有考虑更深层次的调用关系。此外,单元在执行的时候,通常只遍历了单元内部的部分语句。当发生调用时,控制从调用单元转移到被调用单元,并继续执行被调用单元的部分源码。依次继续执行,直到没有新的调用为止。在单元测试时,通常用桩来模拟被调用单元,从而抑制了调用的发生。但抑制调用对集成测试会带来不好的影响。

Jorgensen 等对前面定义的程序图的部分概念进行了细化和扩展,从而将集成测试引入到了基于路径的集成测试。

定义 5.1　源节点是程序开始执行或重新开始执行处的语句片段。

程序单元中的第一条可执行语句是源节点,紧接转移控制到其他单元的节点之后的语句片段也是源节点。

定义 5.2　汇节点是程序执行结束处的语句片段。

程序单元中的最后一条语句片段是汇节点,将控制转移到其他单元的语句片段也是汇节点。

定义 5.3　模块执行路径(Module Execution Path,MEP)是以源节点开始、以汇节点结束的语句序列,中间不存在其他源节点。

定义 5.4　消息是程序设计语言中的一种机制,通过该机制可以将控制从一个单元转移到另外一个单元。

定义 5.5　MM 路径(MEP-Message Paths)是模块执行路径与消息穿插出现的序列。

定义 5.6　MM 路径图是关于一组单元的有向图,其中:节点表示模块执行路径,边表示消息和消息的返回。

从上面的定义可以看出,一个程序单元可能包含多个源节点和汇节点。在不同的程序设计语言中,消息有不同含义,如过程调用、函数引用或子程序调用。此外,约定消息的接收单元最终总是会将控制返回给消息的发送单元。不同单元间通过消息传递数据。

MM 路径是可执行路径,而且这些路径会跨越单元边界。图 5-11 表示包含三个具有调用关系的单元:单元 A 调用单元 B,单元 B 又调用单元 C。在单元 A 中,节点 a1 和 a5 是源节点,a4 和 a9 是汇节点。在单元 B 中,节点 b1 和 b3 是源节点,b2 和 b4 是汇节点。在单元 C 中,c1 是源节点,c7 是汇节点。单元 A 包括 4 条模块执行路径:{a1,a4}、{a5,a9}、{a1,a2,a3,a7,a8,a9}和{a1,a2,a6,a7,a8,a9};单元 B 包含 2 条模块执行路径:{b1,b2}和{b3,b4};单元 C 包含 3 条模块执行路径:{c1, c2, c7}、{c1, c3, c5, c6, c7}和{c1, c3, c4, c6, c7}。这三个单元之间的一条 MM 路径如图 5-11 中跨越单元的粗线所示,其中:实线箭头表示模块执行路径的执行以及消息的传递,虚线箭头表示消息的返回。这条 MM 路径开始于单元 A,并中止于单元 A。对于面向过程的软件,其 MM 路径永远开始于主程序,并结束于主程序。

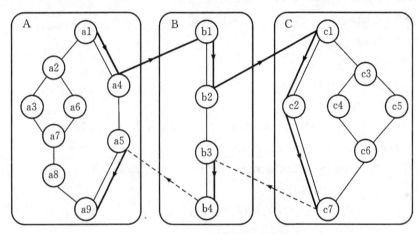

图 5-11　具有调用关系的程序示例

对于 MM 路径来说,需要关注的问题是:MM 路径到底应该有多深? 即应该包含多少个单元。通常,认为当不再发生调用时,MM 路径到达了相对的静止点,然后从该单元逐步返回到最初的单元即可。

MM 路径及 MM 路径图的概念,对于测试带来了一些帮助。由于,MM 路径是功能性的,所以很多黑盒测试技术都可以使用。但同时模块执行路径及 MM 路径又提供了一些测试覆盖指标,可以为设计测试用例时提供参考和帮助。

5.5　应用案例

【例 5.8】　简单计算器程序:接收两个整型数据作为输入,程序进行加、减、乘、除、求最小值和最大值计算。给定输入数值的范围为[-1000000,1000000],如果不在范围内,程序会给出输入越界提示;如果输入的运算符是除“+”“-”“*”“/”“MIN”“MAX”之外的其他符号,程序给出运算符不合法的提示。给定输出的取值范围为[-1500000,1500000],计算后的结果如果不在范围内,程序会调用报警函数,提示相应的错误类型。在进行乘法和除法运算时,不考虑输入小于 0 的情况;同时乘、除法运算分别通过调用加、减运算来实现。

5.5.1　简单计算器程序伪代码

针对例 5.8 给出的简单计算器,其程序伪代码如下所示。

1. Type Results　// 定义一个存放返回结果的结构体
2. 　　　int result = 0;
3. 　　　Boolean isValid = True;
4. 　　　String comment = "计算结果正常";
5. End Results
6. int INPUT_MAX = 1000000；//输入的最大值
7. int INPUT_MIN = －1000000；//输入的最小值
8. int RESULT_MAX = 1500000；//输出的最大值
9. int RESULT_MIN = －1500000；//输出的最小值
10. Program Main//主程序
11. 　　　Results rs;
12. 　　　int num1, num2;
13. 　　　String operator;
14. 　　　Input(num1, num2, operator);　//获取两个输入和运算符
15. 　　　If(check(num1, operator, num2))
16. 　　　　　Then rs = calculate(num1, operator, num2);
17. 　　　　　If(rs.isValid)
18. 　　　　　　　Then printResult(rs.result);　　.
19. 　　　　　　　Else Output(rs.comment);
20. 　　　　　EndIf
21. 　　　EndIf
22. End Main

//检查输入是否合法

23. Function check(int num1, String operator, int num2)：Boolean
24. 　　　If((num1 < INPUT_MIN) or (num1 > INPUT_MAX) or (num2 < INPUT_MIN) or (num2 > INPUT_MAX))
25. 　　　　　Then check = False;
26. 　　　　　　　Output("输入数值越界!")
27. 　　　　　Else If((operator ! = "+") and (operator ! = "－") and (operator ! = "＊") and (operator ! = "/") and (operator ! = "MAX") and (operator ! = "MIN"))
28. 　　　　　　　Then check = False;
29. 　　　　　　　　　Output("输入运算符不合法!")
30. 　　　　　　　Else check = True;
31. 　　　　　　EndIf

```
32.     EndIf
33. End check
//计算结果函数
34. Function calculate(int num1, String operator, int num2)：Results
35.     Results rs;
36.     Select Case operator
37.     Case1:"+"
38.         rs = add(num1, num2); break;
39.     Case2:"−"
40.         rs = sub(num1, num2); break;
41.     Case3:"∗"
42.         rs = mul(num1, num2); break;
43.     Case4:"/"
44.         rs = div(num1, num2); break;
45.     Case5:"MAX"
46.         rs = max(num1, num2); break;
47.     Case6:"MIN"
48.         rs = min(num1, num2); break;
49.     EndSelect
50.     return rs;
51. End calculate
52. Function printResult(int result)    //输出计算结果
53.     Output("计算结果为:", result);
54. End printResult
55. Function alarm(int number)：String    //报警,判断运算结果是否异常
56.     Select Case number
57.     Case1：1
58.         return "两数相加后结果越界!"
59.     Case2：2
60.         return "两数相减后结果越界!"
61.     Case3：3
62.         return "两数相乘后结果越界!"
63.     Case4：4
64.         return "两数相除后结果越界!"
65.     Case5：5
66.         return "除数不能为0!"
67.     EndSelect
68. End alarm
```

//加法函数,转换成浮点型判断计算结果是否会越界;如果不会,则直接计算

```
69. Function add(int num1, int num2) : Results
70.     float ret;
71.     Results rs;
72.     ret = (float)num1 + (float)num2;
73.     If((ret < RESULT_MIN) or (ret > RESULT_MAX))
74.         Then rs.isValid = False;
75.             rs.comment = alarm(1);
76.         Else rs.result = num1 + num2;
77.     EndIf
78.     return rs;
79. End add
```

//减法函数,转换成浮点型判断计算结果是否会越界;如果不会,则直接计算

```
80. Function sub(int num1, int num2) : Results
81.     float ret;
82.     Results rs;
83.     ret = (float)num1 - (float)num2;
84.     If((ret < RESULT_MIN) or (ret > RESULT_MAX))
85.         Then rs.isValid = False;
86.             rs.comment = alarm(2);
87.         Else rs.result = num1 - num2;
88.     EndIf
89.     return rs;
90. End sub
```

//乘法函数,仅针对输入值大于等于 0 的情况,采用加法实现

```
91. Function mul(int num1, int num2) : Results
92.     Results rs;
93.     int i = 1;
94.     If(num1 == 0 || num2 == 0)
95.         Then rs.result = 0;
96.         Else while i <= num2:
97.             rs = add(rs.result, num1);
98.             If(! rs.isValid)
99.                 Then rs.comment = alarm(3);
100.                    break;
101.                Else i = i + 1;
102.            EndIf
103.        End while
```

104.　　　EndIf

105.　　　return rs;

106. End mul

//除法函数,仅针对输入值大于等于 0 的情况,采用减法实现

107. Function div(int num1, int num2) : Results

108.　　　int count = 0;

109.　　　Results rs;

110.　　　If(num2 == 0)

111.　　　　　Then rs.isValid = False;

112.　　　　　　　　rs.comment = alarm(5)

113.　　　　　Else If(num1 < num2)

114.　　　　　　　　Then rs.result = 0;

115.　　　　　　　　Else while num1 >= num2:

116.　　　　　　　　　　　rs = sub(num1, num2);

117.　　　　　　　　　　　If(! rs.isValid)

118.　　　　　　　　　　　　Then rs.comment = alarm(4);

119.　　　　　　　　　　　　　　break;

120.　　　　　　　　　　　Else count = count + 1;

121.　　　　　　　　　　　　　num1 = rs.result;

122.　　　　　　　　　　　EndIf

123.　　　　　　　End while

124.　　　　　　　rs.result = count;

125.　　　　EndIf

126.　　　EndIf

127.　　　return rs;

128. End div

129. Function max(int num1, int num2) : Results//求最大值函数

130.　　　Results rs;

131.　　　rs.result = (num1 >= num2) ? num1 : num2

132.　　　return rs;

133. End max

134. Function min(int num1, int num2) : Results//求最小值函数

135.　　　Results rs;

136.　　　rs.result = (num1 <= num2) ? num1 : num2

137.　　　return rs;

138. End min

5.5.2　功能分解图及调用图

例 5.8 给出的简单计算器程序的功能分解图及调用图分别如图 5-12 和图 5-13 所示。

基于图 5-12 所示的程序功能分解图,无法直接使用 5.2.2 节所述的增量式集成,因为主程序 Main 并没有直接调用 alarm 函数,因此这些集成过程是空的。

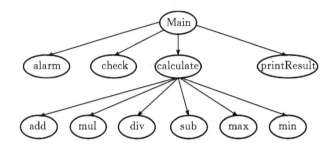

图 5-12　功能分解图

但如果基于图 5-13 所示的程序调用图,可以利用 5.3 节所述的成对集成和相邻集成。成对集成需要针对图 5-13 中的每条边执行一次,共 15 次集成:{Main, check}, {Main, calculate}, {Main, printResult}, {calculate, add}, {calculate, mul}, {calculate, div}, {calculate, sub}, {calculate, max}, {calculate, min}, {mul, add}, {div, sub}, {mul, alarm}, {div, alarm}, {add, alarm}, {sub, alarm}。

相邻集成则需要针对图 5-13 中的每个非叶子节点进行一次集成,共 6 次集成:{Main, check, calculate, printResult}, {Main, calculate, add, sub, mul, div, max, min}, {calculate, mul, add, alarm}, {calculate, div, sub, alarm}, {calculate, mul, add, alarm}, {calculate, div, sub, alarm}。通过分析上述 6 次相邻集成,可以看出分别以 add 和 mul 为中心的相邻集成是相同的,因此,两者可以合并为一次。同理,以 sub 和 div 为中心的相邻集成也是相同的。对于本例来说,实际上需要 4 次相邻集成。

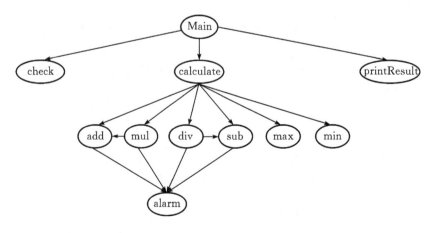

图 5-13　程序调用图

5.5.3　MM 路径

通过分析,简单计算器程序共包含 47 条模块执行路径,每条 MEP(模块号,单元内路径编号)如下所示。

1. MEP(Main,1) = {14, 15}

2. MEP(Main,2) = {16}

3. MEP(Main,3) = {17, 18}

4. MEP(Main,4) = {17, 19, 20, 21, 22}

5. MEP(Main,5) = {20, 21, 22}

6. MEP(Main,6) = {21, 22}

7. MEP(check,1) = {24, 27, 30, 31, 32, 33}

8. MEP(check,2) = {24, 27, 28, 29, 31, 32, 33}

9. MEP(check,3) = {24, 25, 26, 32, 33}

10. MEP(calculate,1) = {36, 37, 38}

11. MEP(calculate,2) = {36, 39, 40}

12. MEP(calculate,3) = {36, 41, 42}

13. MEP(calculate,4) = {36, 43, 44}

14. MEP(calculate,5) = {36, 45, 46}

15. MEP(calculate,6) = {36, 47, 48}

16. MEP(calculate,7) = {49, 50, 51}

17. MEP(printResult,1) = {53, 54}

18. MEP(alarm,1) = {56, 57, 58, 67, 68}

19. MEP(alarm,2) = {56, 59, 60, 67, 68}

20. MEP(alarm,3) = {56, 61, 62, 67, 68}

21. MEP(alarm,4) = {56, 63, 64, 67, 68}

22. MEP(alarm,5) = {56, 65, 66, 67, 68}

23. MEP(add,1) = {72, 73, 74, 75}

24. MEP(add,2) = {72, 73, 76, 77, 78, 79}

25. MEP(add,3) = {77, 78, 79}

26. MEP(sub,1) = {83, 84, 85, 86}

27. MEP(sub,2) = {88, 89, 90}

28. MEP(sub,3) = {83, 84, 87, 88, 89, 90}

29. MEP(mul,1) = {93, 94, 95, 104, 105, 106}

30. MEP(mul,2) = {93, 94, 96, 103, 104, 105, 106}

31. MEP(mul,3) = {93, 94, 96, 97}

32. MEP(mul,4) = {98, 101, 102, 96, 97}

33. MEP(mul,5) = {98, 101, 102, 96, 103, 104,105, 106}

34. MEP(mul,6) = {98, 99}

35. MEP(mul,7) = {100, 102, 96, 97}

36. MEP(mul,8) = {100, 102, 96, 103, 104, 105, 106}

37. MEP(div,1) = {108, 110, 113, 114, 125, 126, 127, 128}

38. MEP(div,2) = {108, 110, 111, 112}

39. MEP(div,3) = {126, 127, 128}

40. MEP(div,4) = {108, 110, 113, 115, 116}

41. MEP(div,5) = {117, 120, 121, 122, 115, 116}

42. MEP(div,6) = {117, 120, 121, 122, 115, 123, 124, 125, 126, 127, 128}

43. MEP(div,7) = {117, 118}

44. MEP(div,8) = {119, 122, 115, 116}

45. MEP(div,9) = {119, 122, 115, 123, 124, 125, 126, 127, 128}

46. MEP(max,1) = {131, 132, 133}

47. MEP(min,1) = {136, 137, 138}

由于程序是数据驱动的,因此,所有的 MM 路径都要从主程序开始,并回到主程序。以下是主程序调用加法函数(假设两个输入分别为 100 和 200)的一条 MM 路径(当主程序调用 check、calculate 等函数时还有其他的 MM 路径)。

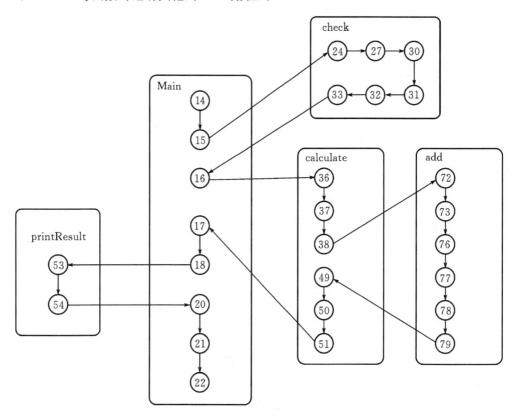

图 5-14　100+200 跨 6 个单元的 MM 路径

5.5.4　桩和驱动器

为进行单元测试和集成测试,通常需要开发桩和驱动器。下面给出 mul 函数的驱动器示例和桩示例。其中,mul 函数的驱动器需要模拟 calculate 函数,目的是给 mul 函数传递数据。mul 函数的桩示例有两个,分别模拟 add 函数和 alarm 函数。

驱动器示例(取 mul 函数):

```
Program calculate:Resultes Driver//驱动器,模拟主程序
    Results rs;
    rs = mul(500000, 100);
    assert(rs.comment =="两数相乘后结果越界!");//检验测试用例是否通过
End calculate
```

桩示例(取 mul 函数):

```
Function add(int num1, int num2):Results Stub //add 桩
    Results rs;
    rs.result = num1 + num2;
    return rs;
End add
Function alarm(result):String Stub //alarm 桩
    return "两数相乘后结果越界!"
End alarm
```

5.6　讨　论

前面介绍了几种集成测试方法:基于功能分解的集成、基于调用关系的集成和基于路径的集成测试。基于功能分解的集成测试与开发阶段的概要设计相对应,重点解决单元之间的接口问题。基于功能分解的集成测试分成两大类:增量式集成和大爆炸式集成。大爆炸式集成测试适合于非常小的软件系统,可以节省测试时间。但对于规模较大的软件,需要采用增量式集成测试策略。增量式集成测试分为自顶向下、自底向上和三明治式集成测试。由于功能分解是一种静态结构,与实际编码实现的软件层次结构并不一致,导致在进行增量式集成的过程中会碰到某个单元无法与现有程序合并在一起的情况。且基于功能分解的集成测试通常需要较多的驱动器和桩的开发。

基于调用关系的集成测试则利用软件实际运行过程中的依赖关系,在一定程度上减少了桩和驱动器的开发。基于调用关系的集成测试,根据粒度大小分为成对集成和相邻集成。如果采用成对集成对于调用图中的每条边,都需要一次集成。相邻集成则以非叶子节点为中心,结合其父节点和子节点一起构成单元组,一起进行集成和测试。成对集成需要的测试工作量大,但在集成过程中如果出现问题,则很容易进行问题的定位与隔离。而相邻集成虽然减少了

集成测试的数量,但发现问题时,排查较为困难。

　　基于路径的集成测试则更进了一步,将结构性测试和功能性测试相结合。利用重新定义的源节点和汇节点,考虑单元中的模块执行路径及模块间的调用消息,从而得到程序中的 MM 路径,通过良好设计的测试用例来达到一定的覆盖率。通常,需要设计足够的测试用例,覆盖所有单元的所有模块执行路径。当程序中存在循环时,则按照前面对循环的处理(或通过压缩产生有向无环图)来解决无限多(或非常多)条潜在路径问题。

本章小结

　　本章首先介绍了集成测试的定义及原则,接着重点介绍了三大类集成测试方法:基于功能分解的集成、基于调用关系的集成和基于路径的集成。最后给出了一个案例来讲述三类集成方法应用和区别。

习题

　　1.什么是集成测试? 它与单元测试有何区别?

　　2.集成测试的内容和原则是什么?

　　3.请区别增量式集成测试和非增量式集成测试。

　　4.请区别自顶向下、自底向上以及三明治式集成测试。

　　5.请比较成对集成测试和相邻集成测试。

　　6.什么是模块执行路径和 MM 路径?

　　7.采用基于路径的集成测试时,需要设计多少条测试用例?

　　8.针对 5.5.1 节给出的简单计算器程序,给出需要测试的单元对;并针对某个单元对,给出测试过程。

　　9.针对 5.5.1 节给出的简单计算器程序,给出需要测试的相邻集成;并以某个单元为中心,给出相邻集成测试过程。

　　10.自行设计包含多个单元的软件,并分别采用书中所述方法进行集成测试。比较这些方法对故障的隔离能力。

第 6 章 系统测试

在整个软件初步开发完成与集成测试通过之后,开始进行系统测试。系统测试与人们日常生活最为接近,用户购买某个产品时,会从多个角度考虑它是否和预期相一致。比如,购买手机时,用户会考虑该手机的处理器是什么型号的、运行内存有多大、屏幕尺寸有多大、系统UI 是否美观易用、价格是否合理。系统测试不仅检验软件是否满足了用户的功能性需求,还需要进行一系列非功能性测试,如性能测试、可靠性测试、安全性测试、易用性测试等,目标是确保所开发的软件产品能够被用户接受。

本章重点介绍以下内容:

系统测试基本概念;

基于用例的测试;

基于场景的测试;

基于规格说明的测试;

基于风险的测试;

性能测试;

压力测试;

可靠性测试。

6.1 系统测试基本概念

软件只是整个计算机系统的一个组成部分,它能否正常运行以及运行效果如何,需要综合考虑软件、硬件、网络、外设,以及其他支撑软件(如操作系统、数据库等),并结合它们一起进行系统测试。

系统测试(System Testing)是在完成集成测试之后,将待测软件与计算硬件、输入输出设备、数据、网络、支撑软件及第三方软件等综合在一起,进行一系列测试,以验证系统在功能性、性能、易用性及可靠性等方面是否满足用户的预期和要求。

系统测试的目的是在尽可能模拟真实系统工作环境下,检验软件系统是否与需求规格说明相一致,发现与需求不相符的地方,判定软件运行是否稳定、安全及可靠;检验软件 UI 是否美观、操作是否便捷;确保最终软件系统能够满足用户需求并遵循相应的标准与规范。系统测试的内容包括多个方面:功能性测试、性能测试、压力测试、负载测试、容量测试、可靠性测试、容错性测试、容灾性测试、易用性测试、可用性测试、安全性测试、安装及卸载测试、升级测试、文档测试、配置测试、兼容性测试及可维护性测试等。

由于软件规模通常较为庞大,系统测试通常采用黑盒测试技术,第 3 章介绍的部分技术也可以应用于系统测试。系统测试不只是项目开发人员参与,有时还邀请市场人员、客户代表等参与测试。系统测试需要在多种运行环境下进行,从而验证软件的运行情况是否符合预期。如不同(版本)的操作系统、不同的计算机硬件平台、不同的输入输出设备、不同(版本)的数据库系统、不同(版本)的服务器软件、不同的网络结构等。软件运行环境日益多样化,软件的兼容性方面要求越来越高。因此,如何搭建软件测试环境是系统测试的一项重要工作。一般情况下,在任何测试阶段,测试人员应该在两套配置完全不同的计算机上,同时运行被测程序,从而检验软件是否存在与配置有关的缺陷。

系统测试作为许多企业的最后一道防线,重要性不言而喻。然而,要执行好系统测试却并不是一件容易的事情,难点在于存在如此多的测试工作,选择哪些测试是最有效的?根据测试目标,如何构建出有针对性的测试用例?测试人员在进行系统测试时,可以从多个角度来考虑。由于软件产品最终要交付到用户手中,因此可以站在用户的角度来考虑问题:软件的 UI是否美观、易于操作?用户使用软件过程中,如果碰到问题,程序能否及时提供在线帮助?软件的 UI 是否符合标准?在进行系统测试时,如果软件产品属于某个行业软件,可以考虑软件是否满足行业标准,如安全性标准、可靠性标准和通信协议标准。

6.2　基于用例的测试

在现代软件开发中,许多企业采用统一建模语言(Unified Modeling Language,UML)进行软件系统的分析与设计。其中,用例(Use Case)是 UML 中非常重要的组成部分,它在用户和开发团队之间架起了一座沟通的桥梁,较为容易地被用户理解和接受。用例描述了各类用户与软件系统的交互过程,用户给系统输入指令,系统处理后给出响应。此外,对系统进行用例描述也是需求分析阶段非常重要的一个环节。因此,基于用例进行系统测试,对验证软件是否满足用户预期有重要作用。

6.2.1　用例的层次结构

根据描述信息的详细程度,Larman 将用例分成了四个层次:顶层用例/高层用例,基础用例/基本用例,扩展用例和实际用例。

顶层用例类似于敏捷开发中的用户故事,用自然语言描述系统具备的基本功能;一组顶层用例给出了软件系统所具备功能的总体说明,反映了用户的基本意图。例如,表 6 - 1 给出了图 6 - 1 所示 ATM 系统按下的一个顶层用例——两次尝试输入正确 PIN 码。该用例说明了用户期望在输入密码过程中,输入两个数字后发现错误,按下"取消"键后重新输入正确密码。

表 6 - 1　顶层用例示例

用例名称	两次尝试输入正确 PIN 码
用例标号	HLUC - 1
用例描述	客户第一次输入两个数字后发现输入错误,按取消后,再次输入正确的 PIN 码

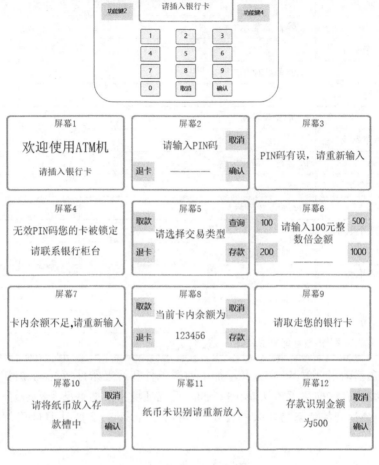

图 6-1　ATM 系统界面

　　基础用例是在顶层用例的基础上,增加了相关的端口输入和输出事件。此时,对于需求的描述变得更加清晰,软件的边界及人与软件的接口也越来越明确。表 6-2 给出了与表 6-1 所述顶层用例相对应的基础用例。

表 6-2　基础用例示例

用例名称	两次尝试输入正确 PIN 码
用例标号	EUC-1
用例描述	客户第一次输入两个数字后发现输入错误,按取消后,再次输入正确的 PIN 码
事件序列	
输入事件	输出事件
	1.屏幕 2 显示"_ _ _ _"
2.用户输入第一个数字	

事件序列	
输入事件	输出事件
	3. 屏幕 2 显示"∗ ＿ ＿ ＿"
4. 用户输入第二个数字	
	5. 屏幕 2 显示"∗∗ ＿ ＿"
6. 用户按"取消"键	
	7. 屏幕 2 显示"＿ ＿ ＿ ＿"
8. 用户输入第一个数字	
	9. 屏幕 2 显示"∗ ＿ ＿ ＿"
10. 用户输入第二个数字	
	11. 屏幕 2 显示"∗∗ ＿ ＿"
12. 用户输入第三个数字	
	13. 屏幕 2 显示"∗∗∗ ＿"
14. 用户输入第四个数字	
	15. 屏幕 2 显示"∗∗∗∗"
16. 用户按"确定"键	
	17. 屏幕 5 出现

　　扩展用例在基础用例的基础上，又增加了前置条件和后置条件，对需求的描述及功能的执行条件进行了细化。它描述了该功能在执行前，系统环境和数据等已经准备好；在该功能执行完之后，系统应该达到的状态是什么。表 6 - 3 给出了与表 6 - 2 所述基础用例相对应的扩展用例。

表 6 - 3　扩展用例示例

用例名称	两次尝试输入正确 PIN 码	
用例标号	EEUC - 1	
用例描述	客户第一次输入两个数字后发现输入错误，按取消后，再次输入正确的 PIN 码	
前置条件	1. 已知待输入的 PIN 码	
	2. 已显示屏幕 2	
事件序列		
输入事件	输出事件	
	1. 屏幕 2 显示"＿ ＿ ＿ ＿"	
2. 用户输入第一个数字		
	3. 屏幕 2 显示"∗ ＿ ＿ ＿"	

续表 6 – 3

事件序列	
输入事件	输出事件
4.用户输入第二个数字	
	5.屏幕 2 显示"＊＊＿＿"
6.用户按"取消"键	
	7.屏幕 2 显示"＿＿＿＿"
8.用户输入第一个数字	
	9.屏幕 2 显示"＊＿＿＿"
10.用户输入第二个数字	
	11.屏幕 2 显示"＊＊＿＿"
12.用户输入第三个数字	
	13.屏幕 2 显示"＊＊＊＿"
14.用户输入第四个数字	
	15.屏幕 2 显示"＊＊＊＊"
16.用户按"确定"键	
	17.屏幕 5 出现
交叉调用相关功能	
后置条件	"选择交易类型"界面已被激活

　　实际用例是将扩展用例中抽象信息变为实际信息,如描述端口事件的抽象名称换为具体值,前置条件中所描述的抽象数据变为实际数据。表 6 – 4 给出了一个实际用例的示例。实际用例对于软件开发和系统测试具有很大的指导作用,尤其对于采用测试驱动开发(Test-Driven Development,TDD)模式来说,实际用例具有更大作用。

表 6 – 4　实际用例示例

用例名称	两次尝试输入正确 PIN 码
用例标号	RUC – 1
用例描述	客户第一次输入两个数字后发现输入错误,按取消后,再次输入正确的 PIN 码
前置条件	1.已知待输入的 PIN 码为"9856"
	2.已显示屏幕 2
事件序列	
输入事件	输出事件
	1.屏幕 2 显示"＿＿＿＿"
2.用户输入数字"9"	
	3.屏幕 2 显示"＊＿＿＿"

事件序列	
输入事件	输出事件
4. 用户输入数字"6"	
	5. 屏幕 2 显示"＊＊_ _"
6. 用户按"取消"键	
	7. 屏幕 2 显示"_ _ _ _"
8. 用户输入数字"9"	
	9. 屏幕 2 显示"＊_ _ _"
10. 用户输入数字"8"	
	11. 屏幕 2 显示"＊＊_ _"
12. 用户输入数字"5"	
	13. 屏幕 2 显示"＊＊＊_"
14. 用户输入数字"6"	
	15. 屏幕 2 显示"＊＊＊＊"
16. 用户按"确定"键	
	17. 屏幕 5 出现
交叉调用相关功能	
后置条件	"选择交易类型"界面已被激活

　　由于用例关注的是用户与系统的交互,不关心软件是如何编码实现的。因此,基于用例的测试是一种黑盒测试技术。扩展用例详细描述了功能是什么,它的依赖关系是什么。开发人员依据扩展用例开发软件,测试人员依赖扩展用例设计测试用例(设计实际用例)来验证开发人员是否犯错。因此,在一定程度上可以认为扩展测试用例是一类测试思想。然而,需要注意的是,用例主要描述的是系统的功能需求,对于非功能性方面的测试,基于用例是无法实现的。

6.2.2　进一步延伸

　　上节讲述的用例层次结构中,考虑的用例是非常细粒度的。然而,在对实际的项目进行需求分析过程中,用例可能是中等粒度甚至是粗粒度的。在一个用例规约中,不仅描述基本事件流,还描述各种备选/异常事件流。而对于异常的详细描述恰恰体现了软件分析人员专业性和思考问题的详细性。这是因为客户通常只讲正常的情况,而对于各种异常情况,往往需要软件需求分析人员及测试人员根据经验来发现。表 6 - 5 给出了一个包含备选事件流的用例描述。

表 6-5 带备选事件流的用例描述

用例名称	验证 PIN 码是否正确
主要参与者	用户
其他参与者	无
其他关联人员	银行柜员
描述	该用例描述系统对用户输入 PIN 码进行验证的过程：用户输入 4 位 PIN 码后点击确定，如果验证成功则进行下一步交易，验证错误可重新输入 PIN 码，3 次错误后银行卡被锁定；在用户点击确定之前，可以按取消键重新输入 PIN 码
前置条件	用户插入有效银行卡
触发器	当用户插入银行卡显示屏幕♯2 后，该用例会被触发
典型事件过程	1. 输入第一个数字 2. 输入第二个数字 3. 输入第三个数字 4. 输入第四个数字 5. 点击确认 6. PIN 码验证成功，显示屏幕 5
替代事件过程	替代 2：若用户输入第一个数字后按取消，显示屏幕 2 替代 3：若用户输入第二个数字后按取消，显示屏幕 2 替代 4：若用户输入第三个数字后按取消，显示屏幕 2 替代 5：若用户输入第四个数字后按取消，显示屏幕 2 替代 6：PIN 码一次或两次错误，显示屏幕 3 再显示屏幕 2 替代 7：PIN 码三次错误，显示屏幕 4
结论	当用户验证 PIN 码成功或三次验证错误时，用例结束
后置条件	密码正确后，"选择交易类型"界面被激活
业务规则	输入的必须是 0~9 的数字
假设	用户可以在任何时间进行操作

由于带备选事件流的用例规约中，包含多条可能的执行路径：一条基本路径，六条备选路径。因此，在进行测试的时候，一个测试用例难以满足要求。通常需要针对每条路径，设计至少一个测试用例。对于表 6-5 所示的用例描述，这里给出 3 个测试用例，如表 6-6~表 6-8 所示，其中：1 条测试用例对应基本路径，2 条测试用例对应备选路径；其他路径的测试用例，请读者自行设计。

表 6-6　基本路径的测试用例

用例名称	第一次尝试,就输入正确 PIN 码	
用例标号	BUC-1	
用例描述	用户第一次输入 PIN 码,系统验证成功	
前置条件	1.已知待输入的 PIN 码为"0705"	
	2.已显示屏幕 2	
事件序列		
输入事件	输出事件	
	1.屏幕 2 显示"＿＿＿＿"	
2.用户输入数字"0"		
	3.屏幕 2 显示"＊＿＿＿"	
4.用户输入数字"7"		
	5.屏幕 2 显示"＊＊＿＿"	
6.用户输入数字"0"		
	7.屏幕 2 显示"＊＊＊＿"	
8.用户输入数字"5"		
	9.屏幕 2 显示"＊＊＊＊"	
10.用户按"确认"键		
	11.屏幕 5 出现	
交叉调用相关功能	(此处的常用操作)	
后置条件	"选择交易类型"界面被激活	

表 6-7　备选路径 1 的测试用例

用例名称	第一次尝试输入 1 个数字后,取消,第二次输入正确的 PIN 码	
用例标号	AUC-1	
用例描述	用户第一次输入 1 个数字后按"取消"键,第二次输入 PIN 码,系统验证成功	
前置条件	1.已知待输入的 PIN 码为"0705"	
	2.已显示屏幕 2	
事件序列		
输入事件	输出事件	
	1.屏幕 2 显示"＿＿＿＿"	
2.用户输入数字"0"		
	3.屏幕 2 显示"＊＿＿"	
4.用户按"取消"键		
	5.屏幕 2 显示"＿＿＿＿"	

事件序列	
输入事件	输出事件
6.用户输入数字"0"	
	7.屏幕 2 显示" * _ _ _ "
8.用户输入数字"7"	
	9.屏幕 2 显示" * * _ _ "
10.用户输入数字"0"	
	11.屏幕 2 显示" * * * _ "
12.用户输入数字"5"	
	13.屏幕 2 显示" * * * * "
14.用户按"确认"键	
	15.屏幕 5 出现
交叉调用相关功能	（此处的常用操作）
后置条件	"选择交易类型"界面被激活

表 6 - 8　备选路径 2 的测试用例

用例名称	第一次输入错误 PIN 码,第二次输入正确 PIN 码	
用例标号	AUC - 2	
用例描述	用户第一次输入错误的 PIN 码,第二次输入正确的 PIN 码	
前置条件	1.已知待输入的 PIN 码为"0705"	
	2.已显示屏幕 2	
事件序列		
输入事件	输出事件	
	1.屏幕 2 显示" _ _ _ _ "	
2.用户输入数字"0"		
	3.屏幕 2 显示" * _ _ _ "	
4.用户输入数字"7"		
	5.屏幕 2 显示" * * _ _ "	
6.用户输入数字"0"		
	7.屏幕 2 显示" * * * _ "	
8.用户输入数字"6"		
	9.屏幕 2 显示" * * * * "	

事件序列	
输入事件	输出事件
10. 用户按"确认"键	
	12. 屏幕 3 出现,后屏幕 2 出现
12. 用户输入数字"0"	
	13. 屏幕 2 显示"*＿＿＿"
14. 用户输入数字"7"	
	15. 屏幕 2 显示"**＿＿"
16. 用户输入数字"0"	
	17. 屏幕 2 显示"***＿"
18. 用户输入数字"5"	
	19. 屏幕 2 显示"****"
20. 用户按"确认"键	
	21. 屏幕 5 出现
交叉调用相关功能	(此处的常用操作)
后置条件	"选择交易类型"界面被激活

　　由于采用以用例为基础进行系统测试,因此,需要考虑在需求分析期间,用例是否完整、用例之间是否存在矛盾、需求发生变更之后用例是否及时更新等。如果用例有误或者不完备,则基于用例进行系统测试是不充分的。此外,基于用例进行系统测试,通常进行的是较为简单的测试,通常难以发现十分复杂的缺陷。这是因为在需求分析阶段,为了便于和用户交流、便于理解系统,开发团队将复杂的软件进行分解,变成一个一个非常小的单元,而软件是这些小单元综合在一起之后的产物,它们共同作用才能给用户提供服务。

6.3　基于场景的测试

　　我们的生活是由一幅幅生动的场景组成。作为人们工作及生活场景的一种抽象,软件在应用过程中需要考虑其使用场景。如果希望得到用户的认可,交付的软件必须站在用户的角度,考虑用户的思维逻辑和操作习惯,设计出更贴近实际的测试用例,同时考虑各种复杂情况,从而满足用户的需求。

　　场景是一种很好的捕捉现实的方法,更加关注用户实际的端到端使用体验。基于场景的测试是指测试人员基于用户的实际业务和操作,构建复杂的涉及多次交互的使用场景来检验软件在复杂环境下的表现是否符合预期。在进行场景设计时,测试人员通常需要对多个涉众进行深入的观察和调研,甚至与涉众人员一起工作生活一段时间,从而发现软件的实际使用情景。当调研结束之后,测试人员根据调研情况,编写并完善场景,甚至可以夸大某些情况。

场景的构建可以根据需求分析阶段得到的用例,描述详细完整的用例通常既包含基本事件流(也叫幸福路径)也包含多个备选流(如特殊情况或异常事件)。针对用例中的每个事件流,并结合与之有关的业务模型(通常用活动图描述),可以构建出一个个场景。然而,这些场景通常较为简单,它们的测试用例设计在上节已经进行了探讨。为了设计复杂的场景,我们可以结合几个用例,得到复杂的使用场景,从而测试软件是否能够正常工作。

虽然采用用例作为场景测试的一个思路是较好的选择,但不能完全依赖于用例。这是因为:①一些开发团队并没有进行完整的用例分析,因为并不是所有的软件开发团队都采用RUP 所推荐的用例建模;②即使开发团队给出了很多用例,但这些用例仅代表了需求分析人员的思想,从其他方面考虑可能发现新的问题。测试人员不仅要从开发人员那里获取信息,更要从不同的涉众来搜集更多信息。

在进行场景测试时,可以从多个方面来考虑。

(1)利益驱动:人们想要获取 X,他们怎样做才能得到 X?

(2)顺序驱动:人们/系统通常以某个顺序执行任务 X,为了实现任务 X,最常用的子任务执行顺序是什么?

(3)事务驱动:当想要完成某个特定事务时(如开一个银行账户、发送一条消息等),执行的步骤是什么,需要的数据是什么,系统的输入和输出是什么?

(4)参考竞品:从竞争产品中得到灵感。竞争产品是如何宣传的,它们的优点是什么,客户是如何评价它们的,它们的缺点是什么,我们的产品在哪些地方可以借鉴竞品?

(5)客户驱动:客户对我们软件系统的评价是怎样的,他们有哪些抱怨?

理想的测试场景应该包含如下四个特征。

(1)现实的:测试场景来源于实际客户或竞品,而不是随便想出的虚假情景,这样容易使人相信这是用户的实际操作。

(2)易于判断测试结果:对于每个测试用例,应该很容易且快速判断它是否通过测试。如果一个测试用例不能很容易地判断是否通过,则没有太大价值。通常,一个场景包含多个用例,不能出现有些用例认为是通过的,而其他用例认为是失败的。

(3)复杂的:一个测试场景通常包含多个软件特征或功能,涉及多次的人机交互。这不是来检验软件是否实现了简单的事情,而是来让软件展现它该实现的复杂事情以及它是如何实现的。

(4)有管理层支持:由于设计一个测试场景通常需要花费大量时间,当软件未通过该测试用例时,需要有管理人员能够认可测试人员的工作,说明该场景测试有价值。

场景测试通常在项目的后期才展开。因为在项目的早期,各个功能还不完善,如果采用场景测试,则会碰到频繁的中断,使得测试难以继续下去。比如,某个软件应该有 100 个功能,现在已经开发出了 40 个功能,但测试人员设计了一个包含 60 个功能的测试场景。在测试的过程中,不时出现测试失败的情况,因为所需要的功能未实现或已实现的功能存在缺陷。这样,发现一个缺陷,等待程序员修复;再继续执行测试,再发现缺陷,再等待……场景测试难以继续,因为设计的测试场景假定所需要的 60 个功能都基本上能正常工作。

场景测试中的一种技术叫肥皂剧测试,它是 Hans Buwalda 提出的系统级功能性测试方法。其特征和方法对于场景测试有很大的启发。肥皂剧测试的特点如下。

（1）源于真实生活：软件是用来帮助人们解决实际问题的，尤其是现实中的复杂困难问题。肥皂剧测试聚焦用户的使用场景，一些看似极端但却可能真实发生的故事，往往能够揭露软件中的深层次问题。通过编写肥皂剧测试用例，测试人员可以更好地理解被测试软件；项目的涉众也可以通过肥皂剧测试用例得到很大启发，进一步促进软件质量的改进。

（2）夸张：电视剧和电影为什么会吸引我们？那是因为剧情夸张好看，肥皂剧测试用例也采用夸张的手段来帮助软件应对复杂的现实问题。

（3）浓缩：肥皂剧测试包含多种复杂情况，在较短时间内测试多个功能，检验多个功能的交互是否正确，从而提高测试效率。

（4）有趣：软件测试工作需要测试人员全神贯注，但是相对枯燥的测试过程会使测试人员觉得无味和疲惫。适当的乐趣会激发测试人员的创造力和想象力，提升他们的热情。因此，在设计测试用例时，要充满乐趣。

要设计出好的测试场景，可以从如下几个方面来考虑。

（1）记录软件系统中每一个重要对象的生命周期（从产生到消亡的全过程）。

（2）列出系统所有可能用户，分析他们的兴趣点和期望从系统中得到哪些服务。

（3）分析系统中潜在的破坏者，分析他们为什么要破坏软件系统。例如，为了盗窃财物、为了显示自己的水平高以及纯粹为了好玩。

（4）检查系统事件，包括输入事件、输出事件甚至内部事件；对于特殊的事件要特别关注。

（5）观察用户的行为，邀请用户到公司内试用软件，或者在软件中安装记录用户行为的功能，以便于分析用户的行为。

（6）分析同类软件或竞争对手的产品，从这些产品中挖掘出有意思的信息。

（7）尽量将软件系统放到真实环境中，检查其运行行为是否符合预期。

场景测试通常较为复杂，设计一个场景测试用例通常耗费较多的工作量。因此，应该采用场景来发现复杂的缺陷。场景测试处理的是复杂真实的事件，可以处理由于太复杂而不能建模的情况。由于场景测试通常涉及多个功能，因此它可以暴露一些随时间产生的失效。然而，场景测试也不是万能的。由于一个测试场景通常包含多个功能，任一个功能如果发生故障都会阻止测试的继续。场景测试并不一定能够达到很好的覆盖率，因此，需要认真设计测试用例才行。表 6-9 是一个 ATM 系统的场景测试用例示例，涉及多个功能（密码输入错误、密码输入正确、由于余额不足而取款失败），为以较短篇幅描述清楚场景，对事件流部分进行了简化。

表 6-9　ATM 系统的场景测试用例

用例名称	多次才输入正确密码，但由于余额不足而取款失败
用例标号	SUC-1
用例描述	客户第一次输入错误密码，取消后输入正确的 PIN 码，选择取款并输入金额 500，由于余额不足取款失败
前置条件	1.已知待输入的 PIN 码为"9856"
	2.卡有效
	3.卡内余额为 100 元

事件序列	
输入事件	输出事件
	1.屏幕 2 显示"＿＿＿＿"
2.用户输入"9845"后确认	
	3.屏幕 3 出现,后屏幕 2 出现
4.用户输入"9865"后确认	
	5.屏幕 3 出现,后屏幕 2 出现
6.用户按"退卡"键	
	7.屏幕 1 出现
8.用户再次插卡	
	9.屏幕 2 显示"＿＿＿＿"
10.用户输入"9876"后确认	
	11.屏幕 3 出现,后屏幕 2 出现
12.用户输入"9852"后确认	
	13.屏幕 3 出现,后屏幕 2 出现
14.用户输入"9856"后确认	
	15.屏幕 5 出现
16.用户按"取款"键	
	17.屏幕 6 出现
20.用户输入"500"	
	21.屏幕 6 显示"＿500"
22.用户按"确认"键	
	23.屏幕 7 出现,后屏幕 6 出现
24.用户按"取消"键	
	25.屏幕 5 出现

6.4　基于规格说明的测试

　　在软件开发过程中,需求分析是必不可少的一个重要步骤。需求规格说明是进一步设计、编码及测试的依据。在项目开发过程中,需求规格说明书也在不断同步更新和完善。测试人员需要测试软件,以检验它是否与规格说明相一致。现在电子商务发达,如果用户从某个网站花费了 100 元钱订购了 5 本文学书,但最终收到了 6 本价值 200 元钱的某类专业书。此时,用户会怎样处理?如果某个人告诉他的朋友,他会给该友人邮寄 3 件物品,但此友人实际只收到了 1 件物品。此时,又该如何处理?这些都会使人们感到焦虑,焦虑的原因在于人们实际得到的东西和自己的预期不一致。对于软件来说也是如此,比如软件开发人员答应给客户提供200个功能,但实际上只给用户提供了150个功能,用户肯定不会满意。

所以,需要基于需求规格说明进行严格的软件测试工作。如果采用RUP推荐的用例进行需求分析,则前面讲到的基于用例的测试,也属于基于规格说明的测试。

6.4.1 系统测试覆盖指标

在进行系统测试时,设计多少个测试用例是合适的?这是一个比较复杂的问题。不同的开发团队有不同的答案。由于系统测试不仅涉及软件自身,更重要的是考察不同综合软件、输入输出设备、运行环境以及第三方系统时软件的表现情况。每个系统都有端口设备,它们是系统级输入和输出的发源地和目的地,如键盘、鼠标等输入设备,显示器、扬声器等输出设备。输入设备会产生各种各样的输入事件,软件系统对这些事件进行响应和处理,并产生输出事件给输出设备。因此,可以从端口及其事件的角度考虑系统测试的覆盖情况。

1. 端口输入事件覆盖指标

针对端口输入事件进行认真分析,可以得到如下五个端口输入覆盖指标。根据不同的项目需求,设计不同的测试用例来满足这些指标。

PI1:每个端口输入事件都至少发生一次。

PI2:常见的端口输入事件序列都至少发生一次。

PI3:每个端口输入事件,在各自"相关"情境中都至少发生一次。

PI4:对于给定情境,所有"不合适"的端口输入事件都至少发生一次。

PI5:对于给定情境,所有可能的端口输入事件都至少发生一次。

PI1指标是最低要求,即各类端口输入事件都应该至少发生一次。但对于绝大多数软件系统来说,该指标过于简单,难以满足测试目标。PI2是一种常用的指标,它反映了软件系统正常使用的情况,也比较符合对系统测试的认识和要求。但是,PI2有很强的主观性且难以量化。因为,难以确定什么是常见的输入事件序列,什么是不常见的。

PI3至PI5是和"情境/上下文"有关的指标,描述了不同情境下对输入事件的处理。同一输入事件可能在多个不同情境下发生,同一情境下也可能存在多种不同输入事件。情境可以看作是事件的静止状态。PI3指标是指同一个端口输入事件可能在多个情境下发生。这个端口输入事件是一个物理输入事件,它在不同情境下表示不同的逻辑含义。例如,在图6-1所示的ATM系统中,功能键在不同的屏幕中会有不同的含义,如查询余额、确认。PI4指标考察的是系统对异常事件的处理情况,用于检验开发人员是否对预期之外的输入事件进行了考虑。例如,在ATM系统中,在等待用户输入密码界面,人们按下了功能键而非键盘上的数字键或取消键,此时系统会如何处理?用户向卡槽中插入一个公交卡或者一张纸片,系统会怎样处理?因为,系统的卡槽应该接受的是银行卡。PI5指标用来检验软件系统是否能够正常处理所有预期的端口输入事件。例如,在ATM系统中,用户办理取钱业务,在输入金额的过程中按下了取消键,此时系统是否能够正常处理?但是,对于PI4和PI5来说,还是有一些问题值得探讨:测试人员如何知道系统对异常输入事件的预期响应是什么?某个情境下,系统所有可能的输入又是什么?这些可能是由于需求规格说明不完善造成的,测试人员可以将碰到的这些问题反馈给开发人员。

2.端口输出事件覆盖指标

对于端口输出事件,可以定义两个覆盖指标。

PO1:每个端口输出事件都至少发生一次。

PO2:每个端口输出事件在每种情况下都至少发生一次。

PO1 指标是一个最低要求,通常不能满足测试要求,但它对于存在大量错误条件输出提示的系统较为有效。PO2 是一个较好的指标,但是它通常难以量化。例如,在很多网站中,有多种情况跳转到用户登录界面,那么,在测试的时候,要考虑所有情况。但在实际中,对于复杂的软件系统,考虑某个端口输出事件在所有情况下都被测试到,通常是不现实的。此外,还可能出现没有考虑到的原因所诱发的端口输出事件。

3.端口(设备)覆盖指标

由于设备和事件之间存在多对多的关系,即一个设备可能产生多种事件,多个设备可能产生同一种事件。例如,鼠标可以产生左键单击、左键双击、右键单击、按下、拖拽、释放等事件;在某个软件界面上,点击键盘回车键和鼠标左键都产生确认事件。因此,对于每个设备,都需要测试它会发生什么事件。然后,根据每个设备的端口事件列表,设计足够多的测试用例。

基于端口的测试覆盖了从端口到事件的一对多关系,而基于事件的测试则覆盖了从事件到端口的一对多关系。在系统测试过程中,应综合考虑端口和事件的覆盖指标。

4.其他覆盖指标

除了上述端口及事件指标外,还存在一些其他指标。例如,用例覆盖率——所设计/执行的测试用例覆盖的用例数量与所有需求文档中用例数量的比值。如果没有达到 100%,则说明测试不够充分,还需要设计其他测试用例来覆盖那些还未被测试到的用例。特征覆盖率——所设计/执行的测试用例覆盖的特征数量与所有特征数量的比值。

6.4.2　需考虑的问题

基于规格说明的测试的主要任务是检验软件是否与需求规范相一致。然而,在有些时候,可能拿不到完善的需求规格说明书,此时,是否不能采用基于规格说明的测试呢? 答案是否定的。即使不存在需求规范或者需求文档不完备,依然可以通过多种途径来执行这类测试。

首先,可以基于软件更新备忘录(Memo)来进行测试。备忘录中描述了这个版本的软件相对于前面版本发生了哪些变化、为什么变化等。这些都描述了软件的新行为和特征。例如,一个程序员修改了源代码,在备忘录中记录"注册账号时用户名仅允许字母、数字和下划线";那么,可以进行测试,输入特殊字符,如"@""♯",看系统是否检查出异常。

其次,可以基于用户手册草稿或前一个版本的用户手册进行测试。由于不同版本间,软件变化不是特别大。因此,上一次的用户手册可以作为当前版本测试的一个参考,检验当前版本软件的大部分功能有没有与用户手册相一致。如果发生不一致情况,则记录下来,并与开发人员确认是软件存在缺陷还是需求的变更带来了不一致。

再次,可以基于发布的风格指南进行测试。例如,开发一个运行于 iOS 的 App,苹果公司发布有 UI 指南,可以检验所开发的 App 是否满足苹果的接口规范及 UI 规范。如果开发的是一个运行于 Windows 的软件,则需要检验软件是否满足 Windows UI 规范。

此外,还有很多文档供测试人员参考,如关于软件产品的各类资料、公开的国际/国家标准、程序逆向工程、源代码、数据库设计文档、市场反馈、用户投诉及建议、软件原型、竞品文档。

　　基于规格说明的测试可以在很大程度上防止软件开发公司受到各种投诉和遭遇法律方面的问题；能够减少客户的抱怨以及降低维护成本，避免给客户错误的或误导的表达。然而，如果需求规格说明书中存在问题、不完备等，都会给这种测试带来风险。

6.4.3　可追溯矩阵

　　为了反映测试的覆盖情况，尤其是考察实现的软件是否满足了需求文档中所列出的功能，可以采用可追溯矩阵来反映测试用例与软件特征之间的关系。

　　可追溯矩阵是一个二维表格，行表示测试用例、列表示任何类型的测试项（如特征、功能、变量、需求文档中的一个声明）。单元展现了哪个测试用例覆盖了哪些被测项。可追溯矩阵能带来很多好处，例如，当某个特征发生变更后，通过可追溯矩阵可以很方便地知道有哪些测试用例受到影响；也很方便地知道哪些特征被测得较为充分，哪些特性被测的次数偏少。表 6 - 10 是一个可追溯矩阵示例，包含 5 个测试项，6 个测试用例。其中，有四个测试用例都测到了功能 5，而功能 2 只有一个测试用例测到。因此，对于功能 2 来说，应认真判断是否对它的测试不够充分，是否还需要设计其他新的测试用例。测试用例 TC3 只涉及一个功能，而测试用例 TC5 却涉及四个功能。因此，需要考虑一下测试用例 TC5 为什么会涉及这么多功能，它是不是一个复杂的测试用例，如场景测试用例。

表 6 - 10　可追溯矩阵示例

测试用例	功能 1	功能 2	功能 3	功能 4	功能 5
TC1	√				√
TC2		√		√	
TC3					√
TC4					√
TC5	√		√	√	√
TC6			√	√	

　　通过可追溯矩阵，可以查看每个测试项被测了多少次。需要思考：某个测试项被测试那么多次是不是由于它具有很高的风险？通常，可追溯矩阵是不平衡的，但需要思考不平衡的原因是什么，是测试人员发现对于某个测试项很容易得到许多测试用例、还是该测试项值得严格测试，测试人员应该认真考虑各个测试项覆盖情况是否合理等。

　　在测试过程中，可追溯矩阵可以在多个方面应用。比如，可以用于构建测试用例与端口输入事件之间的关系、测试用例与端口输出事件之间的关系、测试用例与端口（设备）之间的关系、端口（设备）与事件之间的关系、测试用例与用例之间的关系、测试用例与路径测试部分给出的各种覆盖率之间的关系等。

　　此外，如果需求规格说明书中针对某个功能给出了一个例子，是否需要将例子加入可追溯矩阵，是否需要测试这个例子，是否需要测试与例子有关的其他事情？答案是肯定的，需要测试它们。

6.5　基于风险的测试

　　测试的目标是发现软件中存在的缺陷。但由于没有时间发现程序中所有的缺陷，所以，需要在有限的时间内尽可能地发现最重要的缺陷。可以基于风险分析来设计测试用例。在软件开发和测试阶段,测试人员都是在尽力发现软件中最大的风险并依次解决它们。

基于风险的测试分为三个层次:①基于风险分析的测试技术,目标是发现程序中的错误;②基于风险的测试管理,对整个测试过程采用风险分析,从而使测试过程合理有效;③基于风险的项目管理,不仅涉及测试过程,还包括需求分析、设计及编码等所有过程。本书重点关注第一个层次,即基于风险分析的测试技术。

基于风险的测试的目标是先发现最重要的问题。因此,当拿到被测软件之后,需要首先考虑程序中什么事情是高风险的;然后再考虑针对这些风险,测试策略是什么。比如,考虑软件是否对输入的边界没有处理好,所以采用边界值分析进行测试。如果认为软件不能同时处理上万个请求,采用压力测试来检验程序是否存在性能问题或高并发下是否容易失效。为了减少测试工作,采用等价类分析来设计测试用例,会存在等价类划分不合理、每个等价类中测试用例选择不合理等风险。

在软件开发过程中,存在各种各样的风险。如,某个功能是由刚毕业的缺乏经验的大学生开发的,某个资深程序员有一天心情不好、软件中的某个功能直接复用的先前版本。这些风险使得软件存在各种各样的错误,进一步给软件开发公司和用户带来了风险。

基于风险的测试以软件质量风险作为测试出发点和测试活动主要参考依据,通过对程序质量相关信息的收集与分析处理,有效识别不同的风险域,并结合人员、时间等方面的考虑对测试做出优化安排。该方法将软件的潜在风险作为测试安排的依据和目标,基于对当前潜在风险的全面分析和把握,有效设计并组织测试活动;用尽可能少的测试资源,发现尽可能多的潜在的重要缺陷。

基于风险的测试技术的主要任务包括:

(1)识别风险因素,考虑程序中可能存在的潜在问题;

(2)对每个风险因素,考虑最佳的测试手段,并创建相应的测试;

(3)评估测试工作的覆盖率,并找出测试工作中存在的漏洞;

(4)列出缺陷历史、配置问题、明显的客户抱怨等问题;

(5)对测试工作进行评估,确定这些测试要解决什么风险,是否能够创建更有力的测试。

6.5.1 风险分析

软件中可能存在各种各样的问题,这些问题都是潜在的风险。一个风险与问题发生的可能性及其影响力有密切关系。问题发生的可能性越大、风险越高,软件中存在的某个问题带来的影响越大(后果越严重),其风险就越大。为合理分配测试资源,采用如下风险分析方法得到每个风险的级别:

$$风险级别 = 发生的概率 \times 代价$$

也就是说,对于每个风险,有两个因素影响其严重程度:发生的概率和代价。发生的概率是指该潜在的风险发生的可能性,可以采用定量描述或定性描述。如果采用定量描述,发生的概率取值范围为[0,100%];若采用定性描述,可以将风险发生的概率分为高、中、低三个等级或其他几个等级划分。代价是指如果该风险发生的话,会带来什么样的后果、后果的严重程度如何。对于代价,也可以采用定量描述或定性描述。如果采用定量描述,可将代价的取值范围设为[0,100]或其他取值范围;若采用定性描述,可以将代价设置为高、中、低三个等级或其他类型的等级划分。

要进行基于风险的测试，首先需要识别程序中可能存在的所有风险。然后，针对每个风险，分析它发生的概率及其影响力。每一项工作都具有一定难度。

1. 识别风险

在识别风险上面，有很多手段可以使用，这里给出一些启发。

(1)新事物：与原有功能相比，软件中新增加的功能通常更容易发生故障。

(2)新技术：与成熟技术相比，新技术可能不够完善，开发人员对新技术掌握程度不高，这些都可能使得采用新技术所开发的软件更容易存在缺陷。

(3)变化的事情：需求变化、修复缺陷等都会造成软件源码的修改，这不可避免地可能引入错误。

(4)后期的变化：在项目后期，为了赶工期，开发人员可能对功能没有考虑得很详细，测试人员没有时间进行充分测试等，都会带来风险。

(5)复杂性：功能越复杂、程序规模越大，越容易存在缺陷。

(6)不可测性：软件中包含大量难以测试的代码，如编写的函数不包含输入参数和返回结果，无法验证函数的正确性。

(7)依赖性：软件发生的某个失效可能触发其他失效。

(8)单元测试不够充分：仅仅由开发人员测试自己的代码，而不是由专门的测试团队执行单元测试。

(9)测试方法不具备多样性：选择的测试方法只包含少量的测试技术，由于每种技术都存在缺点，所以测试效果不佳。

(10)开发人员的责任心：开发人员是否具备质量意识，是否愿意充分考虑各种复杂情况，开发人员是否具备匠心精神等。

(11)开发人员的工作状态：即使开发人员富有经验，但在开发程序时，他是否处于最佳状态、是否前天晚上与人发生了矛盾、是否心情不好等。

(12)开发人员之间的关系：软件通常由多个人员协作完成，开发人员之间的关系是否良好，他们之间是否存在矛盾、是否存在扯皮推诿情况、是否只关心自己工作而不考虑接口是否良好等。

此外，还有很多其他方面的考虑，涉及人员、组织、管理、技术等层面。

可以利用已有的缺陷列表，针对列表中的每个缺陷，考虑软件是否存在类似问题。如果可能存在，则记录下来这个潜在的风险；如果不存在，考虑缺陷列表中的下一个 Bug。

除了识别功能性方面的风险外，还需要考虑各种非功能性需求方面是否存在风险。例如，软件的操作是否便捷；软件的 UI 是否美观；在并发用户数达到一万以上的时候，软件是否会崩溃；软件的安全措施是否完美；软件能否在多种操作系统上顺利运行。

2. 分析风险发生的概率

测试人员需要对程序中每个潜在的风险分析其发生的可能性。这是一个非常有挑战性的事情，也有多种手段来解决这个问题。

可以请专家（领域专家、项目经理、开发人员、客户、测试人员等）对每个风险进行分析，对它们发生的可能性进行评价。如果是多名专家共同对风险发生的概率进行打分，则可以采用加权平均法或其他方法得出每个潜在风险发生的可能性。

可以列出影响风险的所有因素,并分析每个因素的发生概率,从而综合这些因素得出每个风险发生的概率。影响风险发生概率的因素包括:复杂度、时间压力、程序员能力水平、变更频率、员工的分散程度、第三方库的依赖情况、质量保证手段等。

也可以根据其他类似软件项目中,每个潜在风险发生的情况,来评估被测软件中风险发生的可能性。

还可以使用运行剖面作为潜在风险的发生概率。对于一个具有 100 个功能的软件产品来说,用户最常用的功能可能只有 20 个。从测试角度,需要对这 20 个最常用的功能进行严格的测试,以保障它们尽可能少地出故障;而对于剩下的 80 个功能,由于时间、人员等限制,测试工作可能没有那么严格。运行剖面的基本思想是计算软件各个功能及用户执行功能序列的频率,并以此频率为基础进行系统级别的测试。例如,在 ATM 系统中,一个最常用的功能序列:插入卡合法→第一次输入密码正确→交易类型选择取钱→取钱成功→结束操作;假设其发生的概率为 50%。一个不常见的功能序列:插入卡合法→密码输入三次才正确→交易类型选择取钱→余额不足→输入金额不正确→取钱成功→继续交易→取消→结束操作;假设其发生的概率为 0.3%。那么从测试的角度来说,更要保证常用的功能序列是正确的。

对于每个风险,其发生的概率可以采用定量描述,也可以采用定性描述。不管采用哪种描述方式,对每个风险的发生概率需要采用相同的度量标准。

3. 分析风险的代价

测试人员需要对于每个潜在的风险,考虑其危害程度,即风险一旦发生,分析其带来的后果是怎样的。这也是一个非常有挑战性的事情,也存在多种手段来解决这个问题。

首先可以请相关专家(如领域专家、项目经理、市场专员、用户等)对每个风险的危害程度进行打分,采用某种方式对这些专家的意见进行汇总,从而得到每个潜在风险的代价。

也可以根据相似项目或该项目的早期版本中类似风险的影响程度,对每个风险的影响程度进行分析。还可以将风险的影响细分为多个维度,对于每个维度分别进行考虑,最后综合多个维度得到风险的代价。影响风险代价的因素有很多,如功能的使用频率、失效的可见程度、商业损失、组织形象的损害、社会影响以及法律责任。

对于每个风险,其代价可以采用定量描述,也可以采用定性描述。如可以将风险按严重程度分为烦人型、障碍性、破坏性和灾难性;也可以将风险的代价分成 1～10 十个等级,1 表示代价很低,10 表示代价很高。不管采用哪种描述方式,对每个风险的代价需要采用相同的度量标准。

表 6-11 是 ATM 系统的风险分析示例,给出了假设的风险及其发生的概率和后果。

表 6-11　ATM 系统风险分析示例

风险名称	概率	代价	概率 * 代价	影响	排序
无操作时吐钱	0.002%	95	0.0019	灾难性的	3
无故吞卡	0.002%	85	0.0017	灾难性的	4
密码输错 2 次锁卡	0.003%	75	0.00225	严重的	2
密码输错 4 次可继续输入	0.003%	50	0.0015	严重的	5
存钱时,放入的钱币部分无法识别,再次放入可识别	0.06%	20	0.012	中等的	1

6.5.2　测试流程

在对每个潜在的风险进行分析之后，得到了它的风险程度。依据风险程度的高低，确定测试的优先级。风险程度越高，优先级越高。依据优先级的高低，逐个确定每个风险最佳的测试方法和技术。风险测试的基本流程如下：

(1)确定需要分析软件中的哪些功能；

(2)明确重点关注的范围，可以使用风险类型来进行划分；

(3)收集所有感兴趣的对象信息；

(4)对每个潜在风险进行发生概率和代价分析，确定每个风险的重要程度；

(5)记录对风险分析结果有影响的所有事件；

(6)再次检查并确认每个风险；

(7)对每个风险，选择合适的测试方法和技术；

(8)设计足够的测试用例，并执行测试；

(9)分析测试结果，并优化和改进测试。

基于风险的测试是一种非常重要的测试技术，是一种强有力的测试，具有很强的针对性。如果能够得到最佳的风险优先级，则测试效果会非常显著。然而，风险测试依然存在一些不足：①通常难以发现软件中的所有潜在风险；②主观性很强，不同的测试人员所发现的潜在风险不会完全相同；③难以定量判断覆盖率，不清楚是否错失了关键风险。

6.6　性能测试

近年来，随着软件规模的增大，软件越来越复杂，人们对软件系统的性能越来越重视。为了检验软件是否满足性能需求，越来越多的企业和人员投入到性能测试中。

6.6.1　软件性能基本概念

性能既是一种指标也是一种特性，主要用于反映软件系统是否满足及时性要求，通常以时间进行度量。良好的需求规格说明书，不仅包含功能性需求，还包括性能等非功能性需求。用户、开发人员以及维护人员都会关注软件性能，但不同类型的人对性能的需求是不同的。

从用户角度来说，软件性能是系统对用户操作的响应时间。例如，对于某个网站上的注册页面，用户点击提交按钮之后，软件系统给出是否注册成功结果的响应时间，就是该网站的性能表现。这个时间包含：用户点击提交按钮之后把请求发送给网站服务器的时间，服务器收到请求之后的处理时间，运算结果返回到用户浏览器页面的时间。用户看到的软件性能表现与网络环境有密切关系。

系统运维人员不仅关注软件的响应时间，更关注系统支持的并发数，并发数达到一定规模之后系统的响应时间、服务器的 CPU 使用率、内存占用率、网络带宽占用率等。此外，还关注系统在持续工作较长时间(如一个星期、一个月、半年)之后，软件系统是否依然能够正常工作且响应及时。

开发人员更加关注系统的性能瓶颈在什么地方、引起系统性能衰退的原因是什么、如何才能提高系统的性能，等等。

为更好地进行软件性能测试,下面给出几个常用的指标。

(1)响应时间:从用户(使用者)角度看,系统对请求作出响应所需要的时间即为响应时间。当然,不同的用户对于可接受的响应时间是不同的。有些用户觉得等待 5 秒没有关系,而有些用户觉得超过 3 秒就是无法忍受的。

(2)吞吐率/吞吐量:单位时间内软件系统处理客户请求的数量即为吞吐率/吞吐量,这体现了软件可以承受客户请求的能力。可以使用请求数/秒、人数/天、处理的业务数/小时等衡量此指标。

(3)并发数:同一时刻同时向软件系统提交请求的用户数。并发数考察在同时大量请求的情况下,软件系统是否会丢失一些请求、是否能够及时响应所有请求。这些提交的请求可能针对同一个场景,也可能是不同的场景。

(4)资源利用率:运行软件系统的服务器的资源占有情况,如 CPU 利用率、内存占用率、网络带宽使用率。一些软件系统要求服务器的 CPU 利用率不能超过 50%,内存占用率不能超过 60% 等。如果软件系统在运行过程中,监测到服务器资源利用率超过了阈值,要么进行服务器扩容,要么找出异常的原因并解决。

(5)思考时间:对于那些与用户进行频繁交互的系统,思考时间指的是用户每个请求之间的时间间隔,也称为休眠时间。这对于模拟用户进行测试具有重要意义。

6.6.2　性能测试技术

性能测试(Performance Testing)是指通过自动化工具模拟多种正常、峰值以及异常负载条件和使用场景组合,对软件系统的各项性能指标进行测试,验证系统的性能是否满足要求。它是一种常用的测试技术,在大量软件系统的研发过程中得到广泛应用。

性能测试的目标是检验软件系统是否具备其宣称的能力。它需要事先了解被测软件的用户使用场景,确定所关注的性能指标。性能测试通常采用自动化工具模拟用户来对系统进行访问。由于系统的性能表现受很多因素的影响,比如服务器的 CPU 频率、内存容量的大小、网络架构、网络带宽,因此,在进行性能测试时,需要明确给出测试环境。

性能测试一般包括如下步骤。

步骤 1:性能需求分析——根据软件使用业务场景,选择合适的性能指标,制定性能测试计划。

步骤 2:测试准备——搭建尽量与真实运行环境相同的、独立的、可复用的测试环境;准备测试数据;配置测试环境。

步骤 3:构建测试工具——由于性能测试通常需要自动化工具,因此,可以开发测试工具或利用现有的自动化测试工具、测试脚本等。

步骤 4:测试执行——利用自动化测试工具模拟多个用户同时发起请求,检验软件系统在性能方面的表现,并记录感兴趣的性能数据。

步骤 5:测试分析——针对测试结果,展开分析工作;检验软件系统是否存在性能方面的问题;检查性能测试工作是否存在改进的地方;等等。

表 6-12 给出了一个针对 ATM 系统的性能测试示例,涉及并发用户数分别为 100 和 200 时,系统的平均响应时间、每秒事务数、CPU 使用率以及内存占用率等。性能测试具体运行环境:硬件环境,CPU 频率为 3.2 GHz,内存为 4 GB,硬盘为 256 GB;软件环境,操作系统为 Microsoft Windows 7,数据库为 Microsoft SQL Server 2014,Web 服务器为 Tomcat 7.0;运用软件 LoadRunner 测试。参数 TPS 为每秒事务数,反映了系统在同一时间内处理事务的最大能力。

表 6-12   ATM 系统性能测试示例

编号	场景名称	并发用户数	平均响应时间/s	平均 TPS	系统资源使用情况/%		备注
					CPU	内存	
T_01	查询卡余额	100	0.187	36.8	65	76	
T_02	取款	200	0.68	34.7	78	82	
...	...	...	...	...	...	...	...

存在一些与性能测试有关的测试技术,如基准测试、负载测试、容量测试、压力测试以及并发性测试。这些测试技术(包括性能测试)虽然有一定的相似性,但它们还是有所区别,侧重点和目标各不相同,读者可以根据第 2 章所讲测试技术的维度来区分它们。

6.7   压力测试

压力测试(Stress Testing)也称为强度测试,是指通过给系统强加巨大的工作负载,以检验系统在峰值(甚至超过峰值)使用情况下是否能够正常工作。目标是测试软件在极端情况下的表现,观察是否会出现一些在正常负载情况下难以发现的问题。如同人在重压之下容易垮掉一样,压力测试也是为了发现软件在重压之下在何处失效以及如何失效,失效之后如果继续使用软件系统会发生什么事情等。

一方面压力测试通过对系统逐步增加负载来查看其性能的变化,确定系统的性能瓶颈以及在什么负载条件下系统发生功能失效或性能急剧衰退,从而得到系统能够提供的最大服务级别。另一方面压力测试让系统满负荷或超负荷工作,检验软件系统能否继续正常工作或性能降级工作(但不发生失效)。

压力测试作为一种重要的黑盒测试技术,在实际项目中得到广泛应用。它一般包括如下内容:①对被测系统短时间内施加极端工作负载;②对被测系统施加过量工作负载,即超过系统预期极值情况;③对系统连续执行所有可能操作。压力测试的一些应用场景如下所示。

(1)安全测试专家使用压力测试来发现软件系统是否存在漏洞。当使用压力测试时,系统的部分功能可能停止工作;此时,系统是否因为部分功能停止使用而发生漏洞。

(2)缓冲区溢出是一类重要问题,通过给软件非常大的数据量来测试,程序员经常会忽略这些类型的问题。

(3)一些组织和团队使用负载测试工具来发现程序中功能方面的薄弱之处,一些逻辑错误在高负载情况下会导致程序不稳定。

(4)压力测试也可以作为基于风险的测试技术中的一种特殊情况,检验软件是否存在极端情况下出现问题的风险。

压力测试通常采用专门的工具来模拟极端情况,给系统增加巨大压力,检查系统在重压之下的工作能力与水平,重点查看系统在压力之下是否发生错误、系统的性能表现是否符合预期,如不断增加系统的并发用户数、不断增加系统的访问请求数、增加文件记录数、增加大量数据。在压力测试环境下,系统的资源使用达到较高水平。例如,设定 CPU 使用率超过 70%、内存占用率超过 80%、网络带宽占用率超过 75%等指标,查看系统的响应时间是否满足要求、是否发生失效。对于一些特殊行业,为了防止突发事故,对系统的资源使用情况有严格要求。例如,燃煤电厂控制系统在正常工作情况下,要求 CPU 使用率不得超过 40%。

压力测试一般用来检验系统的稳定性。如果一个系统在重压之下依然可以稳定运行一段时间,那么,该系统在正常的工作负载情况下就能够达到令人满意的状态。如果系统存在内存泄露、缓冲区溢出等问题,压力测试可以帮助测试人员加快发现这些问题。

由于压力测试是在测试环境中模拟大量负载工作条件,因此,压力测试通常需要测试工具来帮忙。这些工具可以是专门的测试工具,也可以是测试团队自行开发的工具。例如,针对 Web 应用进行压力测试时,可以使用模拟浏览器工具来产生大量用户请求,检验 Web 服务能否正常给出正确的响应以及性能的瓶颈在什么地方。压力测试在应用过程中可以采用如下手段。

(1)重复:一遍遍地模拟用户调用某个请求或执行某个操作,通过重复测试来查看系统是否可以对每次执行都能正常响应。

(2)并发:在同一时刻同时执行多个操作或调用多个请求,使用并发测试来模拟大量用户同时对系统的操作。

(3)大数据量:对每个操作施加过量负载。例如,某个系统允许用户发送一个文件,测试人员可以给系统发送一个大文件(如 3 GB 的视频)来检验软件是否能够正常处理。对于软件系统来说,可以根据相关配置参数来确定量级,如,网络响应延迟时间、数据量的大小、输入的速度。

(4)随机:为防止开发人员针对某些负载情况进行特殊处理,在测试过程中,随机变化负载量及并发量。从发现系统问题的角度来看,随机测试更有针对性。但需要注意的是,完全的随机也存在一些不足。例如,发现问题后,难以复现相同的测试环境(用户数、并发数、执行的操作等),给复现问题及确定问题原因带来较大挑战。所以,在实际测试过程中,随机测试是在受控条件下的随机,而不是完全的随机。

压力测试和性能测试有一定的联系,也存在一定的差别。①应用的阶段不同:压力测试主要关注系统在交付给用户之前,通过模拟大量用户同时访问系统时的表现情况,应用于软件研发将要结束阶段。而性能测试在软件研发的任何阶段都可以应用。例如,某个算法模块开发完成之后,采用性能测试来检验该算法的时间开销及空间开销等。②考察的负载情况不同:压力测试更多关注峰值负载或过负载情况,而性能测试主要关注正常负载情况。③关注点不同:压力测试检验系统在重压之下是否产生以前未考虑的错误;性能测试更多关注系统的性能指标。

与压力测试非常相似的一种技术是负载测试。负载测试更多关注软件系统在正常负载情况下,系统的响应时间等性能表现。它通过逐步增加系统工作负载,测试系统性能的变化,确定在满足系统性能指标情况下的最大工作负载。在一定程度上,可以认为压力测试是负载测试中的一种特殊情况。

一些计算机黑客经常经常采用压力测试来破坏系统,如通过拒绝服务(Denial of Service, DoS)攻击来使软件系统无法正常响应用户请求;或给系统施加过量的数据来产生缓冲区溢出问题,从而破坏计算机系统。

　　压力测试通常能够找出其他测试技术无法发现的软件缺陷,可以暴露一些极端情况下可能出现的问题以及安全方面的问题。但是,压力测试并不是万能的,它对系统中存在的许多与压力无关的缺陷无能为力。

6.8　可靠性测试

　　软件在交付给客户之后,如果频繁出现故障,则会带来用户体验不佳甚至是中断业务过程或者带来严重后果。通常,对于一些关键安全领域,如航空、航天,软件系统的可靠性是一个非常重要的指标。因此,软件系统在交付给客户之前,需要进行可靠性测试,以检验其是否达到了规定的指标要求。

6.8.1　软件可靠性基本概念

　　软件可靠性(Software Reliability)是指软件系统在规定的条件下和规定的时间内完成所要求功能的能力。规定的条件是指直接与软件运行相关的外部输入条件,包括运行环境状态和软件的输入条件;规定的时间是指软件的实际运行(提供服务)时间;所要求功能是指软件系统为提供服务应具备的功能。软件可靠性不仅和软件缺陷有关,还与系统输入和系统使用有关。

　　正如第1章所述,在软件开发的全生命周期中,都有可能引入错误,从而使得软件中存在缺陷,影响了软件的可靠性。如需求分析阶段未正确捕捉用户潜在需求,设计阶段选择了错误的算法,编码阶段未对变量进行初始化或初始化值有误,测试阶段设计的测试用例不够充分,运维阶段对缺陷的修复或增加新功能引入了新的缺陷。

　　由于软件完全是人们逻辑思维的产物,软件可靠性和硬件可靠性还是有所区别。硬件存在老化磨损现象,硬件失效是器件物理变化的必然结果;而软件没有磨损现象,但存在不能满足新需求等问题。硬件可靠性的主要影响因素是时间,当然也受到设计、生成及使用所有过程的影响;而软件可靠性的决定因素是人,与输入条件和运行环境有关。通常采用冗余技术可提高硬件可靠性;但如果纯粹使用多份相同代码并不一定能够提高软件可靠性。硬件可靠性验证方法有相对完整的标准和理论;而软件可靠性验证则缺乏完整的理论体系,虽然存在一些方法,但缺少通用性。总之,与硬件可靠性相比,软件可靠性更难保证。当然,现在在很多系统中,软硬件是紧密结合在一起为用户提供服务的。受到运行环境的影响,软硬件中会出现一些瞬态故障,也称为软故障,可采用多种技术手段来解决。例如,在太空中,高能粒子的辐照可能会使得计算机系统发生位翻转(0变1或1变0),这可能会对运行的计算机系统带来灾难,程序的控制流或数据流会发生变化,使得软件系统的运行变得不可控。

　　经过多年的发展,人们对软件的可靠性进行了建模并提出了多种模型,包括指数失效时间模型、无限失效时间模型、贝叶斯模型、韦伯分布失效时间模型以及伽玛分布时间模型等。由于软件种类的多样性和软件的复杂性,目前没有统一的软件可靠性模型。软件可靠性建模的基本思想:在给定测试周期 t 内,共发现 n 个故障,假设每个故障被发现的时刻为 $t_1, t_2, \cdots, t_n$,以此假设为基础,建立软件可靠性模型。

　　在描述软件可靠性时,通常采用下列指标中的一个或多个,这些指标之间不是完全独立的,而是相互之间存在一定关系。

　　假设软件系统 S 投入运行(测试)一段时间 t_1 后发生故障,系统停止工作并进行修复,经过 T_1 时间后,故障被修复,软件继续运行。如此反复,执行多次。设 $t_1,t_2,\cdots,t_n$ 为软件系统的正常运行(提供服务)时间,$T_1,T_2,\cdots,T_n$ 为系统维护(停止工作)时间。

　　定义 6.1　故障率 λ 也称为风险函数,表示软件系统单位工作时间内的失效次数,计算公式如式(6-1)所示。

$$\lambda = \frac{n}{\sum_{i=1}^{n} t_i} \tag{6-1}$$

其中:n 为给定时间的软件系统的失效次数;t_i 为系统正常工作时间。

　　定义 6.2　维修率 u 表示软件系统单位时间内修复缺陷的次数,计算公式如式(6-2)所示。

$$u = \frac{n}{\sum_{i=1}^{n} T_i} \tag{6-2}$$

其中:n 为给定时间的软件系统的失效次数;T_i 为系统维修时间。

　　定义 6.3　平均无故障时间 MTBF(Mean Time between Failures)是指软件系统正常工作的平均时间,计算公式如式(6-3)所示。

$$\text{MTBF} = \frac{\sum_{i=1}^{n} t_i}{n} = \frac{1}{\lambda} \tag{6-3}$$

　　定义 6.4　平均维护时间 MTTR(Mean Time to Recovery)是指软件系统发生失效后的平均恢复时间,计算公式如式(6-4)所示。

$$\text{MTTR} = \frac{\sum_{i=1}^{n} T_i}{n} = \frac{1}{u} \tag{6-4}$$

　　定义 6.5　可用性 A(Availability)是指系统在给定时间内可以提供服务的概率,计算公式如式(6-5)所示。

$$A = \frac{\sum_{i=1}^{n} t_i}{\sum_{i=1}^{n} t_i + \sum_{i=1}^{n} T_i} = \frac{\text{MTBF}}{\text{MTBF} + \text{MTTR}} = \frac{u}{\lambda + u} \tag{6-5}$$

　　定义 6.6　可靠性 R(Reliability)是指软件系统能够提供可靠服务能力,它是一个与时间 t 有关的函数,计算公式如式(6-6)所示。

$$R(t) = e^{-\int_0^t \lambda(t)dt} \tag{6-6}$$

　　此外,软件可靠性度量方面还有残留的缺陷数、发生失效的概率、吞吐量等指标。在对一个软件系统进行可靠性评估时,通常会采用上述指标。

　　【例 6.1】　假设某个软件系统在一段时间内的使用情况如图 6-2 所示,其中,阴影部分为故障修复时间;非阴影部分为系统正常工作时间。按照上述指标,分别计算其可靠性。

1.5小时		2.5小时		2小时		3小时		2小时		2小时	
12天		20天		5天		25天		40天		50天		20天

图 6-2　某软件系统的运行情况

根据题设可知,$n=6$,$t=172$ 天$=4128$ 小时,$T=13$ 小时,计算得到 5 个可靠性指标:MTBF$=688$ 小时、$\lambda=0.001453/$小时、MTTR$=2.167$ 小时、$\mu=0.4615$、$A=0.9969$。

对于某些实际系统来说,在运行过程中,会出现性能衰退(服务降级)的情况,如长时间运行的计算机响应速度较慢,无线路由器长时间工作无法继续提供网络服务。对于这些情况,一段时间之后重启即可恢复正常。例如,某 Web 系统,正常情况下,单位时间内能服务的用户数为 100 个;而运行一段时间后,处于性能衰退情况,单位时间内只能服务 50 个用户。则在评价该软件系统可靠性时,上述 6 个指标的计算不发生变化,但应该考虑吞吐率指标。

对于某些软件系统,它首先持续平稳的运行,一段时间后系统资源大量消耗出现服务质量下降,最后甚至发生挂起和停机,整个过程称为"软件性能衰退"或"软件老化"。软件性能衰退是由于软件系统随运行时间的增加,使得系统资源逐渐消耗或运行时错误逐渐累积导致的。图 6-3 为带性能衰退的软件系统行为模型。一开始软件系统处于正常运行状态 S_n,在该状态下,系统具有很高的服务能力且不发生故障。随着系统的持续运行,软件系统进入性能衰退状态 S_d,在该状态下,系统性能下降,服务能力较差,且可能发生失效引起宕机。若系统继续运行就会发生故障进入失效状态 S_f,此时,系统处于宕机状态,不能提供服务。在对系统故障进行修复后,系统重新进入正常运行状态。

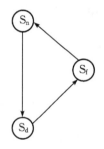

图 6-3 带性能衰退的软件行为模型

软件系统处于正常运行、衰退以及宕机等 3 个状态,对系统的可用性进行重新定义,并给出吞吐率定义。

定义 6.7 可用性 P_{avail} 是指系统在给定时间可提供服务的能力。当系统处于正常运行状态和衰退状态时,能够提供服务;而当系统处于宕机状态,不能提供服务。可用性计算如式(6-7)所示。

$$P_{avail} = P_n + P_d \qquad (6-7)$$

其中:P_n 表示系统处于正常状态的概率;P_d 表示系统处于衰退状态的概率;$P_{avail}<1$。

定义 6.8 吞吐率 T 是指系统单位时间内能够处理的业务数、请求数或接受的并发用户数。在正常情况下,系统的吞吐率等于软件系统的设计值;而在性能衰退状态,系统的吞吐率要低于正常状态下的吞吐率。软件系统的吞吐率计算公式如式(6-8)所示。

$$T = T_n \times P_n + T_d \times P_d \qquad (6-8)$$

其中:T_n 表示系统处于正常运行状态的吞吐率;T_d 表示系统处于衰退状态的吞吐率;$T_n>T_d$。

进一步,对于软件系统,可以考虑其具备多个性能衰退状态的情况。即系统从正常运行状态到衰退状态再到最后的宕机状态是一个状态逐步变化的过程,存在多个衰退状态,衰退的等级不同则状态与吞吐率也不同。图 6-4 是多衰退状态的软件行为模型,关于其可用性和吞吐率指标的计算请读者自行给出。

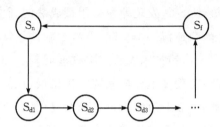

图 6-4　多衰退状态的软件行为模型

6.8.2　软件可靠性测试

软件可靠性测试(Reliability Testing)是指为检验和保证软件可靠性要求而进行的测试,它通过对软件系统的可靠性进行一系列的设计、分析和测试,从而满足用户对软件可靠性的要求。软件可靠性测试的目标是发现程序中影响可靠性的缺陷并在此基础上提高可靠性,对软件可靠性水平进行估计和预测,以此来检验软件的可靠性是否满足要求。

在执行软件可靠性测试时,需要考虑系统包含哪些功能以及这些功能需要哪些条件。由于软件可靠性与时间关系密切,对时间要求较高。因此,在测试过程中应将软件运行时间作为评价可靠性的重要指标,关注软件系统是否在规定时间内完成了所要求的任务。在进行软件可靠性测试时,还需要关注软件系统的运行环境,包括:硬件环境(服务器、网络架构、磁盘阵列),软件环境(操作系统、数据库管理系统、第三方系统)等。

软件可靠性测试一般包括测试计划、测试用例设计、测试数据搜集、测试环境准备、测试执行、测试结果分析等几个环节。根据软件项目有关文档(需求规格说明书、设计文档、用户手册、测试文档等)分析和收集所需要的测试数据,包括软件系统的输入数据和运行过程中产生的数据。在收集数据的基础上,对数据进行分析整理,找出影响系统可靠性的原因。

进行软件可靠性测试时,需要特别关注软件的运行剖面,它是指软件系统中的每个功能及其发生概率的集合。在运行过程中,用户的某个操作会跨越多个功能,根据运行剖面可以很方便地确定程序中每条可执行路径发生的概率。

6.8.3　软件可靠性保证

每个软件系统都有可靠性需求。由于目标和应用领域不同,不同的软件系统其可靠性要求也不相同。例如,对于普通的 Web 系统,其 MTBF 可能要求几千小时;而对于安全关键领域,其 MTBF 则会要求超过一万小时。

对于安全关键系统来说,要达到可靠性要求,通常需要进行容错设计。一般包括前摄式(Proactive)防错和容错等技术。前摄式防错技术根据软件运行时的状态对软件是否可能发生故障进行预判,如果觉得软件很有可能发生故障,则提前采取防护措施(如检查点恢复、再生),从而避免故障带来的不可预计结果。在采取防护措施的过程中,可能会出现短暂的服务不可用情况；但由于这个过程是人们主动执行的，其过程和状态可控，通常要比故障引起的恢复时间要短很多。

　　根据对多个软件项目的统计分析，发现即使采用最成熟的开发工具、最为严格的测试等，软件中平均每 2000 行代码依然会遗留一个缺陷，再考虑软件系统运行环境的影响，系统时不时会发生故障。单纯采取前摄式防错技术无法解决这些问题。因此，人们采用容错技术来进一步提高系统的可靠性，它在一定程度上允许系统发生错误，在故障发生后，软件系统自动采取一些措施来解决问题。例如，可以对故障进行自动修复（如 ECC 等对数据进行纠错），也可以将系统恢复到一个无故障状态（如采用检查点技术，恢复到上一次保存的状态）。

　　【例 6.2】　DMA 加固算法设计。本书编者团队针对计算机系统中的 DMA（Direct Memory Access）器件，设计了加固算法，并在驱动程序中实现了该算法，实验结果表明：该算法可以有效解决 DMA 在传输数据过程中，由于高能粒子（γ 射线等）对计算机系统 DMA 器件辐照引起的软故障问题。

　　该算法的基本思路是根据 DMA 自身具备的多通道特性，利用通道冗余执行加固设计。算法采用两级容错机制：一级容错主要解决 DMA 功能中断以及 DMA 超时，二级容错则主要针对 DMA SDC（Silent Data Corruption）失效。其中，一级容错在每个通道线程副本内部实现，二级容错则在多个通道线程间实现。DMA 加固方法模型如图 6-5 所示。为便于说明问题，这里引入通道线程概念：与操作系统中的线程的概念相似，通道线程是对 DMA 通道执行其专用程序的过程的抽象。具体而言，通道线程包含其所需执行的 DMA 专用指令程序，线程所占用的硬件资源，例如指令 Cache、寄存器组、传输的数据等。每一个通道线程能接受输入，独立完成 DMA 周期并输出结果。

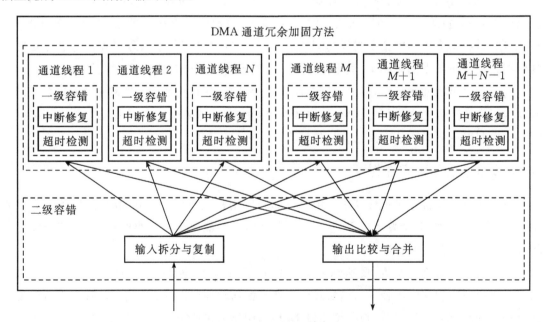

图 6-5　DMA 加固模型

（1）一级容错的主要设计目标是消除每个通道线程副本的 DMA 功能中断和 DMA 超时。针对 DMA 功能中断，一级容错采用中断修复机制恢复故障；而对于 DMA 超时，则引入了超时检测机制。

假设从 DMA 上一次无错状态执行 DMA 专用指令程序开始，直至发生此次 DMA 功能中断，期间没有发生其他 DMA 功能中断。也即，一级容错认为，对于 DMA 功能中断的容错，在发生此次 DMA 功能中断前的 DMA 的运行结果是可信的。因此，此前的运算不需要重复执行，只需要从发生故障的位置开始，继续执行剩下的程序指令。

为了记录 DMA 通道线程在发生 DMA 功能中断时的状态，提出了 DMA 通道线程上下文的概念。与操作系统中程序上下文的概念相似，DMA 通道线程上下文记录了 DMA 在发生中止时刻的线程状态，主要包括：当前 DMA 传输的源地址，当前 DMA 传输的目的地址，当前 DMA 周期的剩余传输数据量。

为了使其满足 DMA 传输一致性，DMA 传输的源地址应该回滚到上一次 DMA 传输完成后的状态。设 DMA 通道线程上下文的源地址为 CS，目的地址为 CD，以 DMA 传输的目的地址作为判断基准，若源地址的变化量与基准不一致，则回滚；否则保持原值，最终便可以使得 DMA 通道线程上下文满足 DMA 传输一致性。

（2）二级容错的主要任务是消除一级容错所不能处理的 DMA SDC，基本思想是通过软件实现的冗余的方法来消除故障的影响。二级容错的模型如图 6-6 所示，其中 $N>1,M>0$。

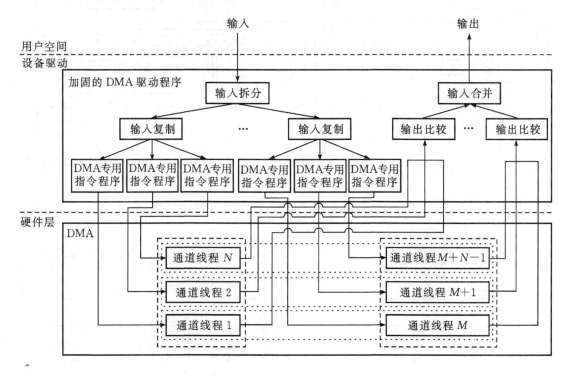

图 6-6　DMA 二级容错模型

可靠性作为软件质量的一个重要指标,是在项目研发过程中设计实现的,而不是靠测试来保证的。测试只是发现软件系统的可靠性是否满足要求,以及给出引起可靠性不能满足需求的疑似原因。

可靠性测试需要专门的环境才能完成,但有些时候构建真实环境比较费时费力,也需要花费较大财力。因此,人们通常采用故障注入(软件故障注入、硬件故障注入等)来模拟真实环境。

【例6.3】 面向SoC(System on Chip,片上系统)的细粒度故障注入框架。以SoC为核心的嵌入式系统在航空航天领域得到大量应用。在太空中,受高能粒子的辐照,计算机系统中易发生位翻转(0变为1或1变为0)事件,给系统带来了不小的危害。为加快实验进度,本书编者团队设计了一个细粒度的故障注入框架,如图6-7所示。细粒度故障注入将评估目标深入到SoC中的硬件模块,它通过软件的方式,以一种更加精确的方法模拟这些特定的硬件模块的故障。这些目标硬件不局限于CPU或内存,还包含SoC中的外围设备模块,包括DMA控制器(Direct Memory Access Controller,DMAC),QSPI控制器(Queued Serial Peripheral Interface Controller,QSPIC)等。该框架不仅为面向外设的故障注入提供了便利,它还支持分析SoC内不同外设的故障对软件的影响。

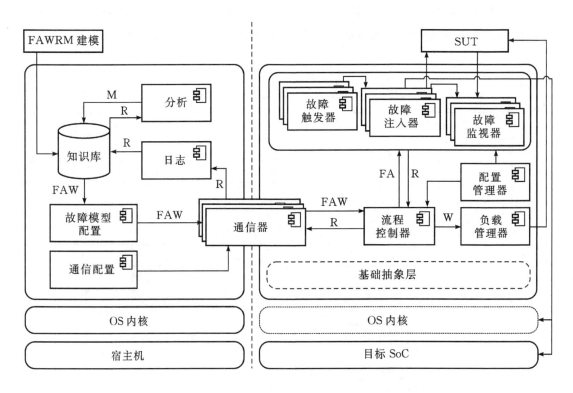

图6-7　细粒度故障注入框架

　　图 6－7 描述了软件实现的细粒度故障注入中,必须的和可选的组件,以及它们之间的交互;虚线矩形框表示的是可选组件。在最顶层,类似于客户端/服务器(C/S)体系结构风格,该模型分为宿主子系统和目标子系统。宿主子系统,即图中左侧的部分,提供了用户交互、分析和统计等服务;而目标子系统,即图中右侧的部分,负责实际执行对 SoC 进行故障注入的主要行为。该框架可以采用分布式或者集中式的结构实现。然而,为了便于组件之间的高效通信,该模型建议各子系统以集中式的方式实现。对于集中式结构,连接器以过程调用或进程间通信为主;而分布式结构则以远程过程调用为连接器。

　　宿主子系统被设计为典型的用户应用,运行于宿主的操作系统之上。然而,目标子系统的设计则更加灵活。它不仅可以实现成为一个单独的裸板应用,即无操作系统的环境,直接运行于目标 SoC 的硬件之上,也可以作为普通的用户程序甚至内核模块与操作系统并存。该框架将传统的整块注入器拆分为三个子组件和一个附加组件,即故障触发器、故障注入器、故障监视器和配置管理器。与整块注入器相比,分离的方式更加灵活,也具有更好的复用性,因为多个为不同外设模块设计的注入器可以共享相同的触发器和监视器。

　　基于该框架实现的一个细粒度故障注入工具,如图 6－8 所示。宿主子系统采用 C♯ 语言实现,而目标子系统采用 C 语言实现。该工具支持模拟 MicroZed 开发板中的多种硬件模块的 SEU 故障,涉及 CPU、内存、DMA 控制器、DDR 控制器和 QSPI 控制器等。它提供部分可靠性指标的自动化评估功能,包括失效率、可靠性、MTTF 和故障覆盖率等。此外,它还集成了粒子域故障注入。

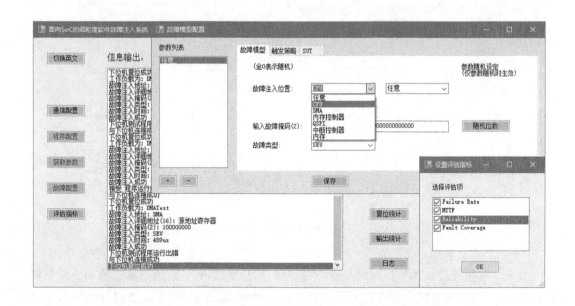

图 6－8　细粒度故障注入工具

6.9 应用案例

【例6.4】 可回收资源管理系统是一套综合资源回收箱、用户 App、司机 App 以及后台管理为一体的系统,主要涉及用户、司机、积分录入员、系统管理员等参与者。基本业务流程:①注册用户通过手机 App 扫描资源回收箱上的二维码;②如果一切正常,服务器给回收箱发送开箱指令和投递编号;③回收箱状态正常自动打开箱盖,并打印出一个二维码;④用户将二维码粘贴在可回收物品上,并投递进回收箱;⑤在设定时间到达后,资源回收箱自动关闭箱盖;⑥服务器给用户发送投递信息;⑦司机通过 App 接收任务,并将回收箱内的物品运送公司;⑧积分录入员扫描物品上的二维码,评估物品价值,并将物品价值积分返还到用户账户;⑨用户可以在积分商城中兑换商品;⑩对于大件物品,用户可以在 App 中申请上门服务,公司会派专人上门取件。

可回收资源管理系统的物理结构如图 6-9 所示。

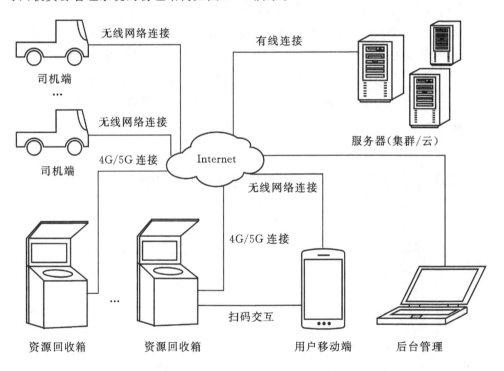

图 6-9 可回收资源管理系统的物理结构示意图

资源回收箱通过移动通信网络与服务器连接,用户通过 App 采用扫描二维码方式与资源回收箱交互,用户和司机分别通过不同手机 App 与服务器交互,管理人员通过浏览器与服务器交互。

可回收资源管理系统分为硬件子系统和软件子系统。硬件子系统由资源回收箱组成,具备自动开盖、关盖、称重、检测是否填满、打印投递编号、接收服务器指令、广告展示等功能。软件子系统包括:用户管理、资源回收管理、积分商城、回收箱管理、系统管理等功能。可回收资源管理系统的功能结构如图 6-10 所示。

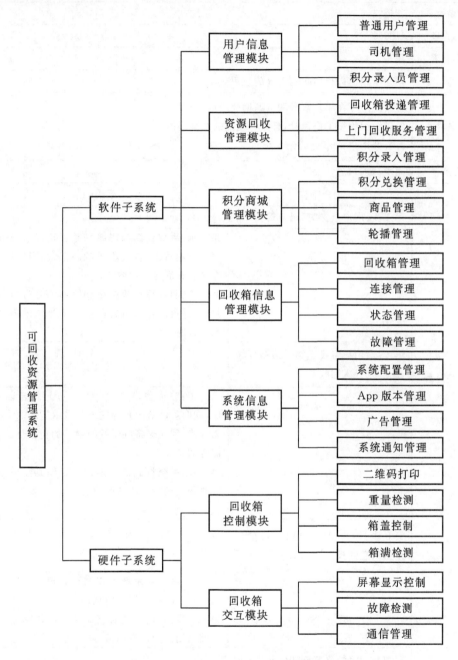

图 6-10　可回收资源管理系统的功能结构图

1.基于用例的测试

用例描述了参与者和系统之间的交互过程,可以基于用例描述进行测试工作。表 6-13 是"扫码投递"的用例描述。

表 6 - 13   扫码投递用例描述

用例	说明
用例名称	扫码投递
用例标识符	HS006
主要参与者	用户
描述	描述了用户进行回收箱投递的过程
前置条件	1. 系统中存在用户账号和资源回收箱信息； 2. 资源回收箱工作正常，且贴有正确的二维码； 3. 打开用户 App 并登录系统
触发器	用户请求扫码

典型事件过程	用户动作	系统响应
	第 1 步：用户点击"扫码开箱"	
		第 2 步：系统查询扫码结果是否正确，正确则查询该回收箱状态，若回收箱状态正常，则发送开箱指令和投递编号给回收箱； 第 3 步：回收箱接收指令和投递编号后，控制箱盖打开，并启动打印机打印投递编号二维码，屏幕显示倒计时
	第 4 步：用户将投递编号粘贴到物品上，并投入回收箱	
		第 5 步：等待预设时间（如 30 秒）后，自动箱盖关闭，同时屏幕显示投递完成的提示信息； 第 6 步：回收箱将电子秤的物品的重量信息发送给服务器； 第 7 步：系统将此次投递记录存储到数据库，并给回收箱发送接收成功的信息，给用户发送一条投递成功的提示信息
	第 8 步：用户 App 收到一条包含重量信息的投递记录消息	

备选事件流	第 2.1 步：如果系统未查询到此扫码结果，则反馈给用户扫码错误提示信息； 第 2.2 步：如果系统查询到该回收箱状态异常，则反馈给用户异常提示信息
后置条件	1. 智能回收箱恢复到正常状态； 2. 系统数据库存在该投递记录
结论	智能资源回收箱完成扫码投递时，则该用例结束

　　由于"扫码投递"用例包含 1 个典型事件流和 2 个备选事件流，因此，可以至少设计 3 个测试用例，分别对应于每个事件流。表 6 - 14 是针对典型事件流的测试用例。

表 6-14　典型事件流对应的测试用例

测试用例	说明	
用例名称	扫码投递测试	
用例标识符	TS105	
主要参与者	用户	
描述	用于测试用户进行回收箱投递的过程是否正确	
前置条件	1. 系统中存在用户账号 User123 和密码 123456,资源回收箱编号 HSX123; 2. 资源回收箱工作正常,且贴有正确的二维码(内容为 HSX123); 3. 打开用户 App 并用 User123/123456 登录系统; 4. 用户准备 300 克的物品	
触发器	用户请求扫码	
典型事件过程	用户动作	系统响应
	第 1 步:用户点击"扫码开箱"	
		第 2 步:系统查询扫码结果是否正确,正确则查询该回收箱状态,若回收箱状态正常,则发送开箱指令和投递编号给回收箱; 第 3 步:回收箱接收指令和投递编号后,控制箱盖打开,并启动打印机打印投递编号二维码,屏幕显示倒计时
	第 4 步:用户将投递编号粘贴到物品上,并投入回收箱	
		第 5 步:等待预设时间(如 30 秒)后,自动箱盖关闭,同时屏幕显示投递完成的提示信息; 第 6 步:回收箱将电子秤称量的物品的重量信息(300 克)发送给服务器; 第 7 步:系统将此次投递记录存储到数据库,并给回收箱发送接收成功的信息,给用户发送一条投递成功的提示信息
	第 8 步:用户 App 收到一条"您于 XX 年 XX 月 XX 日 XX 时 XX 分投递 300 克的物品"消息	
备选事件流		第 2.1 步:如果系统未查询到此扫码结果,则反馈给用户扫码错误提示信息; 第 2.2 步:如果系统查询到该回收箱状态异常,则反馈给用户异常提示信息
后置条件	1. 智能回收箱恢复到正常状态; 2. 系统数据库增加一条投递记录"XX 年 XX 月 XX 日 XX 时 XX 分 User123　300 克"	
结论	通过	

2.基于场景的测试

场景测试通常用于较为复杂的情况,它可以来源于用例,也可以根据对涉众的调研得到。场景反映了用户使用系统的可能情况。测试人员可以设计出各种各样的场景来检验软件系统是否能正常工作,以及软件系统在碰到异常情况时,是否进行了合理操作。

对于可回收资源管理系统,可以设计出许多场景,下面给出一些参考场景。

场景1:用户通过其他软件扫描资源回收箱上的二维码。目的是检验二维码的设计是否进行了加密处理,是否会泄露一些关键信息。

场景2:回收箱上的二维码被破坏或者被人贴上其他二维码。用户用App扫描回收箱上的不正确二维码,可回收资源管理系统能否正确处理这种情况。

场景3:用户通过App扫描回收箱上的二维码,回收箱自动打开。但由于打印机缺少纸张,无法打印出投递编号,此时,系统该如何处理? 用户不贴投递编号,直接将物品放入回收箱,系统又该如何处理?

场景4:用户通过App扫描回收箱上的二维码,回收箱自动打开并打印出投递编号。但是,用户需要投递的物品数量不止一个,投递编号只能贴于一件物品,系统该如何处理? 要求用户一次只能投递一件物品,还是允许同时投递多件? 如果允许同时投递多件,当多个用户都这样操作时,系统能否正确区分未贴编号的物品属于哪个用户?

场景5:用户通过App扫描回收箱上的二维码,回收箱自动打开并打印出投递编号。但是,用户不是往回收箱中投递物品,而是从回收箱往外拿东西,此时,系统该如何处理?

场景6:用户通过App扫描回收箱上的二维码,回收箱自动打开并打印出投递编号。但是,用户投递的商品体积较大,使得回收箱无法关住箱盖,此时,系统又该如何处理?

场景7:用户通过App扫描回收箱上的二维码,回收箱自动打开并打印出投递编号,用户在物品上贴上编号后,将物品投入回收箱。由于移动通信中断、回收箱故障或服务器故障,使得该次投递事务未完成,系统又如何处理?

场景8:用户通过App扫描回收箱上的二维码,回收箱自动打开并打印出投递编号,用户在物品上贴上编号后,将物品投入回收箱。但是,用户投放的物品不是可回收资源,系统该如何处理? 用户投放的物品(如水、厨余垃圾)造成了其他物品的损坏,系统又该如何处理?

场景9:积分录入员将物品的价值积分计算错误或录入错误,多给用户增加了积分。此时,系统该如何处理,是直接扣除用户相应积分还是其他操作? 如果用户已经消费了这些积分,系统又该如何处理?

上面给出了几个使用场景,当然,还有很多场景,读者可以自行考虑和设计。设计好场景之后,可以针对每个场景设计1个或多个测试用例,以检验系统是否对异常情况考虑得较为充分,是否能够满足使用场景需求。如果测试结果表明,所开发的系统不能满足某些场景,这说明开发人员对需求理解得不够充分,需要进一步修订需求并对系统进行完善,从而使得软件系统具有更高质量。

3.基于规格说明的测试

可回收资源管理系统中的资源回收箱是一个硬件,包括:显示器、电动机、打印机、接近开关、重量传感器、箱满传感器等。显示器用于展示广告、给用户提示回收箱的工作状态等;电机用于控制箱盖的打开与关闭;打印机是一个热敏打印机,用于输出投递编号;接近开关有两个,分别用于判断箱盖打开程度和关闭程度;重量传感器是一个高精度传感器,用于测量用户投递物品的重量;箱满传感器用于检测资源回收箱是否已满。

显示器、电动机和打印机是输出设备,接近开关、重量传感器和箱满传感器是输入设备。每个设备都会产生一些事件,如表 6-15 所示。

表 6-15　设备及事件

设备类别	设备名称	说明	事件
输入	接近开关 1	判断开盖程度	箱盖已经完全打开
	接近开关 2	判断关盖程度	箱盖已经完全关闭
	重量传感器	感知重量	发送重量信息
	箱满传感器	感知箱是否满	箱满
输出	电动机	开盖或关盖	1.开盖;2.关盖
	打印机	打印投递编号	打印编号
	显示器	显示信息	1.显示广告;2.提示欢迎信息;3.提示正在开盖;4.提示倒计时信息;5.提示正在关盖;6.提示致谢信息与重量信息

表 6-15 给出了设备与事件之间的关系,可以根据 6.4.1 节所讲述的覆盖指标,对设备和事件设计足够的测试用例,来检验系统是否正确处理了它与设备之间的关系,每个事件是否在各种情境下都正确发生。例如,输出设备"显示器"可以输出 6 类信息,需要对每类信息测试它们发生的所有可能情况。"开盖"事件可以发生在注册用户通过 App 投递物品时,也可以发生在司机回收物品时,测试的时候需要考虑这两种情况。

实际上,对于资源回收箱来说,它还与服务器之间进行交互,会接收服务器发来的指令以及传递数据等,这里不作考虑。感兴趣的读者,请自行考虑。

由于需求规格说明书是进一步设计、编码以及测试的依据,可以采用可追溯矩阵来检验测试与需求之间的关系,如表 6-16 所示。

表 6-16　测试与需求的关系

测试用例	用户投递	积分录入	积分兑换	…	用户管理
TC1	√				
TC2		√			
TC3					√
…					
TC1587	√				√
TC1588		√			√

需要注意的是:表 6-16 只是一个示意,因为可回收资源管理系统包含上百个功能,设计的测试用例有几千个,这里无法一一展示。通过可追溯矩阵,可以很清楚地看到有哪些测试用例测试到了某个功能、某个测试用例涉及哪些功能。从表 6-16 可以看出,测试用例 TC1~TC3 分别只涉及一个功能,而 TC1587 和 TC1588 涉及多个功能,这是因为 TC1~TC3 是普通

的用例测试或简单的功能测试,而 TC1587 和 TC1588 采用的是场景测试。

4.风险测试

风险测试用于在尽可能短的时间内,发现并解决软件中存在的重要风险。风险测试需要首先分析系统中可能存在的风险,以及风险发生的概率和风险的严重程度;然后,对风险进行排序、确定优先级;最后,针对每个风险,设计足够的测试用例。

可回收资源管理系统,存在大量的风险,如资源回收箱在使用过程中是否会断电、电机是否损坏、打印机缺少热敏纸、回收箱与服务器的连接中断、回收箱的接近开关损坏、用户 App 定位不准、用户积分录入错误、用户投递物品的重量有误、用户投递物品的过程中发生异常等。对于这些风险,分析其发生概率和影响程度,表 6-17 给出了部分风险的情况。其中,严重程度分为 1 到 10 级,数字越大、后果越严重;优先级分为 1 到 10 级,数字越大、优先级越高。

表 6-17　风险发生概率及其严重程度

风险	发生概率/%	严重程度	优先级
回收箱断电	0.1	10	5
电机损坏	0.2	10	6
打印机缺纸	0.1	9	4
网络连接中断	1	8	9
App 定位不准	0.5	1	1
积分录入有误	3	5	10
接近开关损坏	0.1	7	3
...	...	...	...
广告不显示	2	2	8

在完成风险分析之后,进一步需要针对每个风险,设计最合适的测试用例。例如,表 6-17 所给出的最大风险为"积分录入有误",那么,需要针对该风险,设计出足够多的测试数据来验证软件系统是否容易发生这种错误,以及对这类问题的处理是否合理。测试数据包括:创建各种类型、多种重量的可回收物品数据,一次投递包含多类物品的情况等。软件系统增加基本的校验功能,如对于一次投递包含多类物品的情况,计算各类物品重量之和是否等于总投递重量。软件系统可以追加验证功能,即一个积分录入员计算之后,由另外一名录入员进行复核。对于"打印机缺纸"风险,对多个回收箱或多个打印机,进行测试,确定回收箱所能打印有效投递编码的数量,在软件系统中增加预警功能,即在打印纸即将用完之前,报告给管理人员,由公司安排人手(如司机)及时更换回收箱内的打印纸。而对于"App 定位不准"问题,由于其发生概率较低且影响有限,如果时间不够充分,则可以不进行测试。这是因为 App 的定位功能,直接由第三方提供,其准确程度与第三方有关。

5.可靠性测试

可回收资源管理系统的可靠性主要包括:资源回收箱的可靠性和服务器的可靠性。由于资源回收箱的内部是一个嵌入式系统,它的可靠性受到各类硬件的可靠性影响,包括电机、接近开关、重量传感器、打印机、嵌入式平台、通信模块、电源模块等。因此,在计算资源回收箱的可靠性时,不仅要考虑软件可靠性,还要考虑硬件可靠性。由于资源回收箱是一个嵌入式系统,运行的软件系统更加关注处理逻辑的时序,是否存在内存泄露,网络连接是否稳定,数据传输是否完整,是否进行节能优化等。

服务器主要用于接收各类用户的请求,建立用户和资源回收箱的连接。由于服务器软件运行于专门的服务器或云平台上,因此,它的可靠性测试更多关注软件可靠性。检验服务器软件能否持续可靠运行几个月而不发生故障,其可用性、平均无故障时间等指标是否满足需要。

对于可回收资源管理系统,经过测试发现:其服务器可用性达到 98.86％,平均无故障时间为 226 个小时;资源回收系统的可用性达 99.1％,平均无故障时间为 536 个小时。

6.性能测试

由于可回收资源管理系统的目标用户是 10 万人,按照同时 10％的用户在线率,需要测试有 1 万用户同时在线的情况。系统的性能要求是用户的主要操作系统响应时间应该在 2 秒以内。由于扫码自动开箱涉及用户扫码识别并传输到服务器、服务器处理请求后发送指令到资源回收箱、回收箱接收指令执行开箱操作等过程,网络传输延迟相对较长,对于这个操作,系统的响应时间应该不超过 3 秒。

为了测试可回收资源管理系统是否满足性能要求,采用几十台计算机、每台计算机上运行两百个模拟客户端对系统进行测试。由于可回收资源管理系统的用户 App 是混合 App,主要提供用户与服务器之间的数据交换,所以,采用的是 API 级别的测试,而不是 UI 层的测试。测试结果为用户主要操作的响应时间为 1.2 秒左右,扫码开箱操作的响应时间是 1.8 秒左右,这说明目前设计的可回收资源管理系统满足了系统性能需求。此外,当 1 万个用户同时在线时,服务器的 CPU 利用率为 52％,内存使用率为 60％,网络占用率为 45％;这表明服务器资源还有一定的余量,可以在一定程度上应付用户量临时激增情况。

6.10　讨　论

系统测试不仅检验软件是否实现了其预期的功能,还检验其性能、安全性、可靠性以及易用性等非功能性方面的需求。系统测试不仅考虑软件自身,还综合考虑输入输出设备、运行环境(操作系统、数据库、硬件资源等)、第三方系统,以及人的因素等。

系统测试的目标和单元测试以及集成测试不同。单元测试主要考察每个单元内部是否存在缺陷;集成测试重点关注单元之间的接口、多个单元综合在一起时是否会产生异常等;系统测试主要检验整个软件系统是否满足用户各方面需求。

单元测试主要采用白盒与黑盒相结合的测试技术;集成测试以黑盒测试为主、白盒测试为辅;系统测试则基本上全采用黑盒测试技术。对于集成测试与系统测试来说,集成测试的最大边界也是完整软件,但其不考虑实际的输入输出设备,只是采用模拟的方式来给出系统输入及输出;而系统测试则综合考虑整体软件和实际的输入输出设备,反映系统实际的运行情况。

如果在系统需求分析阶段,采用了 UML 中的用例作为用户需求的描述,则可以充分和方便地基于用例设计出测试用例。在使用用例时,可以基于基本事件流和各种异常事件流分别设计出测试用例。基于用例的系统测试,通常考虑的功能点较少;而基于场景的测试考虑复杂的使用情况,跨越多个功能,往往能够发现其他测试技术难以发现的缺陷。但是,设计一个测试场景通常需要较多的工作量,也只能在项目的后期才使用。由于系统测试的一个重要依据是软件的需求规格说明,可以使用可追溯矩阵来查看测试用例与功能之间的关系,确定目前的测试设计是否合理。基于风险的测试则采用最重要问题优先解决的思想,首先需要对被测软件进行风险分析,找出各种风险的严重程度,从而针对每种风险选择最适合的测试技术。但风险测试最大的问题在于难以得到完全准确的风险列表,有较强的主观性。性能测试重点考察软件系统的各种性能方面表现,如响应时间、吞吐量、CPU 使用率。压力测试更多关注软件系统在重压之下的表现情况,软件是否能够承受住过量负载,是否一下子就被压垮了。软件可靠性测试考察软件系统能否可靠地运行一段时间、是否容易发生故障等。对于安全关键系统来说,通常要求系统持续运行上万小时。

本章小结

本章首先对系统测试进行了概述,接着阐述了几类功能性方面的测试技术,如基于用例的测试、场景测试、基于规格说明的测试和基于风险的测试。然后介绍了性能测试、压力测试以及可靠性测试等非功能性测试技术。最后,给出了一个应用案例对本章所阐述的测试方法进行综合说明。

习题

1. 什么是系统测试?它的目的是什么?
2. 请区别单元测试、集成测试和系统测试。
3. 用例可分成哪几个层次?基于用例如何设计测试用例?
4. 请比较场景测试和基于用例的测试。
5. 系统测试有哪些覆盖指标?
6. 可追溯矩阵的作用是什么?
7. 基于风险的测试的思想是什么?
8. 如何进行风险分析?
9. 风险测试的优点和缺点是什么?
10. 性能测试的目的是什么?
11. 压力测试与性能测试的异同是什么?
12. 什么是可靠性测试?
13. 如何保证软件的可靠性?
14. 针对图 6-4 所示的多衰退状态软件行为模型,给出其可用性及吞吐量公式。

第7章　验收测试

系统测试完成之后,软件在正式交付给用户之前,还需要对其进行验收测试,以检验软件是否满足了合同中的条款,软件的功能、性能等指标是否满足用户的要求。

本章重点介绍:

验收测试基本概念;

验收测试流程;

验收测试技术;

用户测试。

7.1　验收测试基本概念

验收测试(Acceptance Testing)是在系统测试之后进行的测试,它以用户为主导,目的是验证软件系统是否满足了用户各方面的要求,包括功能性和非功能性方面需求。验收测试主要以开发合同为依据,并结合需求规格说明书和相关标准等对软件系统进行一系列检查,验证软件质量是否达标、是否符合工程设计要求。

验收测试通常以用户为主导,软件开发人员、测试人员、项目经理以及软件质量保证人员一起参与,检验软件的功能、性能、可靠性、安全性、可维护性以及易用性等是否与用户的要求相一致。

与系统测试不同,验收测试通常采用实际的业务数据,针对具体应用场景展开操作,检验软件是否满足用户真实场景下的使用。而系统测试采用的数据通常为人造的数据,不是真实的业务数据。系统测试以软件开发团队为主导,而验收测试以用户为主导。系统测试主要参考的是软件需求规格说明书,而验收测试的主要依据是软件开发合同。

在进行验收测试之前,软件的开发工作已经基本完成,所有发现的缺陷都得到了处理和解决。在验收之前,软件开发团队已经完成了需求规格说明书、设计文档以及关键代码的审查工作;软件系统是稳定的系统且符合技术文档和各类标准的规定,验收所需要的各类文档都已准备好。

验收测试的目的主要包括:

(1)检验软件系统是否与用户需求相一致,是否满足用户的使用要求、用户体验是否良好。

(2)依据合同逐条进行测试,确定软件是否符合双方达成的共识。

(3)检查移交的资料(程序源码、相关文档、可执行程序等)是否全面。

(4)以真实数据测试软件,检验软件系统是否满足用户的业务需求。

(5)检验软件是否满足功能、性能、可靠性以及可维护性等方面的要求。

(6)检验软件是否具备一定的容错能力,发生故障后软件是否具有恢复能力。

验收测试主要采用黑盒技术,需要制定测试计划和过程,准备测试数据与测试环境,设计测试用例,开发与准备测试工具,明确验收重点考察的方面(如界面是否美观、操作是否便捷、功能是否完整、响应是否及时)。如果测试结果令用户满意,则通过验收,可以将软件交付用户使用。如果测试结果不满足要求,则用户无法接受当前软件。验收测试给出问题,软件开发团队进行整改和完善。但如果在验收测试阶段发现了严重缺陷,开发团队往往难以在短时间内改正;此时,双方进行协商,寻求解决问题的方案。

7.2　验收测试流程

不同的软件类型、不同的企业和组织,所采用的验收测试流程不尽相同。这里给出一般的验收测试流程,如图 7-1 所示。

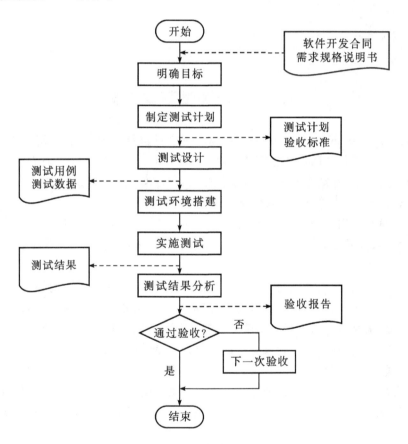

图 7-1　验收测试流程

步骤 1:明确目标

依据软件开发合同和需求规格说明书,了解软件应具备的功能、性能等方面的需求,了解软件运行的软硬件环境,了解软件应具备的质量要求和验收要求。

步骤 2:制定测试计划

根据软件开发合同、需求规格说明和验收要求,制定验收测试计划并确定需验证的测试项。制定项目验收准则,确定测试策略以及验收通过标准。验收测试计划的制定与评审应由开发人员与用户共同完成。

步骤 3：测试设计

确定验收测试方法及采用的测试技术，设计测试用例并准备测试数据，构建测试场景等；所设计的测试用例也需要经过评审。

步骤 4：测试环境搭建

搭建验收测试所需要的软件环境、硬件网络、网络环境、空间环境、电磁环境等；搭建的环境尽可能与用户真实的工作环境相一致。

步骤 5：测试实施

执行测试并记录测试结果。除了执行设计的测试用例，在实际测试过程中，可以进行探索性测试和随机测试，以检验软件系统是否稳定可靠。

步骤 6：测试结果分析

对测试结果进行分析，根据验收准则确定验收是否通过，并给出测试评价及验收测试报告。如果通过，则验收测试结束；如果未通过测试，则说明软件还存在一些问题，将缺陷报告反馈给开发团队，并组织下一次验收测试。

7.3　验收测试技术

用户如何使用交付的软件系统，对于开发者来说通常是未知的。对于面向大众的软件而言，开发者更难完全捕捉到所有用户的预期，也不可能请每个用户执行正式的验收测试。因此，实施验收测试时，通常采用正式验收和非正式验收两种形式，其中，非正式验收又包括 α 测试和 β 测试。

7.3.1　α 测试

α 测试是请用户到开发公司，让用户在开发环境下试用软件，或者是开发公司组织内部人员模拟各类用户对即将交付的软件进行试用。它是以开发人员或测试人员以及开发公司其他人员为主的测试。

如果采用请用户到开发公司进行软件测试的方式，通常开发人员坐在用户旁边，随时记录用户试用过程中出现的各种问题、用户的操作方式以及用户不满意的地方。这是在受控环境下进行的系统级别的测试。用户使用软件的行为可能会被摄像头、录屏工具、按键记录软件等工具记录下来，以便于开发人员分析用户的行为，从而改进软件的质量和用户体验。

α 测试的关键在于尽可能模拟待发布软件的真实运行环境以及用户对软件的使用情况，尽可能覆盖用户所有可能的操作方式。但 α 测试没有正式验收那么严格，主要是对软件功能进行检验，目的是发现影响用户使用的缺陷。α 测试主要用于发现用户交互及功能方面的问题，如图标位置不正确、拼写错误、语法不正确、信息显示不完整、功能与需求规格说明不一致、概念性错误、主题不协调等问题。

α 测试是在系统测试之后，尽可能模拟用户对软件系统的使用，从而发现软件存在的问题。在进行 α 测试之前，已经明确要测试的功能、特性以及验收标准；在进行 α 测试时，可以对测试过程进行监测和评价；与正式验收测试相比，α 测试可能会发现更多的缺陷。

但是 α 测试也存在一些缺点与不足。邀请的用户可能更关注软件有哪些新功能，而不是查找程序中的错误,从而无法发现缺陷,使得测试效果不佳。在执行测试时,使用的测试用例、测试过程以及测试资源等都可能无法控制。

7.3.2　β测试

经过α测试并修复 Bug 之后,软件的稳定性和可靠性得到了进一步提升,此时的软件产品称为β版本。对该版本的软件进行的测试称为β测试,它由最终用户在实际使用环境下进行测试。与α测试不同,开发人员通常不在β测试现场,开发人员无法控制用户的使用环境。

在β测试过程中,用户负责创建运行环境、选择数据、确定如何操作软件,记录下所碰到的各类问题,包括真实的软件缺陷和用户主观认为的问题,并定期将试用报告(包括使用体验、碰到的问题等)反馈给开发公司。软件开发团队对β测试报告进行综合分析,解决用户关注的重点问题,修复完成之后再交付软件给全体客户。由于β测试是正式交付软件产品前的关键环节,因此,它不仅检验软件的功能是否满足用户要求,还查看软件多方面的非功能性需求,如可靠性、安全性以及性能。β测试也考察软件的可支持性,如文档是否完善、在线帮助是否可用等。

β测试是由用户实施的测试,试用产品的用户将问题反馈给软件开发公司,开发人员针对这些问题进行修订和完善。通过用户的参与,可以了解到用户对软件的真实反映,从而提高用户对软件产品的满意度。现在互联网技术发达,出现了众测模式,软件开发公司可以以较低的代价邀请许多用户参与到β测试中,增加了发现问题的可能性。与α测试相比,由于有更多的用户参与到软件产品的试用中,可以发现更多其他测试技术难以发现的问题。

然而,β测试也不是万能的,它也存在一些不足。由于测试过程不受开发团队控制,难以对测试流程进行监测和评价。每个试用用户可能只触碰到了软件中很少的功能,且难以发现性能方面的问题。试用用户可能只是觉得好玩,而并不专注于发现软件中的缺陷。此外,试用用户即使发现了问题,并不一定会反馈给开发公司。

7.3.3　正式验收测试

当经过多次测试之后,软件已经具备非常高的稳定性和可靠性,可以和客户一起组织正式的验收测试。客户也可以委托第三方机构进行验收测试。

正式的验收测试通常由客户发起和组织,是一个管理严格的过程,测试计划、测试用例、测试过程都十分详细和严格。根据制定的验收测试计划,进行软件配置审核、功能性测试、性能及可靠性等非功能性测试、文档测试等。

在正式的验收测试之前,软件开发公司需要提供软件开发合同、需求分析文档、设计文档、用户手册、安装手册、帮助文档、程序源码、环境配置说明、可执行软件、测试报告以及培训文档等。客户提供测试数据、测试环境、测试用例、测试脚本甚至测试工具等。

正式验收测试的内容包括功能与特性测试、性能测试、安装与卸载测试、压力测试、配置测试、安全性测试、可靠性测试、异常情况(掉电、硬件故障、网络中断等)测试等。当所有关心的方面都通过测试之后,认为软件达到了用户的要求,则验收测试通过。

在正式验收测试之前,软件的功能和特性是已知的,验收标准也已经确定;测试过程受控且可以监测;可以使用自动化测试方式进行验收测试,也可以采用手工测试方式。正式验收测试以软件开发合同和软件需求规格说明书作为评价的依据。

正式验收测试也存在一些不足。它需要大量的测试准备工作,需要制定严格详细的计划,需要大量的资源,需要确定验收时间、测试地点、测试环境准备以及参与人员安排。有些公司可能将验收测试作为系统测试的一个重复,这样难以发现深层次问题。此外,即使软件通过了正式验收测试,但受限于用户的认知、能力及关注点,验收测试周期太短等,软件中依然可能存在一些严重缺陷。

7.4　用户测试

验收测试是以用户为主导的测试,如 β 测试和正式验收测试。但有一些问题需要考虑:选择哪些用户进行软件试用,选择多少个用户比较合适?

7.4.1　用户测试的内容

在进行验收测试时,用户除了关注功能是否满足要求外,通常关注软件的易用性,即 UI 设计是否美观、操作是否便捷等。现代的软件在开发过程中,已经十分注意 UI 方面的问题,也充分考虑人的因素,并从过去的项目中积累了大量的经验。然而,由于人的因素方面,存在大量的主观性,下面给出一些用户测试关注的内容。

(1)软件中的每个用户交互设计是否考虑了用户的认知、背景以及工作环境?如果不考虑目标用户的特征,所开发的软件会由于用户不理解而失败。

(2)程序的每个输出是否都有明确意义,错误诊断信息是否清晰易懂?程序的输出如果含糊不清甚至带有侮辱性词语,或者给出的错误诊断信息是一些用户难以理解的内容,这些会给用户带来很大困扰,降低用户体验。

(3)UI 设计是否符合行业标准和用户操作习惯?软件的 UI 设计概念是否一致,风格是否统一?如果程序的 UI 不符合用户操作系统,设计的风格混乱,用户会放弃使用软件。

(4)软件是否提供了太多的配置选项,或者提供了一些不会被用户使用的选项?如果软件给用户提供了太多的配置选项,用户会觉得繁琐而放弃使用软件。现代的软件设计都是将最常用的少量菜单项提供给用户,且软件的菜单项会随用户的不同、用户使用习惯的不同而动态变化,从而使用户觉得软件具有一定的智能化和人性化。

(5)对于用户的输入,软件系统能否及时给出响应?即使需要大量的计算时间,在界面上是否给用户足够的提示,表示软件还在工作着而非没有响应?现在有些软件设计不够合理,当打开一个大文件或等待网络传输一个大的视频文件时,用户需要长时间等待;但软件并未给出合适的提示信息,且不再响应用户,让用户以为软件已经停止工作。

(6)软件的设计是否有助于用户准确输入,是否存在输入框太小、用户难以操作的情况?有些软件在设计的时候,未考虑用户计算机屏幕的大小;尤其是一个手机 App,用户很难选中要输入的编辑框,用户体验非常糟糕。

(7)实现的软件是否与需求规格说明书一致,要求的功能是否都已正确实现?有些软件声称实现了需求文档中的所有功能,但实际上只完成部分功能。此外,不仅需要检验软件是否实现了其该具备的功能,还有查看软件是否实现了不该拥有的功能。即考虑软件是否漏掉了某些功能或画蛇添足。为了规避可能的纠纷,有些公司在发布软件时,其用户手册写的非常简短,很多功能都不包含在内。

(8)在多个菜单和功能之间频繁切换时,软件是否能够正常响应?如果软件处理得不够合理,当用户在多个功能和菜单之间频繁切换时,可能会发生一些意料之外的事情。

(9)软件的操作是否便捷、是否易于上手?软件的操作流程是否进行了优化,用户在使用软件过程中是否可以很快上手,而不需要过多的学习时间。

(10)当用户在操作过程中需要帮助时,软件是否及时提供指导信息?用户在使用软件过程中,可能会碰到一些问题,此时,如果软件能够及时提供提示信息,则大大提升用户的体验。

(11)软件系统是否对输入进行了有效性验证,是否允许不合法输入?对于某些软件系统来说,需要对用户的输入进行合法性验证,如 ATM 系统中输入用户密码,从而验证用户是否为合法用户。

7.4.2　测试用户的选择

要实施验收测试,通常需要同一组用户进行多个测试,或者不同组用户进行多个测试。由于用户对于软件操作的熟悉程度是一个递进过程。用户最开始接触一个新软件系统时,需要花费时间来学习和熟悉它;随着用户不断试用软件,他对软件系统越来越熟悉。如果软件的设计符合行业用户使用习惯,用户可以很快熟练使用该软件。例如,用户已经熟练掌握某个软件的 1.0 版本,那么他可能很快熟悉该软件的 2.0 版本。

通常,软件开发人员会根据目标客户的行业背景和专业领域知识,设计符合约定俗成的规范,如术语、颜色、菜单设计、操作习惯。有时,开发人员为了增加用户体验,可能会有意打破常规,设计的软件与行业标准相差较远。这样,对于用户来说,他需要更多的时间来熟悉软件。如果学习某个软件需要耗费大量时间,即用户需要很长时间来学习该软件,那么,用户可能会放弃使用该软件。如果软件不能被多数试用用户所接受,可能整个软件的 UI 需要全面设计甚至软件实现逻辑需要重新设计,这会导致研发费用增加甚至项目失败。

针对特定行业或者特定群体所开发的软件系统,通常选择该领域具有丰富经验的专家进行验收测试。而对于面向大众的软件(如社交 App、字处理软件、媒体播放器),随机选择测试用户;或者已知道目标用户的类别,分别从各个类别中选择若干个用户作为代表进行验收测试。

7.4.3　测试用户的数量

在选择测试用户代表的时候,自然而然出现的一个问题:选择多少个测试用户是合理的?对于这个问题,如果不进行一定研究,可能会造成选择过多的用户,从而增加不必要的成本开销。目标是选择尽可能少的测试用户,以尽可能少的时间发现尽可能多的问题。

对于测试用户的数量问题,凭直觉得出的答案:选择的人数越多越好,这样能够发现更多的缺陷。然而,随着测试人数的增加,测试成本越来越大。当然,也可以采用投资回报比作为选择测试用户的依据,即如果继续增加人数,新发现的缺陷过少时,不再继续增加测试用户。这看起来是一个比较合理的方法,但实际上会存在一些问题。比如,选择的用户具有相似的背景,他们对软件操作习惯差不多,因此,他们所发现的缺陷也差不多。

一些人对该问题进行了研究,得到了一些有参考价值的结果。Nielsen 的研究结果表明,要进行易用性测试,并不需要太多的测试用户。他认为,测试中发现的易用性问题的数量可以用式(7-1)计算得到。

$$E = (1 - (1 - L)^n) \times 100\% \tag{7-1}$$

其中:E 为错误发现率;L 表示每个测试人员发现易用性问题占被测软件全部易用性问题的比率;n 表示测试用户的数量。

当选择 L 分别等于 10%、20%、30%、40% 及 50% 时,错误发现率与测试用户的数量之间的关系如图 7-2 所示。

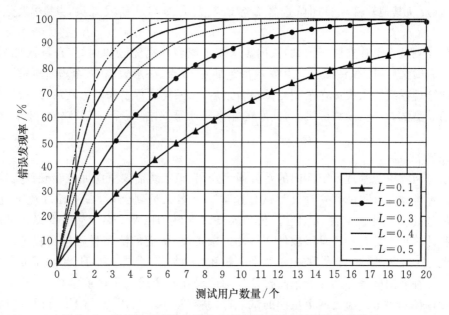

图 7-2　易用性方面的错误发现率与测试用户数量之间的关系

从图 7-2 可以看出,我们无法发现所有的易用性问题(其他问题也无法完全找到),这和直观上是一致的;而且,从图中也可以看出,随着测试用户数量的增加,错误发现率趋近于100%,但却一直没有达到。只需要有限的测试用户数,就可以发现大多数的问题。例如,当 $L=30\%$ 时,只需要 5 个测试用户就可以发现 83% 的问题。即使每个测试用户发现易用性问题的概率很低,如 $L=10\%$,也仅需要 16 个测试用户就可以发现 81% 的问题。如果 $L=50\%$,则只需要 3 个测试用户就可以找到 87.5% 的问题。

虽然 Nielsen 的研究给出了一个令人振奋的结果。但在实际中,并不一定完全遵循该建议,可仅仅将其作为参考。这是因为需要考虑被测软件的特征,若测试的是安全攸关的关键系统(医疗软件、航空航天软件、银行系统等),它们对安全性和可靠性有特殊要求,因此需要更加详尽的用户测试。另外,Nielsen 的研究假定每个测试用户的能力和水平相当,发现问题的可能性相同;但实际上,每个人的背景、态度等是不同的,他们发现问题的能力也并不相同,因此需要更多的测试人员。此外,对于复杂的软件系统,要发现深层次的软件缺陷,往往需要更多的测试人员。

7.5　应用案例

【例 7.1】　针对第 6 章 6.9 节例 6.4 给出的可回收资源管理系统进行验收测试。

在软件开发结束并完成系统测试之后、正式交付给客户之前,进行了三次 α 测试、两次 β

测试和一次正式的验收测试。

（1）α测试。

在对可回收资源管理系统执行系统测试之后，测试团队协助测试经理展开 α 测试。从可回收资源管理系统项目团队中，选择 2 名开发人员、2 名测试人员、1 名需求分析人员、1 名设计人员，以及从其他软件项目团队选择 2 名研发人员、2 名非研发人员，共 10 人分别进行 α测试。

每位 α 测试人员独立展开测试，依据需求规范或者根据经验和偏好，自行设计测试用例。第一轮 α 测试之后，10 位测试人员共发现严重缺陷 10 个、一般缺陷 26 个、轻微缺陷 48 个。可回收资源管理系统团队成员在拿到测试报告之后，对系统进行了修复。此后，进行了第二轮和第三轮的 α 测试。三轮 α 测试之后，共发现并修复严重缺陷 18 个、一般缺陷 42 个、轻微缺陷63 个。

（2）β测试。

由于可回收资源管理系统面向的是普通大众，且该系统需要资源回收箱硬件支持。因此，采用了两种类型的 β 测试。一种 β 测试是邀请了 9 名人员到公司，在受控环境下进行测试。受邀人员包括：3 名小区居民、2 名客户公司人员、2 名教师以及 2 名学生。受邀人员使用的测试手机和计算机上都安装了录屏软件和事件记录工具，他们的测试过程被全程记录下来。这9 名受邀人员共发现了 1 个严重缺陷、8 个一般和轻微缺陷；此外，他们还给出了 6 条有价值的建议。另一种 β 测试是将几台资源回收箱分别部署在几个居民小区或学校，由相关人员在小区内进行宣传和讲解。经过两个星期的试运行，共有近 100 名用户试用了可回收资源管理系统。这些用户共发现了 17 个一般和轻微缺陷，给出了 10 条有价值的建议。这些缺陷和建议主要是关于系统易用性方面的问题。

此后，又进行了第二轮的 β 测试。两轮 β 测试过后，可回收资源管理系统中的严重缺陷被修复，发现的一般和轻微缺陷也越来越少。

在进行 β 测试时，发现了一个原先未考虑到的问题：用户投递的物品很多是快递包装纸盒，这类物品体积较大，少量几个纸盒就将回收箱装满了。针对这个问题，研发团队和客户一起商量解决方案：综合考虑成本问题，和物业合作，在小区内建造回收站；给用户提供资源回收袋，通过扫描将回收袋和用户绑定起来；用户将物品装入回收袋之后，送到回收站即可。这样的解决方案，虽然降低了成本，但对需求也带来了较大的变更。经过协商，研发团队将该新增功能作为二期项目进行开发，一期产品的系统功能还按照原先的合同执行。在一期产品试运行期间，可以进行二期的开发，这样能够提高效率并占领市场。

（3）正式验收。

在经过 β 测试并修复缺陷之后，客户组织人员进行正式的项目验收工作。在正式验收之前，可回收资源管理系统的研发团队，准备好合同、需求规范、概要设计文档、详细设计文档、程序源码、可执行软件、资源回收箱硬件、测试报告以及用户使用手册、各类型用户试用账户等。客户组织好验收人员，包括：市场人员、管理人员、维护人员、软件专家以及硬件专家等；并准备好一些使用场景、测试用例以及测试数据等。此外，在验收之前，客户要求项目研发团队在客户公司将系统部署起来，并按照要求，提前将测试数据以及试用账户配置好。

在正式验收当天，验收人员针对合同条款，一项一项依次展开测试，并记录测试结果。此外，验收人员还随机对系统进行操作和测试，记录下试用情况。在测试可回收资源管理系统的过程中,验收人员可以使用预先设计好的测试用例,也可以采用探索性测试,以检验系统是否满足功能性需求、易用性需求(如 UI 是否美观、操作是否便捷)等。

经过测试,并结合研发团队提供的材料,客户认为 1.0 版本的可回收资源管理系统满足预期要求,通过验收。表 7-1 是可回收资源管理系统的验收报告(部分内容)。

表 7-1 系统验收报告示例

1. 项目信息	
项目名称	可回收资源管理系统
项目编号	××FW-1003
甲方	×××公司
乙方	×××科技公司
合同类型	技术开发合同
合同签订日期	××年××月××日
项目开始时间	××年××月××日
项目验收时间	××年××月××日

2. 项目概述
可回收资源管理系统是一套综合资源回收箱、用户 App、司机 App 以及后台管理为一体的系统,主要涉及:用户、司机、积分录入员、系统管理员等参与者。可回收资源管理系统分为硬件子系统和软件子系统……

3. 验收测试环境	
硬件	3 台服务器、5 台 PC 机、6 部 Android 手机、3 部 iPhone、3 套资源回收箱
软件	服务器上运行 Linux、Tomcat、MySQL;PC 机运行 Windows 10、Edge 或 Chrome;手机:Android 8 以上,iOS 11 以上
人员	客户经理、客户代表、客户专家、市场人员、项目经理、开发人员、测试人员、记录人员、第三方代表
文档	技术开发合同、需求规范、设计文档、测试文档、用户手册
数据	各类用户的试用账号、积分商城商品信息、资源回收箱信息等

4. 验收情况			
序号	验收内容	验收结果	存在问题
1	用户投递物品功能	通过	无
2	积分录入功能	通过	无
3	大件物品上门回收申请	通过	无
…	…	…	…

5. 验收结论			
项目 1.0 版满足合同约定的功能与非功能性需求,通过验收。 　　由于在 β 测试过程中,用户反馈了一些改进意见,建议甲乙双方就 2.0 版本的项目开发展开进一步的合作。			
验收人(签名)			

7.6　讨　论

与系统测试不同,验收测试以用户为主导,采用真实的业务数据,在实际运行环境(或接近实际环境)中进行系统级别的测试。验收测试在系统测试之后进行,针对的被测软件通常已经比较稳定可靠。

在正式验收测试之前,开发团队通常进行 α 测试和 β 测试。α 测试是由开发团队主导的测试,他们自己模拟用户操作或邀请一些用户来软件开发公司,在受控环境下进行测试。测试过程中,收集用户如何操作软件、用户发现的问题、用户对软件的建议等。β 测试则是将软件分发给相关用户,用户在自己环境下进行测试,更接近于真实场景。但 β 测试不受开发团队控制,无法监测用户是如何进行测试的,β 测试人员也可能不反馈其发现的问题。

正式验收测试由用户主导,在验收前制定好详细的测试计划,确定测试地点、参与人员,准备好测试数据,设计好测试用例。验收依据软件开发合同和软件需求规格说明书来展开,不仅检验功能要求,还确认软件是否满足性能、安全性等非功能性需求。

在进行验收测试时,需要确定如何选择测试用户,以及选择多少个测试用户。相关研究表明,所需要的测试用户数量并没有想象得那么多。综合考虑成本、投资收益比等,不需要投入过多的测试用户。但在选择测试用户上,要认真对待,可以采用等价类分析将目标用户进行分类,然后从每类中选择代表执行验收测试。

本章小结

本章首先介绍了验收测试基本概念和验收测试流程,接着讨论了 α 测试、β 测试以及正式验收测试技术。最后,重点介绍了用户测试,包括用户测试的内容、测试用户的选择以及测试用户的数量。

习题

1. 简述验收测试的定义。
2. 简述验收测试的基本流程。
3. 请比较 α 测试和 β 测试。
4. 请比较正式验收测试与非正式验收测试。
5. 用户测试通常考虑哪些内容?
6. 如何选择测试用户?
7. 进行验收测试时,选择的测试用户是否越多越好?
8. 请比较系统测试与验收测试。

第二部分 进阶篇

第8章 面向对象软件测试

面向对象方法是一种软件开发方法，它从现实世界中客观存在的事物（对象）出发，采用人类的自然思维方式，运用对象、类、继承、封装、聚合、关联、多态性和消息通信等基本概念来构造系统。由于不同于传统的面向过程的软件开发方法，面向对象方法给软件测试带来了一些新的挑战。

本章重点讨论以下内容：

面向对象软件测试问题；

面向对象软件测试模型；

面向对象软件的单元测试；

面向对象软件的集成测试。

8.1 面向对象软件测试基础

由于更接近于人类的思维方式，近年来面向对象方法得到了广泛应用。采用面向对象技术来开发软件项目，包括面向对象的分析（Object-Oriented Analysis，OOA）、面向对象的设计（Object-Oriented Design，OOD）以及面向对象的编程（Object-Oriented Programming，OOP）等。在进行软件测试时，需要综合考虑这些方面。

8.1.1 面向对象基本概念

面向对象方法涉及一些基本概念。

（1）类与对象。类是一组对象的抽象，它将该组对象所具有的共同特征抽象出来，并由该类对象所共享。对象是类的一个具体化实例，只需定义一个类，就可以在软件执行过程中得到若干个对象；尽管同一个类的所有对象具有相同的性质，但它们可以有不同的内部状态。每一个实例对象的内部状态只能由其自身来修改，其他对象则无法改变它，在系统代码结构上形成一个具有特定功能的模块和一种代码的重用与共享机制。

（2）消息与方法。对象和消息传递是表现事物及它们之间相互联系的基础。方法是对象内在的一种行为能力，消息机制则在保证对象的独立性与完整性的同时，可以实现对象之间解耦与交互。对象之间的联系通过传递消息来实现，发送消息的对象称为发送者，接收消息的对象称为接收者。对于所传递的消息，接收者可以返回相应的应答信息，也可以不返回应答，这和传统的子程序调用/返回有着明显的不同。

（3）封装性与可见性。作为面向对象方法的一个重要原则，封装把对象的全部属性和操作集成在一起,形成不可分割的整体;将对象的内部实现细节尽可能地隐蔽起来,只通过有限的接口与外部发生联系。可见性是指一个对象的属性和操作允许被外部对象访问的程度。可见性与封装性在一定程度上是互斥的,增加可见性会降低封装性带来的好处,在实践中需要认真考虑二者的关系。

(4)继承性。类的抽象可以形成一种层次结构,其重要特点就是继承性。继承性是一种自动共享类、子类和对象中的方法和数据的机制,子类可以直接继承其父类的所有的公共属性与方法描述。类的继承还具有传递性与扩展性,通过继承可以实现代码的重用,减少代码冗余。

(5)多态性。多态性是指同一操作应用到不同实例对象将产生不同的执行结果。多态性分静态多态性和动态多态性两种。静态多态性是指同一个类可以包含多个同名方法,根据参数表(类型以及个数)来区别语义。动态多态性是指定义在一个类层次中的不同类中的具有相同名称的重载方法,即父类和子类具有同名方法,但它们对应的操作不同,在程序运行时,根据调用该方法的对象自动进行调整。

(6)关联关系。关联关系是指类与类之间的链接,一个类通过关联可以知道其他类所具有的属性和方法。组合与聚合是两种特殊的关联关系。组合表示整体与个体的关系,通过对现有对象进行拼装产生新的、更复杂的功能。聚合是一种松散的对象关联,对象之间具有相对的独立性。与聚合关系相比,组合关系中类之间的关联关系更强。当使用组合关系时,对象会实例化它所包含的其他对象;而使用聚合关系时,对象不仅不会实例化它所包含的其他对象,而且被聚合的对象还可以被别的对象关联。

8.1.2 面向对象软件测试的相关问题

面向对象软件测试的目的是以尽可能少的测试工作量发现尽可能多的软件缺陷,这与传统的软件测试目标是一致的。但与传统软件测试相比,面向对象软件测试面临一些新问题和挑战。

1. 测试的单元

传统软件测试通常将函数、过程、单个功能等作为单元,通过一组输入数据作用于被测单元,比较实际输出和预期输出是否一致来判断程序是否有错。但对于面向对象程序设计而言,却不太容易决定测试的单元。传统的软件单元定义:单元是最小的可以编译和执行的软件组件,或单元是不会分配给多个设计人员共同开发的组件。如果分析这两种定义,会发现它们之间存在矛盾。一个类可能很庞大,需要多个人共同协作完成;但如果每个人只设计了类的一部分,这部分通常难以直接编译和执行。

关于面向对象软件测试的单元,不同的组织有不同的认识。有些组织将类作为单元,而有些组织将类中的每个方法看作单元。如果将类中的方法作为单元,则面向对象的单元测试就与传统的单元测试相一致,前面所述的黑盒测试技术和白盒测试技术可以直接使用。当然,在测试过程中,依然需要开发测试驱动器(类驱动器)和桩(类桩和方法桩)。此外,由于同一个类中的多个方法往往具有很强的耦合关系,它们之间的关联测试则被转移到了集成测试。如果将类作为单元,则存在很多优点。面向对象方法的一个特点是高内聚、低耦合,即类内方法之间具有很强的依赖关系,但类与类之间则耦合性很低。以类作为单元,可以使面向对象集成测试的目标更为清晰,对类的测试也可以根据其状态转换设计测试用例。

2. 合成与封装带来的影响

面向对象软件以复用为目标,设计良好的类可以在不同的软件项目中被多次重复使用。类将其属性和操作集合在一起,作为复用的基础。多个对象通过组合与聚合等关联关系形成一个新的、功能更为复杂的软件。传统的软件设计以分解为基础,将复杂问题分解为多个相对简单的子问题,然后各个击破,从而实现系统功能。而面向对象的核心设计思想是合成,利用设计良好的类完成部分功能,再将不同的类通过消息关联起来,从而形成所需的软件系统。但是,如果类的设计不够完善,会影响到合成过程,从而也影响到测试工作。

3. 继承带来的影响

在面向对象方法中,继承是实现复用的一种有效手段。但是,类之间的继承关系给测试带来较大的困扰。如果以类作为测试单元,由于继承了父类的属性与方法,子类无法独立编译,也就无法对其进行单元测试。一种解决办法是对子类进行扁平化处理,即将子类进行扩充,使其包含全部继承属性和方法,从而变成一个扁平类。但这种处理存在问题:扁平类并不是最终软件系统的一部分,对它的测试可能不够充分且不正确。另外一种解决办法是给类增加一些专门用于测试的方法。这种处理也存在问题:增加的用于测试的方法不是最终系统的一部分,且这些方法自身可能存在问题。

图 8 - 1 描述了某个系统中部分类的继承关系。Person 是父类,包含三个属性和两个方法。Teacher 和 Student 是两个子类,分别表示教师和学生。由于存在继承关系,子类需要访问父类的属性 description,无法单独测试这两个子类。因此,对两个子类进行扁平化处理。扁平化之后的 Teacher 类和 Student 类如图 8 - 2 所示。可以看到,两个子类 Teacher 和 Student 都包含了父类 Person 的属性和方法。现在,可以对扁平化之后的 Teacher 子类和 Student 子类进行单独测试。

但是扁平化处理会带来一些问题:由于 getDescription 方法和 setDescription 方法来自于父类 Person,在两个扁平化之后的子类中都出现了,是否需要分别测试它们? 如果测试,则增加了工作量,即 getDescription 方法和 setDescription 方法分别在 Teacher 子类和 Student 子类中被测试两次。如果不在子类中测试 getDescription 方法和 setDescription(即只在父类 Person 中测试这两个方法),则对子类 Teacher 和 Student 的测试可能不够充分。此外,如果父类是一个抽象类,则它不能够被实例化,因此,无法测试父类中的方法。而且扁平化类并不是最终软件系统的一部分,测试完成之后还需要恢复到原先的类关系。除扁平化处理外,还有一种解决办法:给类增加一些专门用于测试的方法。也就是说,为了增加程序的可测试性,对原程序进行了修改。但这种处理也存在问题:增加的用于测试的方法不是最终系统的一部分,需要恢复到原程序;此外,这些增加的方法自身可能存在问题。这和传统软件测试中,是对原始程序进行测试,还是针对修改后的程序进行测试,所面临的问题是相似的。

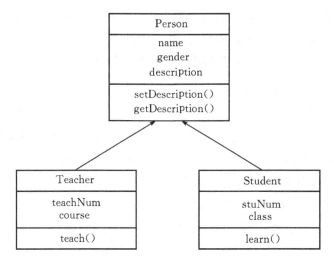

图 8-1　类继承关系示例

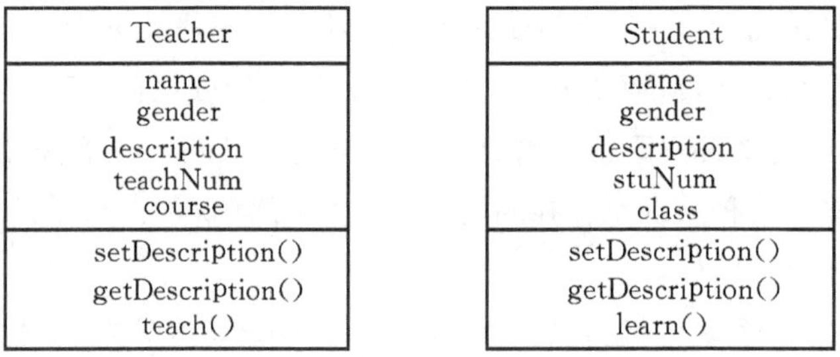

图 8-2　扁平化之后的 Teacher 类和 Student 类

4.多态性带来的问题

多态性分为静态多态性和动态多态性,其本质是同一个方法对不同对象的处理不同。对于静态多态性,如果以类为测试单元,则与多态有关的问题可以被类测试所覆盖。但是,如果一个类中存在很多个相同方法,则需要在多态带来的冗余性和测试工作量之间进行权衡。对于动态多态性,测试则涉及到父类和子类的继承关系,同样的方法根据调用它的对象不同而执行不同操作,可以使用扁平化处理或者在集成测试中进行考虑。

5.测试的层次

传统的软件测试可以很容易地分为单元测试、集成测试以及系统测试。而对于面向对象方法来说,由于对测试单元认识的不同,所划分的测试层次也不尽相同。如果将类中的方法作为单元,则面向对象的测试可以分为方法级、类级、集成级以及系统级;如果以类为单元,则测试层次可以分为类级、集成级以及系统级。类级可以称为类内测试/集成,集成级可以称为类间测试/集成。类内集成和类间集成是面向对象测试的重点,关注的是方法之间以及类之间的交互。面向对象的系统测试与传统的系统测试基本相同,但其测试用例的来源可能不同。

8.2　面向对象软件测试模型

面向对象方法不同于面向过程方法(功能细化、分而治之的思想),它将软件开发分为三个阶段:面向对象分析(OOA)、面向对象设计(OOD)和面向对象编程(OOP)。为遵循尽早不间断测试,每个阶段都会执行测试,此外还会进行单元测试、集成测试以及系统测试。图 8-3 是面向对象软件的测试模型。

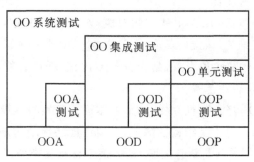

图 8-3　面向对象软件测试模型

1. 面向对象分析的测试

面向对象分析阶段产生整个问题空间的抽象描述,将问题空间中的实例抽象为对象,用属性和方法表示实例的特性和行为,用对象的结构描述问题空间中的实例之间的关系。面向对象分析阶段存在的主要问题是完整性问题和冗余性问题,即对问题空间分析不够充分完整会导致后期产生大量的修补工作,冗余的对象或结构会增加后期不必要的工作量。因此,OOA 的测试主要包括如下方面:

(1)对象测试:在 OOA 中,对象是各类实例的抽象,测试时需要考虑认定的对象是否全面,对象是否具有多个属性,认定为同一个对象的多个实例是否存在区别于其他实例的共同属性、提供或需要相同的服务,对象的名称是否准确合适。

(2)结构测试:认定的结构是指多种对象的组织方式,分为分类结构和组装结构,反映了问题空间中实例之间的关系。对于分类结构的测试,主要考虑继承和派生关系是否正确:同一层次的多个对象能否抽象出有意义的更一般的上层对象,认定的对象能否抽象出有意义的上层对象,上层对象的特性是否完全体现了其派生对象的共性,下层对象是否具有上层对象所没有的特殊特性。对于组装结构的测试,主要考虑整体对象与部件对象之间的关系是否正确,具体包括:整体和部件之间的组装关系能否反映现实关系,整体和部件是否在问题空间中有具体应用,部件能否组装成整体。

(3)主题测试:为了提供 OOA 结果的可见性,在对象和结构的基础上进行更高层次的抽象,形成主题。对于主题的测试,主要考虑主题的数量是否过多或过少,每个主题所反映的一组对象及结构是否具有相同或相近的属性与服务,认定的主题是否合适、是否为对象和结构的更高层次的抽象,主题间的消息联系是否准确、是否反映了主题所包含的对象及结构间的所有关联。

(4)属性及实例关联测试:属性描述的是实例的特性,实例关联反映的是实例间的关系。对它们的测试,主要考虑定义的属性是否准确以及完整,实例关联是否准确及完整,属性是否重复等,尤其注意实例间的一对多、多对一以及多对多关系。

(5)服务与消息关联测试:服务是实例的行为,消息是实例间的通信。对于服务和消息关联的测试,主要考虑定义的服务是否准确及完整,对象及结构的每种状态是否有对应的服务,消息关联是否准确及完整,是否存在重复定义服务等。

2.面向对象设计的测试

面向对象设计是在 OOA 的基础上,对各个对象进行归纳,抽取出类并构建类结构。OOD 的测试主要关注下面几个方面:

(1)类测试:认定的类包括 OOA 中认定的对象、对象所需服务的抽象以及对象所具有属性的抽象。为便于重用和维护,认定的类应尽量基础化,主要考虑认定的类是否包含了 OOA 中所有对象,是否涵盖所有属性和服务,是否具备高内聚、低耦合特点,是否遵循单一职责原则,属性名称和方法名称是否规范等。

(2)类结构测试:OOD 构建的类层次结构是否体现了父类的一般性和子类的特殊性,是否充分发挥了继承性的作用。对于类结构的测试,主要考虑层次结构是否包含了所有认定的类,是否体现了 OOA 中的实例关联与消息关联,子类是否具有父类所没有的特性,父类是否体现了其所有子类的所有共同特性,类的层次结构是否合理,一组子类中含义(基本)相同的操作是否具有相同的接口。

3.面向对象编程的测试

软件系统功能分布在不同的类中,通过消息实现多个类之间的协同从而实现所要求的功能。面向对象编程的测试主要关注类功能的实现,主要考虑实现的类是否满足了数据封装的要求,属性是否可以被外界直接访问,类是否实现了所需要的功能,单个方法是否正确,类内多个方法的交互是否正确,是否存在无用代码等。

8.3　面向对象软件的单元测试

根据前面讨论,面向对象软件测试的单元可以是类,也可以是类中的方法,两种方式都有一定的道理。但不管采取哪种方式,站在整个软件项目的测试角度看,面向对象软件的单元测试都会包含类内方法测试、类内集成测试、类间集成测试以及系统测试。

8.3.1　以方法为单元

如果以方法作为测试单元,则面向对象软件的单元测试基本等同于传统的面向过程软件的单元测试,前面介绍的功能性测试和结构性测试技术都可以直接使用。类中的方法通常较为简单,圈复杂度不高,测试的难度相对较低。传统的单元测试,需要桩和驱动器才能顺利完成。在面向对象软件中,为了测试类中某个方法,也需要类似的桩和驱动器,只是这里的桩和驱动器也是由类实例化对象得到。

【例 8.1】 一个简化的超市管理程序的面向对象实现,其类关系如图 8-4 所示。为了测试 Product 类中的 printProductInfo 方法,需要开发 Product 类中 getSumMoney 方法的桩,以及一个驱动器类来调用 Product 类的 printProductInfo 方法,如图 8-5 所示。

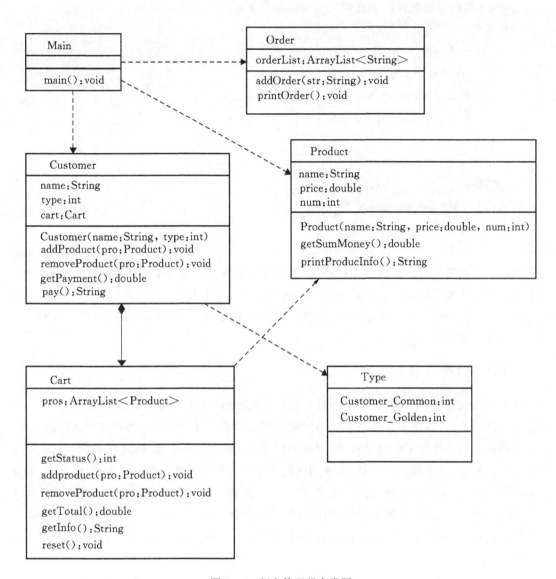

图 8-4　超市管理程序类图

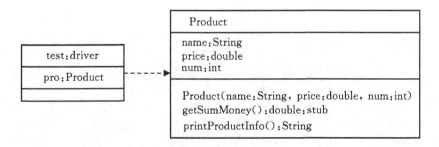

图 8-5　Order 类的驱动器类和桩类

Product 类的方法桩和驱动器类的示意代码如下：

驱动器类：

```
class test {
    public static void main(String[] args) {
        Product pro = new Product("小米",12.2, 4);
        pro.printProductInfo();
    }
}
```

（方法）桩：

```
public double getSumMoney( ){
    return 12.2 * 4;
}
```

虽然类中的每个方法的圈复杂度较低,但其接口的复杂度却通常较高;某些方法可能会与类中其他方法以及其他类中的方法进行消息传递。例 8.1 中 Customer 类中的 pay 方法,发送消息给 Customer 类中的 getPayment 方法、Cart 类中的 getInfo 方法和 reset 方法。这在一定程度上增加了集成测试的难度。

8.3.2　以类为单元

以类为测试单元,不仅要测试类中每个方法,还要测试方法之间的交互(即类内集成)。对于类中方法的测试,采用传统的功能性和结构性测试技术即可。而对于类内方法之间的交互,则可以借鉴前面讲述的集成测试技术,如基于调用关系的测试和基于 MM 路径的测试。在对类进行测试时,需要考虑继承关系,可采用前面所述的扁平化处理来解决这个问题。由于抽象类不能被实例化,无法采用动态测试技术,但可以采用静态测试技术,或将抽象类变为具体类(屏蔽抽象部分或设计一个最小可实例化子类)进行测试。

以类为单元,同样需要设计驱动器类和桩类;测试用例的设计可以参考类图、状态图以及活动图。

【例 8.2】　在例 8.1 所示的超市管理程序中,以购物车 Cart 类为单元进行测试,图 8-6 是 Cart 类的状态图。

图 8-6　Cart 类的状态图

对于 Cart 类中的每个方法,采用 8.3.1 节介绍的方法即可完成测试。对于类中各方法之

间的交互,可以基于状态图设计测试用例。一些较为常用的测试覆盖指标包括:

C_1:每个事件;

C_2:每个状态;

C_3:每个状态转移;

C_4:与用例有关的场景;

C_5:常见的状态转移路径;

C_6:状态图中所有路径。

对应例 8.2 中的 Cart 类,以 C_2 为测试覆盖指标,设计的测试用例如表 8-1 所示。

表 8-1 Cart 类的测试用例

编号	输入	预期输出
	ArrayList<Product>	getStatus
1	null	0
2	("小米",12.2,4) ("黄瓜",1.2,6)	1

由于以类为单元进行测试,则对类的任何修改,都会造成与之相关的所有测试须重新运行。例如:例 8.2 中,对 Cart 类进行了修改,与之有关的其他类(Customer)都需要重新测试,增加了很多测试工作。

8.4 面向对象软件的集成测试

在完成单元测试之后,下一步需要进行集成测试。如果以方法为单元,则需要进行类内集成和类间集成;如果以类为单元,则只需要进行类间集成。类内集成已经在 8.3.2 节进行了介绍,这里只讨论类间集成。

集成测试假定单元级别的测试已经完成,当以类为单元时,在进行集成测试之前,需要执行如下操作:

(1)如果在类中增加了测试方法,则需要删除它们;

(2)如果对类进行了扁平化处理,则需要恢复类的层次结构。

对于采用面向对象技术开发的程序,发生调用的功能分散在不同的类中,类之间通过消息发生关联关系。类的行为与状态有密切关系,状态不仅仅体现为类的属性值,还可能包含其他类的状态信息。集成测试可以先进行静态测试,再进行动态测试。静态测试主要检验程序的结构是否满足设计要求;可以采用一些工具将源代码转换成类图及调用关系,并与 OOD 的结果进行对比,检查 OOP 是否和 OOD 相一致。动态测试则依据通信图、顺序图等设计出测试用例,运行软件判断设计输出是否和预期结果一致。

例 8.1 所述的简单超市管理程序代码如下。

1. Main 类

职责:主类,创建 Product 类、Customer 类以及 Order 类的对象,展现顾客购买商品的过程。Main 类的内容,可以根据业务变化而修改。站在测试角度,Main 类实现的功能也相当于测试驱动器。下面是 Main 类的一种实现情况。

```
public class Main {
    public static void main(String[] args) {
        Customer cus = new Customer("小明", Type.Customer_Common);      msg1
        Product pro1 = new Product("黄瓜", 1.2, 6);                     msg2
        Product pro2 = new Product("香蕉", 2.2, 14);                    msg3
        cus.addProduct(pro1);                                          msg4
        cus.addProduct(pro2);                                          msg5
        cus.removeProduct(pro1);                                       msg6
        Order od = new Order();
        String str = cus.pay();                                        msg7
        od.addOrder(str);                                              msg8
        od.printOrder();                                               msg9
    }
}
```

2. Order 类

职责:定单类,主要实现了两个方法,增加订单信息 addOrder 和输出订单信息 printOrder。

```
public class Order {
    ArrayList<String> orderList = new ArrayList<String>();
    public void addOrder(String str) {
        orderList.add(str);
    }
    public void printOrder() {
        System.out.print(orderList);
    }
}
```

3. Customer 类

职责:顾客类,属性包括顾客姓名、顾客类型以及一个购物车类 Cart 的对象,实现的方法包括增加商品 addProduct、删减商品 removeProduct、计算商品的会员价 getPayment 以及付款 pay。

```
public class Customer {
    private String name;
    private int type;
    private Cart cart;
```

```
    public Customer(String name, int type) {
        this.name = name;
        this.type = type;
        cart = new Cart();
    }
    public void addProduct(Product pro) {
        cart.addProduct(pro);                                              msg10
    }
    public void removeProduct(Product pro) {
        cart.removeProduct(pro);                                          msg11
    }
    public double getPayment() {
        if(type == Type.Customer_Common)                                 msg12
            return cart.getTotal() * 0.99;                                msg13
        else
            return cart.getTotal() * 0.96;                                msg14
    }
    public String pay() {
        String str="姓名:"+name+"类型:"+type+"总额:"+getPayment()        msg15
+ "详情:\n" + cart.getInfo() + "\n";                                       msg16
        cart.reset(); // 清空购物车                                        msg17
        return str;
    }
}
```

4. Cart 类

职责:购物车类,只与 Customer 类相关联,为 Customer 增加或删减商品等操作提供具体的实现接口,属性为 Product 类型的集合,实现方法包括增加商品 addProduct、删减商品 removeProduct、计算总支付金额 getTotal、输出购物车详情 getInfo 以及清空回收站 reset。

```
class Cart {
    ArrayList<Product> pros = new ArrayList<Product>();
    public int getStatus() {
        if(pros.isEmpty())
            return 0; //购物车为空
        else
            return 1; //购物车非空
    }
```

```java
    public void addProduct(Product pro) {
        pros.add(pro);
    }
    public void removeProduct(Product pro) {
        pros.remove(pro);
    }
    public double getTotal() {//需支付总额
        double total = 0.0;
        for(int i = 0; i < pros.size(); i++) {
            Product pr = pros.get(i);
            total += pr.getSumMoney();                          msg18
        }
        return total;
    }
    public String getInfo() {//获取购物车详细信息
        String str = "";
        for(int i = 0; i < pros.size(); i++){
            Product pr = pros.get(i);
            str += pr.printProductInfo();                       msg19
        }
        return str;
    }
    public void reset(){ //清空购物车
        pros.clear();
    }
}
```

5. Product 类

职责:商品类,属性包括商品名称、单价以及购买数量,实现的方法包括计算商品的原价 getSumMoney、输出商品的详细信息 printProductInfo。

```java
public class Product {
    private String name;
    private double price;
    private int num;
    public Product(String name, double price, int num) {
        this.name = name;
        this.price = price;
        this.num = num;
```

```
    }
    public double getSumMoney() {
        return price * num;
    }
    public String printProductInfo () {
        return "名称:" + name + "\n 价格:" + price + "\n 数量:" + num+ "\n";
    }
}
```

6. Type 类

职责:类型类,说明顾客的会员类型,属性包括普通会员 Customer_Common、VIP 会员 Customer_Golden。

```
public class Type {
    public static int Customer_Common = 1;
    public static int Customer_Golden = 2;
}
```

8.4.1　基于 UML 的集成测试

在面向对象程序设计中,UML 被广泛应用于需求分析、设计、部署等阶段。通信图和顺序图常用来描述不同类/对象之间的交互关系。因此,可以使用通信图和顺序图来构造集成测试用例。

1. 基于通信图的集成测试

通信图(Communication Diagram),在 UML1.0 中称为协作图,描述了系统对象或者活动者如何共同协作来实现用例,强调在不同对象交互过程中的组织行为,图 8-7 是超市管理程序的(部分)通信图。根据通信图,可以采用成对集成测试和相邻集成测试。

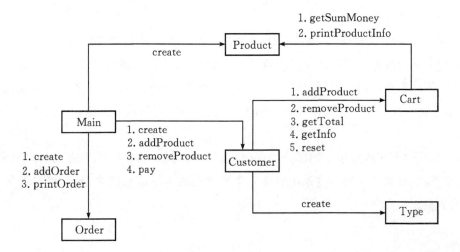

图 8-7　超市管理程序的(部分)通信图

采用成对集成进行测试,需要将通信图中相邻的两个类作为测试单元,与它们相关的其他类则以桩或驱动器的形式出现。针对图 8 - 7 所示的通信图,需要进行集成测试的类对如表 8 - 2 所示。

表 8 - 2　超市管理程序的成对集成测试

序号	待测类对	桩类	驱动器类
1	Main 和 Order	Customer、Product	
2	Main 和 Customer	Order、Product、Cart 和 Type	
3	Main 和 Product	Order、Customer	
4	Customer 和 Cart	Product、Type	Main/其他
5	Customer 和 Type	Cart	Main/其他
6	Cart 和 Product		Customer/其他

与成对集成相比,采用相邻集成可以减少集成测试的次数,减少桩和驱动器的开发工作量;但相邻集成也存在不足:发现问题后,难以定位。针对图 8 - 7 所示的通信图,需要进行的相邻集成测试如表 8 - 3 所示。

表 8 - 3　超市管理程序的相邻集成测试

序号	待测邻居	桩类	驱动器类
1	Main、Order、Customer 和 Product	Cart 和 Type	
2	Customer、Main、Cart 和 Type	Product、Order	
3	Cart、Customer 和 Product	Type	Main/其他

2.基于顺序图的集成测试

顺序图(Sequence Diagram)是一种强调以时间顺序为基础的对象之间的交互模型,这些对象之间的交互消息以时间顺序来进行排列。本质上,顺序图和通信图等价,但它们分析对象之间交互的策略和角度略有不同,顺序图主要强调按照严格的时间序列来组织对象之间的活动;而通信图则是从对象之间访问关系的角度来进行分析,通过编号来组织不同对象之间的交互顺序。

图 8 - 8 是超市管理程序中的部分顺序图(添加商品到购物车),水平方向表示对象,垂直方向表示时间。对象之间的通信采用对象生命线之间的水平消息线来表示,消息线的箭头表示消息的类型。

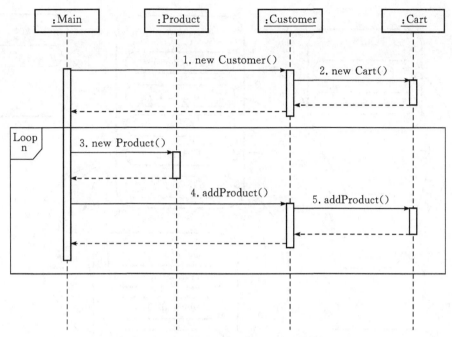

图 8-8　超市管理程序的部分顺序图

基于顺序图,可以很容易地给出测试程序。对于图 8-8 所示的顺序图,测试程序示意代码如下:

```
public static void main(String[] args) {
    String[] name = {"小米","黄瓜","玉米"};//准备测试数据
    double[] price = {5.6,3.8,6.2};
    int[] num = {2,1,3};
    Customer cus =new Customer("小明",Type.Customer_Common);
    for(int i = 0; i<3; i++) {
        Product pro = new Product(name[i], price[i], num[i]);
        cus.addProduct(pro);
    }
}
```

8.4.2　基于 MM 路径的集成测试

第 5 章介绍了基于 MM 路径的集成,这里对 MM 路径进行重新定义,使其适用于面向对象软件。

定义 8.1　MM(Method-Message)路径是由消息连接起来的方法执行序列。

在面向对象软件中,MM 路径以某个方法为起点,以消息静止点(及其返回)为终点。这里,不考虑方法内部的模块执行路径。图 8-9 给出了超市管理程序面向对象实现的调用关系,给出了所有潜在的消息流。(注:图 8-9 给出的调用关系针对上文给出的代码,当 Main 类的实现发生改变,则该图也需要修改)此外,由于 Order 类没有显式地给出构造方法,所以对于语句"new Order( )",这里未考虑消息传递。实际上,语句"new Customer(…)"的执行会调用 Cart 类的默认构造方法 Cart(),因此,也可以考虑消息的传递。

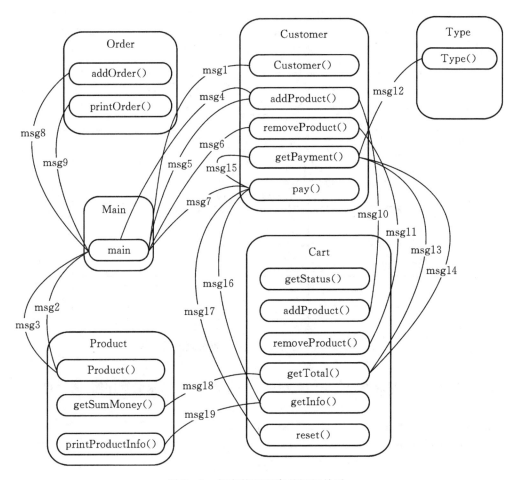

图 8-9　超市管理程序的调用关系

为了进一步阐述清楚 MM 路径的概念,对于超市管理程序,考虑其购物车管理功能。下面是先添加一个商品到购物车,然后移除商品的程序源码。

```
public class Test {
    public static void main(String[] args) {
1.      Customer cus =new Customer("小明",Type. Customer_Common);      msg1
2.      Product pro =new Product("黄瓜",1.2, 6);                        msg2
3.      cus. addProduct(pro);                                          msg3
4.      cus. removeProduct(pro);                                       msg4
5.  }
}
```

图 8-10 是管理购物车代码对应的 MM 路径,Customer 和 Cart 类之间的消息编号,还采用前面程序中所列出的编号。管理购物车的 MM 路径所对应的代码如下:

Test <1>
　　msg1
Customer:Customer( ) //创建 Customer 对象,会调用 Cart 类的默认构造方法
(返回到 Test <2>)

Test <2>
　　msg2
Product：Product( )
（返回到 Test <3>）
Test <3>
　　msg3
Customer：addProduct( )
　　msg10
Cart：addProduct( )
（返回到 Customer：addProduct）
（返回到 Test <4>）
Test <4>
　　msg4
Customer：removeProduct( )
　　msg11
Cart：removeProduct ( )
（返回到 Customer：removeProduct）
（返回到 Test <5>）

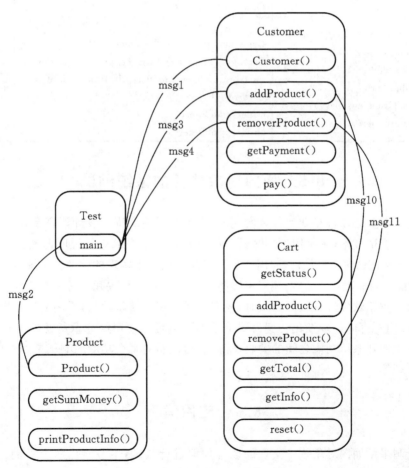

图 8-10　管理购物车的 MM 路径

采用 MM 路径进行面向对象软件的集成测试,有一个问题值得考虑:设计多少个测试用例是合适的(即需要设计多少条 MM 路径)?最低限度是一组能够覆盖所有消息的 MM 路径,并在此基础上设计足够的测试用例。对于例 8.1 给出的简单超市管理程序,需要考虑图 8-9 中除 Main 类之外的其他所有类之间的消息,设计 2 个测试用例就可以遍历所有消息(边),如表 8-4 所示。第一个测试用例,对应于普通会员用户,添加商品到购物车、移除商品,然后结算(购物车为空)、打印订单信息。第二个测试用例,对应于 VIP 会员用户,添加商品到购物车、结算、打印订单信息。

表 8-4　简单超市管理程序的 MM 路径测试用例

序号	测试用例	MM 路径	覆盖的消息
1	cus＝Customer("小敏", Type. Customer_Common) pro＝Product("黄瓜",5.4,4) cus. addProduct(pro) cus. removeProduct(pro) od. addOrder(cus. pay()) od. printOrder()	Customer:addProduct()→Cart:addProduct(), Customer:removeProduct()→Cart: removeProduct(), Customer: pay ( ) → Customer: getPayment ( ) → Cart:getTotal()→Product:getSumMoney(), Cart:getInfo()→Product:printProductInfo(), Cart. reset(), Order:addOrder(), Order:printOrder()	msg10～msg13, msg15～msg19
2	cus＝Customer("小敏", Type. Customer_Golden) pro＝Product("黄瓜",5.4,4) pus. addProduct(pro) od. addOrder(cus. pay()) od. printOrder()	Customer:addProduct()→Cart:addProduct(), Customer: pay ( ) → Customer: getPayment ( ) → Cart: getTotal ( ) → Product: getSumMoney ( ), Cart:getInfo()→ Product:printProductInfo(), Cart. reset(), Order:addOrder(), Order:printOrder()	msg10,msg12, msg14～msg19

8.5　面向对象软件的系统测试

系统测试不关心软件是如何具体实现的,不关心采用的程序设计语言是什么。因此,第 6 章所述的系统测试技术(基于用例的测试、场景测试、基于需求规格说明的测试、性能测试、风险测试以及压力测试等)可以直接应用于采用面向对象技术实现的软件。系统测试不仅检验软件实现的功能是否满足用户要求,还考察性能、可靠性、安全性、易用性等非功能性方面的需求。

在对面向对象软件进行系统测试时,应充分考虑用例模型,因为用例反映了用户对系统功能的要求,且用户可以逐步细化转变为测试用例。也可以使用第 6 章所述的可追溯矩阵来测试构建测试用例和系统功能之间的关联矩阵,从而检验对每个功能的测试是否充分、测试用例设计是否合理等。

8.6　应用案例

为了说明采用面向对象技术实现的软件如何进行测试,本节给出两个案例:NextDate 问题和 ATM 系统。

8.6.1　NextDate 问题

【例 8.3】　对于例 3.4 给出的 NextDate 问题,采用 Java 语言进行实现。设计了类 Year、Month 和 Day,分别表示年、月和日;设计的类 Date 表示日期,由 Year、Month 和 Day 组成。为了充分利用面向对象特性,提取 Year、Month 和 Day 的公共部分,构成抽象类 CalendarUnit。

面向对象实现的 NextDate 问题的类、类的继承及组合关系,如图 8 - 11 所示。下面分别给出每个类的源码。

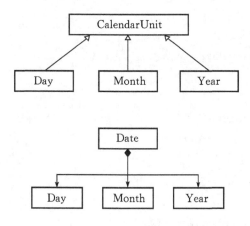

图 8 - 11　NextDate 问题的类关系图

1)CalendarUnit 类

CalendarUnit 是一个抽象类,描述了年、月、日的公共属性和方法。CalendarUnit 类包含一个属性 currentPos,用来记录当前的值是什么。其 set 和 get 方法,分别对属性 currentPos 进行写和读操作。CalendarUnit 类还提供了两个抽象方法,addOne 方法用于对属性 currentPos 进行加 1 操作,checkValid 方法用于检验对属性 currentPos 所设置的值是否在有效范围内。

```
abstract class CalendarUnit{
    protected int currentPos;
    protected void setCurrentPos(int pCurrentPos){
        currentPos = pCurrentPos;
    }
    protected int getCurrentPos(){
        return currentPos;
    }
    protected abstract boolean addOne();
    protected abstract boolean checkValid();
}
```

2)Year 类

Year 类继承于 CalendarUnit 类,实现了抽象方法 addOne 和 checkValid,在 checkValid 方法中,检验输入的年是否在 1896 到 2096 之间。此外,Year 类还提供了判断输入的年是否为闰年的方法 isLeap。

```
class Year extends CalendarUnit{
    public int setYear(int y){
        setCurrentPos(y);
        if (! checkValid()){                                    msg28
            return −1; //年不在有效范围
        }
        return 0;
    }
    public int getYear() {
        return currentPos;
    }
    @Override
    public boolean addOne(){
        currentPos = currentPos + 1;
        return true;
    }
    @Override
    protected boolean checkValid(){
        if(currentPos < 1896 || currentPos > 2096) //year 的范围[1896,2096]
            return false;
        return true;
    }
    public boolean isLeap(){
        if(currentPos % 400 == 0 || (currentPos % 4 == 0 && currentPos %
100 ! = 0))
            return true;
        return false;
    }
}
```

3）Month 类

Month 类也继承于 CalendarUnit 类。Month 类主要提供了获取当前月份包含天数的方法 getDays。由于闰年和非闰年的二月份所包含的天数不一样，因此，getDays 方法需要调用 Year 类的 isLeap 方法。也就是说，Month 类依赖于 Year 类。为了提高效率，Month 类包含一个属性 days，days 是一个数组，记录了每个月份的天数。addOne 方法用于将月份加 1 或复位。如果可以加 1，则 addOne 方法返回 ture；否则，返回 false。

```
class Month extends CalendarUnit{
    private Year y;
    private int[] days = { 31, 28, 31, 30, 31, 30, 31, 31, 30, 31, 30, 31 };
    public int setMonth(int m, Year y){
```

```
            setCurrentPos(m);
            this.y = y;
            if(! checkValid())                                              msg26
                return -1; // 月不在有效范围
            return 0;
        }
        public int getMonth(){
            return currentPos;
        }
        public int getDays(){
            if (currentPos == 2 && y.isLeap())                              msg27
                return 29;
            return days[currentPos - 1];
        }
        @Override
        public boolean addOne(){
            currentPos = currentPos + 1;
            if(currentPos > 12)
                return false;
            return true;
        }
        @Override
        protected boolean checkValid(){
            if(currentPos < 1 || currentPos > 12)
                return false;
            return true;
        }
    }
```

4) Day 类

Day 类也继承于 CalendarUnit 类，实现了抽象方法 addOne 和 checkValid。Day 类依赖于 Month 类，在 checkValid 方法中，调用了 Month 类的 getDays 方法，从而检验输入的日是否在有效范围内。addOne 方法用于将日加 1 或复位，如果可以加 1，则 addOne 方法返回 true；否则，返回 false。

```
    class Day extends CalendarUnit{
        private Month m;
        public int setDay(int d, Month m){
            setCurrentPos(d);
            this.m = m;
            if (! checkValid()){                                            msg23
```

```
            return -1;  //日不在有效范围
        }
        return 0;
    }
    @Override
    public boolean addOne(){
        currentPos += 1;
        if(currentPos > m.getDays())                                    msg24
            return false;
        return true;
    }
    @Override
    protected boolean checkValid(){
        if(currentPos < 1 || currentPos > m.getDays())                  msg25
            return false;
        return true;
    }
    public int getDay(){
        return currentPos;
    }
}
```

5）Date 类

Date 对象由 Year、Month 和 Day 对象组成，Date 对象使用 Day 和 Month 对象中的 addOne 方法进行下一天日期的计算。如果日和月的对象不能加 1，如输入的日期是月末或年末，那么，Date 类的 addOne 方法，会根据需要重新设置日和月份。如果输入的日期是年末，则也需要调用年的 addOne 方法进行年加 1 操作。outputDate 方法使用 Year、Month 和 Day 对象中的 get 方法，将日期以"年-月-日"的格式输出。

```
class Date {
    private Year y;
    private Month m;
    private Day d;
    private boolean isValid = false;  //标识输入的日期是否有效
    public Date(){
        y = new Year();
        m = new Month();
        d = new Day();
    }
    public int setDate(int year, int month, int day){
        if(y.setYear(year)<0)                                           msg9
```

```
        {
            isValid = false;
            return -1; //年不在有效范围内
        }
        if(m.setMonth(month, y)<0)                               msg10
        {
            isValid = false;
            return -2; //年有效;月不在有效范围内
        }
        if(d.setDay(day, m)<0)                                   msg11
        {
            isValid = false;
            return -3; //年和月在有效范围内;日不在有效范围内
        }
        isValid = true;
        return 0; //合法输入
    }
    public boolean addOne(){
        if(! isValid)//如果输入不合法,不进行 NextDate 计算
            return false;
        if (! d.addOne()){                                       msg12
            if (! m.addOne()){                                   msg13
                y.addOne();                                      msg14
                m.setMonth(1, y);                                msg15
            }
            d.setDay(1, m);                                      msg16
        }
        return true;
    }
    public void outputDate(){
        System.out.println(y.getYear()+ "-"                     msg17
                        + m.getMonth() + "-"                     msg18
                        + d.getDay());                           msg19
    }
    public int getYear(){
        return y.getYear();                                      msg20
    }
    public int getMonth(){
        return m.getMonth();                                     msg21
```

```
    }
    public int getDay(){
        return d.getDay();                                      msg22
    }
}
```

6）Main 类

Main 类是主程序类，也可以作为测试驱动器，用于创建日期对象，并请求 Date 对象的 ad-dOne 方法，调用 outputDate 方法来输出新的日期值。在输入日期时，Main 类可以根据 set-Date 方法的返回值，来判定输入是否合法。如下面给出的源码中，输入的日期是 2000 年 12 月 31 日，即一个闰年的最后一天，用来检验 NextDate 函数对闰年的年末处理是否正确。

```
public class Main{
    public static void main(String[] args){
        Date d = new Date();                                    msg1
        int result = d.setDate(2000, 12, 31);                   msg2
        switch(result){
        case 0:
            d.outputDate();                                     msg3
            break;
        case -1:
            System.out.println("输入的年份不在有效范围内!");
            break;
        case -2:
            System.out.println("输入的月份不在有效范围内!");
            break;
        case -3:
            System.out.println("输入的日不在有效范围内!");
            break;
        }
        if(d.addOne()){                                         msg4
            d.outputDate();                                     msg5
            System.out.println("The year is:"+d.get Year());    msg6
            System.out.println("The month is:"+d.get Month());  msg7
            System.out.println("The day is:"+d.get Day());      msg8
        }
    }
}
```

下面，针对 NextDate 问题的面向对象实现，探讨如何进行测试，主要涉及类内方法测试、类内集成测试以及类间集成测试。

1)类内方法的测试

类内方法的测试,等同于传统的单元测试。因此,前面讲述的单元级别的黑盒测试技术和白盒测试技术,都可以直接应用。例如,计划测试类 Year 的 isLeap 方法。isLeap 方法用于判断输入的年份是否为闰年。因此,可以采用等价类方法,将输入的年份分为 2 个等价类:Y1＝{闰年},Y2＝{非闰年}。如果怀疑程序员可能对 100 倍数的年份或 400 倍数的年份处理不正确,可以将它们单独作为一个等价类。所以,重新设计的年份的等价关系为:Y1＝{闰年,2000年除外},Y2＝{非闰年,1900 年除外},Y3＝{2000 年},Y4＝{1900}。为了测试 isLeap 方法,需要创建一个驱动器来传递测试数据,并需要将 Year 类先进行扁平化、然后实例化。此外,为了测试 isLeap 方法,首先需要保证 Year 类中的 setCurrentPos()方法正确。由于 Year 类中专门有检查输入是否在有效范围的方法 checkValid,因此,在测试 isLeap 时,只考虑合法输入情况。这里是为了测试 isLeap 方法,给出的扁平化之后的 Year 类和测试驱动器。

```
class Year {   //扁平化之后的 Year 类
        protected int currentPos;
    public void setCurrentPos(int pCurrentPos) {
        currentPos = pCurrentPos;
        }
    public boolean isLeap(){
        if(currentPos % 400==0 || (currentPos % 4==0 && currentPos % 100! =0))
            return true;
        return false;
        }
}
class Test{   //测试驱动器
    public static void main(String[] args){
        Year y = new Year();
        y.setCurrentPos(2020);
        assert(y.isLeap()); //闰年
        y.setCurrentPos(2019);
        assert(! y.isLeap()); //非闰年
        y.setCurrentPos(2000);
        assert(y.isLeap()); //闰年,2000 年
        y.setCurrentPos(1900);
        assert(! y.isLeap()); //非闰年,1900 年
        }
}
```

2)类内集成测试

类内集成测试主要考虑一个类内部方法之间的调用关系。这里以 Year 类为例进行说明。Year 类继承于 CalendarUnit 类,为了单独测试 Year 类,需要首先对 Year 类进行扁平化处理,程序如下。

```
class Year{///扁平化之后的 Year 类
    protected int currentPos;
    protected void setCurrentPos(int pCurrentPos){
        currentPos = pCurrentPos;
    }
    protected int getCurrentPos(){
        return currentPos;
    }
    public int setYear(int y){
        setCurrentPos(y);
        if (! checkValid()){
            return -1; //年不在有效范围内
        }
        return 0;
    }
    public int getYear(){
        return currentPos;
    }
    public boolean addOne(){
        currentPos = currentPos + 1;
        return true;
    }
    protected boolean checkValid(){
        if(currentPos < 1896 || currentPos > 2096) //year 的范围[1896,2096]
            return false;
        return true;
    }
    public boolean isLeap(){
        if(currentPos % 400 == 0 || (currentPos % 4 == 0 && currentPos %
100 ! = 0))
            return true;
        return false;
    }
}
```

扁平化之后的 Year 类共包含 7 个方法,其中只有 setYear 方法调用 setCurrentPos 和 checkValid,其他方法不发生调用关系。但是,这些方法之间通过属性 currentPos 发生联系。为了对类 Year 进行集成测试,可以采用成对集成或相邻集成进行测试。由于类 Year 内部方法的调用关系较为简单。这里,以 setYear 和 setCurrentPos 为例进行成对集成测试。由于 setYear 还调用 checkValid,因此,需要构建一个 checkValid 方法的桩,并构建一个测试驱动器。下面是构建的桩以及测试驱动器示例。

```
protected boolean checkValid(){// 桩,模拟 checkValid
    if(currentPos == 2000)
        return true;
    if(currentPos == 1800)
        return false;
}
class Test {//驱动器
    public static void main(String[] args){
        int ret;
        Year y = new Year();
        ret = y.setYear(2000);
        assert(ret == 0);   //有效输入
        ret = y.setYear(1800);
        assert(ret == -1); //无效输入
    }
}
```

如果对 Year 类内部方法,进行相邻集成。那么,可以将 setYear 方法、setCurrentPos 和 checkValid 综合在一起进行测试。此时,只需要开发一个测试驱动器即可,而不再需要桩的开发。这里不再赘述,请读者自行思考。

3)类间集成测试

类间集成测试,主要用于检验对象和对象之间的调用关系是否正确。可以充分利用类之间的交互关系,基于通信图、顺序图以及 MM 路径等进行类间集成测试。

(1)基于通信图的集成。

图 8-12 是 NextDate 问题的通信图,展现了对象之间的交互,反映了交互对象的空间结构。采用成对集成,需要测试的类对如表 8-5 所示。例如:要测试 Month 类和 Year 类,需要构建一个驱动器;测试 Day 类和 Month 类,需要构建一个驱动器和 Year 的一个桩;测试 Date 类和 Year 类,需要构建一个测试驱动器以及 Month 和 Day 的桩。由于 NextDate 问题相对简单,以 Date 类为中心,则包含了所有的类。因此,这里不再讨论相邻集成。需要注意,这里对通信图的描述不是十分严格,只是为了说明如何基于通信图进行集成测试。

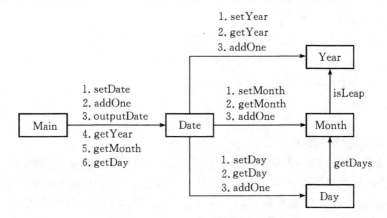

图 8-12　NextDate 问题的通信图

表 8 - 5　NextDate 问题的成对集成

序号	待测类对	桩类	驱动器类
1	Main 和 Date	Year、Month 和 Day	
2	Date 和 Year	Month 和 Day	Main
3	Date 和 Month	Year 和 Day	Main
4	Date 和 Day	Year 和 Month	Main
5	Year 和 Month		Date/其他
6	Month 和 Day	Year	Date /其他

（2）基于顺序图的集成。

顺序图反映了对象之间的交互关系及执行顺序。图 8 - 13 是 Date 类中 outputDate 方法的顺序图。它调用了 Year 类的 getYear 方法，Month 类的 getMonth 方法和 Day 类的 getDay 方法。基于顺序图，可以很方便地进行集成测试。下面是基于顺序图进行集成测试的一个驱动器示例。

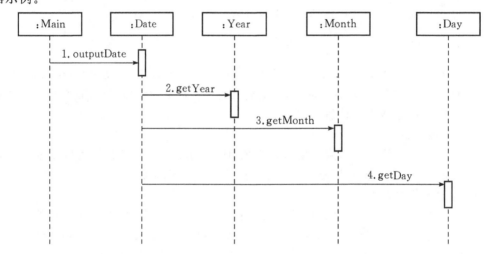

图 8 - 13　outputDate 方法的顺序图

```
class Test{ //驱动器
    public static void main(String[] args) {
        Date dt = new Date();
        dt.setDate(2019,8,18);
        System.out.println("预期输出:2019 - 8 - 18");
        System.out.print("实际输出":);
        dt.outputDate();
    }
}
```

（3）基于 MM 路径的集成。

在面向对象中，MM 路径表示的是方法与消息的交替序列。要基于 MM 路径进行集成测试，首先需要分析类之间的交互关系（消息），并设计足够多的测试用例来覆盖这些消息和 MM 路径。由于方法通常包含多条路径，因此，针对同一条 MM 路径，可能需要设计多个测试用例。如图 8 - 14 所示为输入 2019 年 8 月 18 日的 MM 路径图。

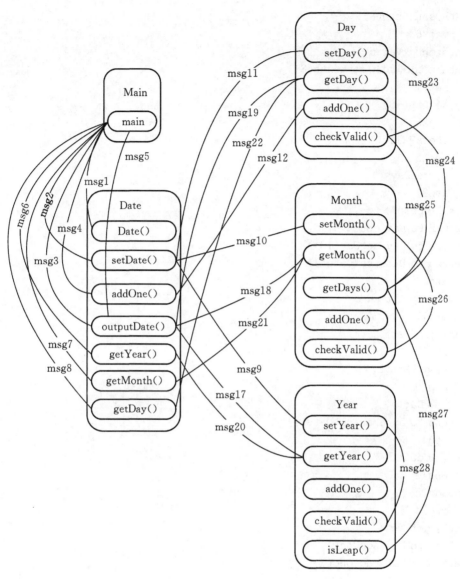

图 8-14　输入 2019 年 8 月 18 日的 MM 路径图

输入 2019 年 8 月 18 日的 MM 路径描述如下。

```
Main
    msg1
Date：Date()
    msg2
Date：setDate(2019,8,18)
    msg9
Year：setYear(2019)
    msg28
Year：checkValid()
(return to Year.setYear(2019))
    msg10
```

```
Month;setMonth(8)
    msg26
Month;checkValid()
(return to Month. setMonth(8))
    msg11
Day;setDay(18)
    msg23
Day;checkValid()
    msg25
Month; getDays()
    msg27
Year; isLeap()
(return to Day;checkValid())
(return to Day. setDay(18))
(return to Date. setDate())
    msg3
Date; outputDate()
    msg17
Year; getYear()
    msg18
Month; getMonth()
    msg19
Day; getDay()
(return to Date. outputDate())
    msg4
Date; addOne()
    msg12
Day. addOne()
    msg24
Month; getDays()
(return to Day. addOne())
(return to Date. addOne())
    msg5
Date; outputDate()
    msg17
Year; getYear()
    msg18
Month; getMonth()
    msg19
Day; getDay()
(return to Date. outputDate())
    msg6
Date;getYear()
    msg20
Year; getYear()
    msg7
```

```
Date：getMonth()
    msg21
Month：getMonth()
    msg8
Date：getDay()
    msg22
Day：getDay()
(return to main)
```

4）系统测试

由于系统测试不关心软件采用何种语言实现、如何实现，因此，本书第 6 章讲述的系统测试技术，如基于用例的测试、场景测试、风险测试、压力测试，都可以应用于面向对象语言实现的 NextDate 问题。这里不再赘述。

8.6.2　ATM 系统

【例8.4】　用 Java 语言实现的简单 ATM 系统。基本功能：（1）ATM 客户端需要登陆，用户输入正确的银行卡号和密码，系统核对无误后才能进行操作；（2）登陆后，用户可以进行查询余额、取款和修改密码等操作；（3）取款操作，有操作结果提示，如"操作成功"或"余额不足，操作失败"；（4）密码连续 3 次输入错误将提示"对不起，卡已经被没收"。简单 ATM 系统的类关系如图 8-15 所示。各个类的示意代码如下：

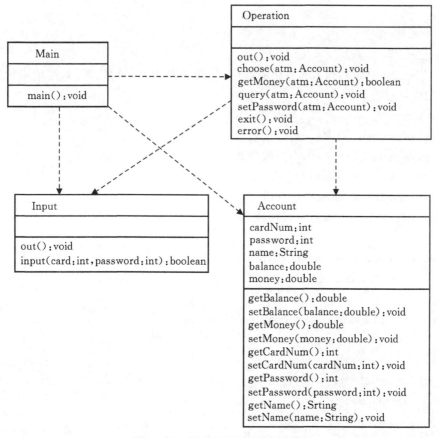

图 8-15　简单 ATM 系统的类图

1) Main 类

职责：主类，启动并初始化 Account 类，满足用户业务需求。

```java
public class Main{
    public static void main(String[] args){
        Account atm = new Account ();
        atm.setCardNum(10086);                          msg1
        atm.setPassword(10086);                         msg2
        atm.setName("ssss");                            msg3
        atm.setBalance(2000);                           msg4
        Input input = new Input();
        input.out();                                    msg5
        boolean result = input.input(                   msg6
        atm.getCardsNum(),                              msg7
        atm.getPassWord());                             msg8
        if(result){
            Operation operation = new Operation();
            operation.choose(atm);                      msg9
        }
    }
}
```

2) Account 类

职责：Account 对象起到了初始化的作用，包括客户姓名、卡号、密码、当前卡的余额以及客户需要取出的钱数。

```java
class Account{
    private double balance;//余额
    private double money;//拟取钱数
    private int cardNum;//卡号
    private int password;//密码
    private String name;//客户姓名

    public double getBalance(){
        return balance;
    }
    public void setBalance(double balance){
        this.balance = balance;
    }
    public double getMoney(){
        return money;
    }
    public void setMoney(double money){
```

```
            this.money = money;
        }
        public int getCardNum(){
            return cardNum;
        }
        public void setCardNum(int cardNum){
            this.cardNum = cardNum;
        }
        public int getPassword(){
            return password;
        }
        public void setPassword(int password){
            this.password = password;
        }
        public String getName(){
            return name;
        }
        public void setName(String name){
            this.name = name;
        }
    }
```

3）Input 类

职责：Input 对象主要起到了校验客户身份的作用，客户最多可三次输入密码，正确则进入操作界面，三次错误则提示"对不起，输入错误已达三次，您的卡被没收"。

```
class Input{
    public void out(){
        System.out.println("——————————————");
        System.out.println("欢迎使用模拟自动取款机程序!");
        System.out.println("——————————————");
    }
    public boolean input(int card, int password){//参数为预期账户和密码
        for(int i = 0; i < 3; i++){
            System.out.println("请输入您的卡号:");
            Scanner sc1 = new Scanner(System.in); // 输入卡号
            int inputCard = sc1.nextInt();
            System.out.println("请输入您的密码:");
            Scanner sc2 = new Scanner(System.in);  //输入密码
            int inputWord = sc2.nextInt();
            if (card == inputCard && password == inputWord){
                return true;
```

```
        }else{
            if(i == 2){
                System.out.println("对不起,输入错误已达三次,您的卡被没收。");
            }else{
                System.out.println("您的卡号或密码输入有误,请重新输入。");
            }
        }
    }
    return false;
}
}
```

4)Operation 类

职责:Operation 对象实现了取款、查询余额、重置密码以及退出功能。针对取款操作,允许客户尝试三次,若客户输入的数目大于余额,给出提示"余额不足,请重新输入您要取的数目";若输入的数目小于等于余额,则提示"取钱成功,请收好!",并返回。

```
public class Operation{
    public void out(){
        System.out.println("——————————————");
        System.out.println("欢迎使用模拟自动取款机程序.");
        System.out.println("——————————————");
        System.out.println("1.>取款\n2.>查询余额\n3.重置密码\n4.退出系统");
    }
```

行号	代码	备注
1.	public void choose(Account atm){	
2.	while(1){	
3.	out();	msg10
4.	System.out.println("请选择您要操作的项目(1~4):");	
5.	Scanner sc1 = new Scanner(System.in);	
6.	int num = sc1.nextInt();	
7.	switch(num){	
8.	case 1:	
9.	getMoney(atm);	msg11
10.	break;	
11.	case 2:	
12.	query(atm);	msg12
13.	break;	
14.	case 3:	
15.	setPassword(atm);	msg13
16.	break;	
17.	case 4:	

```
18.            exit();                                              msg14
19.        return;
20.        default：
21.            error();                                            msg15
22.            break;
23.        }
24.    }
25. }
    public boolean getMoney(Account atm){
        System.out.println("请输入您要取的数目：");
        for(int i= 0;i<3;i++){
            Scanner sc = new Scanner(System.in);
            atm.setMoney(sc.nextInt());                            msg16
            if(atm.getMoney()                                      msg17
                        > atm.getBalance()){                       msg18
                System.out.println("余额不足,请重新输入您要取的数目：");

            }else{
                atm.setBalance(atm.getBalance()-atm.getMoney());   msg19
                System.out.println("取钱成功,请收好!");
                return true;
            }
        }
        return false;
    }
    public void query(Account atm){
        System.out.println("客户账号:"+atm.getCardNum());            msg20
        System.out.println("客户名:"+atm.getName());                msg21
        System.out.println("客户账户余额:"+atm.getBalance());        msg22
    }
    public void setPassword(Account atm){
        System.out.println("请重新输入密码:");
        Scanner sc1 = new Scanner(System.in);
        int num = sc1.nextInt();
        atm.setPassword(num);                                      msg23
        System.out.println("您的密码为:"+"\n"+atm.getPassword());    msg24
    }
    public void exit(){
        System.out.println("感谢您使用本系统,欢迎下次再来,再见!");
```

```
        }
    public void error(){
        System.out.println("输入的操作有误,请重新输入。");
    }
}
```

对于简单 ATM 系统的测试,与例 8.3 给出的 NextDate 问题相似,也需要进行单元测试、集成测试和系统测试。由于 ATM 系统中不涉及类的继承关系,因此,无需对类进行扁平化处理。

1)单元测试

Accout 类虽然包含 5 个属性和 10 个方法,但这些方法只是简单的 set 和 get 方法,不涉及复杂逻辑,因此,Accout 类的单元测试非常简单。

而对于 Input 类,它包含的 out 方法只是输出简单文本信息,因此,对于 out 方法的测试也很简单。而 Input 类中的 input 方法,涉及获取用户输入并判断输入数据是否正确,以及允许用户尝试 3 次输入等功能。该方法相对复杂,涉及多条可执行路径,因此,需要采用第 3 章和第 4 章介绍的测试方法对 input 方法进行严格测试。

而 Operation 类包括 7 个方法,其中:out、query、setPassword、exit 和 error 方法相对简单,都只有一条路径。choose 方法中存在循环语句,可能会有无数条可执行路径,因此,需要根据前面讲述的循环测试技术,对 choose 方法进行测试。getMoney 方法用于用户取钱操作,允许用户最多输入 3 次取钱金额。如果用户输入金额小于账户余额,则表示取钱成功,直接返回。

图 8-16 为 Operation 类中 choose 方法的程序图,由于存在循环 while(1),所以,choose 方法中包含无数条路径。采用基路径测试技术,可以设计出 5 个测试用例,如表 8-6 所示。这 5 个测试用例也满足语句覆盖、边覆盖等。

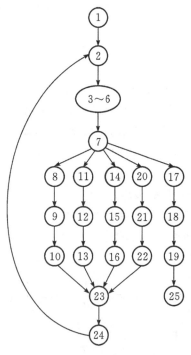

图 8-16　choose 方法的程序图

表 8 - 6　choose 方法的测试用例

编号	依次输入	预期输出
1	1,4	"取钱"操作正确
2	2,4	"查询余额"操作正确
3	3,4	"重置密码"操作正确
4	5,4	"输入有误"操作正确
5	4	"退出"操作正确

2)集成测试

ATM 系统虽然包含的类比较少,但它们之间存在较多的交互过程。因此,需要对 ATM 系统进行严格的类内集成(Operation 类)和类间集成测试。

Operation 类中存在大量的类内集成,尤其是 choose 方法调用其他 6 个方法,涉及较多的交互。但由于 choose 方法与其他方法之间没有参数传递,因此,它们的交互是非常简单的,并不需要太多的类内集成测试。

Input 类中的两个方法不涉及交互,因此,无需考虑类内集成。

Account 类虽然有 10 个方法,但它们并不存在直接交互,所以,也可以不考虑类内集成测试。但由于这 10 个方法分为 5 组,每组针对一个属性进行设置和获取。所以,需要对每个属性的 set 方法和 get 方法进行集成测试,可以通过先 set、再 get 的方式进行,以检验程序是否对属性进行了正确设置和是否能够正确获取。

如果不考虑主程序类 Main,则 ATM 系统中主要的类间交互是 Operation 类和 Account 类。图 8 - 17 是 Operation 类和 Account 类的调用关系图,为了集成测试这两个类,需要开发一个测试驱动器。下面是驱动器程序的示意代码。

```
public class Test { //驱动器,根据需要设置不同账号信息、执行不同操作
    public static void main(String[] args) {
        Account a = new Account ();
        a.setCardsNum(1000);
        a.setPassWord(12345);
        a.setName("abcd");
        a.setBalance(1000);
        Operation o = new Operation();
        o.choose(a);
    }
}
```

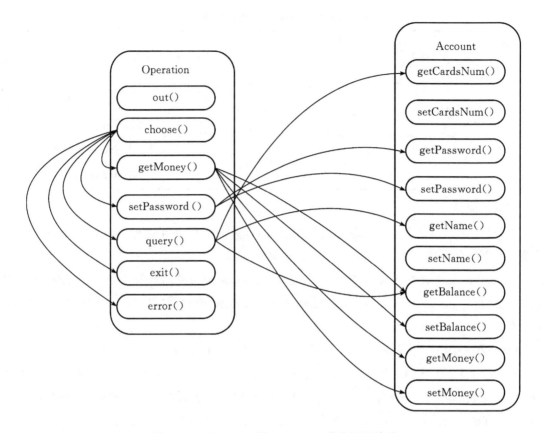

图 8-17　Operation 类和 Account 类的调用关系

3）系统测试

与 NextDate 问题的面向对象实现一样，本书第 6 章讲述的系统测试技术，如基于用例的测试、场景测试、风险测试及压力测试，都可以应用于面向对象语言实现的 ATM 系统。这里不再赘述。

8.7　讨　论

与传统面向过程的程序设计相比，面向对象方法的基本思想不同，给测试带来了一些挑战。面向对象方法的特点是合成、封装、继承和多态，每一个特点都给测试带来了新的问题。例如，继承的存在使得子类无法单独测试，需要对子类进行扁平化处理或者将父类与子类结合在一起再测试。

对于采用面向对象技术实现的程序，测试的单元可以是类或类中的方法。如果以方法作为单元，则面向对象的单元测试与传统的单元测试相同。如果以类作为测试单元，则需要重点考虑类内集成，及同一个类中不同方法间的交互。

面向对象的集成测试与传统的集成测试有一定的相似性。但面向对象的集成测试可以充分利用通信图和顺序图进行测试用例设计，也可以使用 MM 路径进行测试。不管采用哪种方式，都需要考虑测试覆盖率问题。

　　面向对象的系统测试与传统的系统测试一样,因为,系统级的测试通常不考虑软件是采用面向对象语言还是面向过程语言实现的。所以,第 6 章介绍的系统测试技术可以直接应用于面向对象软件。此外,系统测试不仅仅考虑功能是否满足要求,还要测试多种非功能性需求是否得到满足,如性能、可靠性、易用性、可支持性以及安全性。

本章小结

　　本章首先分析了面向对象程序所带来的问题,接着讲述了面向对象的单元测试、集成测试和系统测试,并讨论了面向对象测试与传统面向过程测试之间的区别与联系。

习题

　　1. 与面向过程程序设计相比,面向对象方法带来哪些挑战?

　　2. 请解释面向对象测试模型,理解面向对象测试需考虑的问题。

　　3. 面向对象测试包含哪几个层次?

　　4. 请比较以类为单元和以方法为单元测试的异同。

　　5. 如何基于通信图及顺序图设计测试用例?

　　6. 请解释面向对象软件中的 MM 路径与面向过程软件中的 MM 路径有何不同。

　　7. 针对某个面向对象设计和实现的程序,采用本章方法进行测试设计。

第 9 章　变异测试

人们在编写代码过程中,经常会犯一些低级错误,如将"<"误写为"<="等。设计的测试用例不一定能够很好地发现这些问题。为评估测试集的充分性以及创建更有效的测试集,变异测试受到了业界广泛关注。

本章重点讨论以下问题:

变异测试基本概念;

变异测试流程;

变异算子;

结合数据流约束的测试用例生成;

基于充分性约束的测试用例生成;

集成变异测试。

9.1　变异测试基本概念

程序变异(Program Mutation)由 DeMillo、Lipton 和 Sayward 等人于 20 世纪 70 年代末提出,是一种评价测试及增强测试的技术。变异测试是指采用程序变异技术来执行测试的活动,包括评价测试用例集的充分性、设计/增强测试用例集等。

变异测试通常需要程序的源码,它采用变异算子对源码进行变异(修改源码中的变量、运算符等)。因此,变异测试可以认为是一种白盒测试技术或基于程序代码的测试技术。由于对源码中的某些元素进行了变换,相当于对代码进行了人为故障注入,有可能改变了程序的原有功能。变异测试的目的是检验所采用的测试用例集能否发现这类人为故障。

在某些情况下,变异测试并不一定需要程序源码。例如,对接口进行变异测试时,并不关心接口是如何实现的,只关心接口是什么。对于 Web 应用软件,客户端(浏览器)和服务器之间进行消息交互,可采用变异测试技术对交互的消息进行变异。此时,可以将变异测试作为一种黑盒测试技术。

变异测试不仅用于单元测试,还可以用于集成测试和系统测试。

9.1.1　基本假设

变异测试旨在找出有效的测试用例集,发现程序中真正的错误。在一个软件项目中,潜在缺陷的数量是巨大的,通过生成变异体来全面覆盖所有的错误是不可能的。因此,传统的变异测试旨在寻找这些错误的子集,能尽量充分地描述这些缺陷。变异测试理论基于两条假设:熟练程序员假设和耦合效应假设。

(1)熟练程序员假设(Competent Programmer Hypothesis,CPH):程序员编程经验较为丰富,具有较强的专业技能,编写出的有缺陷代码与正确代码非常接近,仅需作小幅度代码修改就可以完成缺陷的移除。基于该假设,变异测试仅需对被测程序作小幅度代码修改就可以模拟熟练程序员的实际编程行为。

(2)耦合效应(Coupling Effect,CE)假设:若某测试用例可以检测出简单缺陷,则该测试用例也易于发现更为复杂的缺陷。"简单缺陷"是指仅在原有程序上执行单一语法修改形成的缺陷,而"复杂缺陷"是指在原有程序上依次执行多次单一语法修改形成的缺陷。复杂变异体往往是由诸多简单变异体组合而成。

从这两个假设可以看出,如果程序中存在着明显的代码错误,变异测试则不一定有效。变异测试是为了查出其他测试技术所遗漏的一些问题。对于软件产品,无论采用怎样的测试技术和质量保证手段,可能依然存在一些未被发现的小缺陷,这正是变异测试的用武之地。

9.1.2　基本术语

变异(Mutation)是指对程序进行变更的行为。假设原始被测程序用 P 表示,M 表示变更后的程序,则称 P 是 M 的父体(Parent),M 是 P 的变体/变异体(Mutant)。如果程序 P 的语法正确(能顺利通过编译),那么 M 的语法也必定正确。通常,变异只是轻微的变更,即 M 和 P 相差甚微。

【例 9.1】　下面是一个简单程序源码,对其进行简单变异(将语句①中的操作符">"变为">="),得到一个变体。

程序 P 9.1	变体 M1
①if(a > b)	①if(a>=b)
②　　c = 1;	②　　c = 1;
③else	③else
④　　c = 0;	④　　c = 0;

一阶变体是指对被测程序仅执行一次变更所产生的变体。

高阶变体是指对被测程序执行多于一次变更所产生的变体。进行两次变更产生的变体称为二阶变体,执行三次变更得到三阶变体,以此类推。一个 n 阶变体可以由一个 $(n-1)$ 阶变体再执行一次变更得到。

在实际使用中,通常采用一阶变体进行变异测试。这是因为高阶变体的数量远远大于一阶变体的数量,在有限的时间内难以完成测试。此外,根据耦合效应假设,一阶变异的细微错误通常才是难以发现的。

【例 9.2】　针对例 9.1 所示程序,对它进行两次变更(将语句①中的操作符">"变为">=",语句④中的常量"0"变为"2"),得到二阶变体 M2,变异后的代码如下所示。

程序 P 9.1 的变体 M2
①if(a>=b)
②　　c = 1;
③else
④　　c = 2;

对一个程序的变异不仅可以采用变更语法的方式,还可以采用变更语义的方式。由于语法是语义的载体,语义变更是由一个或多个语法变更产生的。语法的变更可能会对语义产生

重大影响,也可能不会产生影响。

如果存在测试用例,在被测试程序 P 和变体 M 上的执行结果不一致,则 M 对于此测试用例是可杀死变体。

若变异体 M 与被测试程序 P 在语法上存在差异,但在语义上却保持一致,即对于所有可能的测试用例,在 P 和 M 上的运行结果都一致,则称 M 是 P 的等价变体。一个等价变体可能与其父体的执行路径不同,但在执行结束时二者产生的输出相同。

如果不存在测试用例使得被测试程序 P 和变体 M 的执行结果不一致,则称 M 相对于被执行测试用例集是可存活变体,也称为活跃变体。通过设计新的测试用例可以杀死部分可存活变体,有一部分可存活变异体可能是等价变体。

变体区别于其父体是指变体的行为和父体的行为不同,需要考虑从哪个角度观察程序的行为。如果观察的是程序的返回值及其影响(如全局变量的值和数据文件的变化),即程序执行结束后对其行为进行的立即观察,称为外部观察。如果在程序执行过程中,观察其状态,称为内部观察。观察时需要注意的内容包括:程序状态的定义、观察状态的方式,以及在何处进行观察。由于输入在程序执行过程中没有发生变化,因此,这里不将输入作为程序的状态。

强变异测试采用外部观察模式,当程序及其变体运行结束时,比较它们的输出是否相同。将某个测试用例,分别作用于被测程序 P 和其变体 M,如果它们的输出不同,则表明该测试用例杀死了 M,称为强变异测试准则。

弱变异测试采用内部观察模式,在程序及其变体运行过程中,比较它们的状态是否相同。将某个测试用例,分别作用于被测程序 P 和其变体 M,如果它们的状态不同,则表明该测试用例杀死了 M,称为弱变异测试准则。

变体及其父体的行为在强变异测试下相同,并不能保证在弱变异测试下也相同。

【例 9.3】 程序 P9.2 是一个气象台高温预警报告程序,当 24 小时内最高气温升至 37 ℃以上时,发出高温橙色预警;当 24 小时内最高气温升至 40 ℃以上时,发出高温红色预警。采用变异:语句⑩中的操作符"＝"变为"＞＝",得到程序 9.2 的一个一阶变体 M1。

程序 P9.2

```
①enum warningLevel {orange_alert, red_alert};
②procedure checktemp(temp){
③      int count = 0;
④      enum warningLevel warning;
⑤      warning = none;
⑥      if(temp > 37)
⑦          count = 1;
⑧      if(temp > 40)
⑨          count=count+1;
⑩      if(count == 1) warning = orange_alert;
⑪      if(count == 2) warning = red_alert;
⑫      return (warning);
⑬}
```

程序 P9.2 的变体 M1

```
①enum warningLevel {orange_alert, red_alert};
②procedure checktemp(temp){
③      intcount = 0;
④      enum warningLevel warning;
⑤      warning = none;
⑥      if(temp > 37)
⑦          count = 1;
⑧      if(temp > 40)
⑨          count = count+1;
⑩      if(count >= 1) warning = orange_alert;
⑪      if(count == 2) warning = red_alert;
⑫          return (warning);
⑬}
```

当使用外部观察模式时,发现这两个程序对所有输入的返回值是相同的,即它们的表现行为是一致的,表明在强变异测试准则下,程序 P 等价于其变体 M。

但如果使用内部观察模式,在每一行代码执行完之后观察程序的状态。假设采用如下的输入 TC = ＜temp = 42＞,在第 10 行代码执行之后,发现两个程序的状态不一致。

对于如上输入,程序 P9.2 及其变体 M1 在执行完第 10 行代码之后的状态如表 9 - 1 所示。

表 9 - 1   程序 9.2 及其变体 M1 的状态

程序	warning	count
P9.2	none	2
M1	orange_alert	2

从表 9 - 1 可以看出,程序 P9.2 及其变体 M1 的状态在测试用例 TC 上还是有差异的,因此,在弱变异测试准则下,它们是不等价的。

9.1.3　区分变体的条件

变异测试数据生成的本质是求解杀死变异体的测试用例。一个能将变体 M 与其源程序 P 区分开来的测试用例必须满足以下三个条件。

(1)可达性条件:必须存在一条从变体 M 的开始语句到变异语句的执行路径;

(2)必要性条件(状态感染性):通过执行变异语句,必须导致变体 M 和源程序 P 的状态彼此不同;

(3)充分性条件(状态传播性):通过执行变异语句,必须保证变体 M 和源程序 P 的状态差异一直传递到程序的结束处。

如果某个测试用例只满足可达性条件和必要性条件,则表明该测试用例符合弱变异测试准则。如果某个测试用例同时满足了上述三个条件,则表明该测试用例满足强变异测试准则。

9.1.4　变异评分

变异测试通常用于评价测试用例集的充分性和完备性。测试用例集 T 的完备性通过变异评分 $MS(M,T)$ 来评估，其中 M 为变体的集合，其计算公式如式（9-1）所示。

$$MS(M,T) = \frac{\text{killed}(M,T)}{|M| - \text{eqv}(M)} \tag{9-1}$$

其中：$\text{killed}(M,T)$ 表示 T 可以杀死的变体数量；$|M|$ 为变体总数量；$\text{eqv}(M)$ 表示等价变体的数量。$MS(M,T)$ 的取值在 0 到 1 之间。

测试用例集的变异评分的计算是针对具体变体集合的，对于不同的变体集合，一个测试集的最佳变异评分并不是固定的。应用不同的变体集合评价一个测试用例集时，可能得到不同的变异评分。所以，当测试用例集看起来非常充分，即针对特定变体集合可以得到 $MS(M,T)=1$ 时；针对另一个变体集合也许会相当不充分，可能得到 $MS(M,T)=0$。

9.2　变异测试流程

变异测试的基本流程如图9-1所示，包括采用变异算子对现有程序进行变异得到变体，评价现有测试用例集的优劣，更新测试用例集等。

首先，对于给定被测程序 P 和测试用例集 T，将 T 中的每一个测试用例 t 作用于 P，得到其观察到的行为 P(t)。通常，程序的行为由其输出变量值来表示。此外，观察到的行为也可能和程序的性能等有关。需要注意，程序 P 对于 T 中每个测试用例都是正确的（满足需求）。如果发现对于某个测试用例 t，P(t) 是错误的；那么，需要修订程序 P，直到其对 T 中所有测试用例都能得到正确结果。

其次，针对程序 P，采用变异算子得到一组变体。依次选择一个变体进行测试，直到所有变体都被测试完成。对于选中的变体 M_k，采用 T 中每个测试用例分别执行 M_k。如果执行完某个测试用例 t 之后，发现变体 M_k 与其父体 P 的行为不同，则表示 M_k 被 t 杀死了，将 M_k 加入被杀死变体集合。如果 T 中所有测试用例都执行完之后，未发现 M_k 和 P 的行为有区别，则表明 M_k 是活跃变体。对于活跃变体，需要进一步判定其是否为等价变体。若 M_k 为等价变体，则将 M_k 从活跃变体集合移动到等价变体集合。

最后，计算变异评分，检验测试用例集合 T 对于被测程序及变体集合是否为充分的。如果等价评分不为 1，则说明目前的测试用例集是不充分的。此时，可以选择结束测试；也可以针对活跃变体，设计新的测试用例来杀死它。如此反复，直到所有变体都被测试用例集正确区分为止。

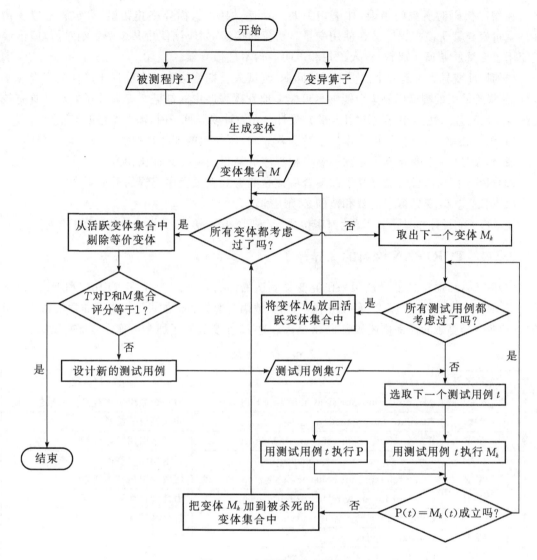

图 9-1　变异测试基本流程

9.3　变异算子

　　变异算子也称为变更算子、变体算子,是一种产生变体的机制。当作用于语法良好的程序 P 时,一个变异算子可能产生一个或多个变体;当然,某个变异算子也可能连一个变体都产生不了。

　　设计变异算子的目的是模拟程序员可能出现的简单错误。程序中的错误通常比变异算子所模拟的错误复杂许多。但现实工作经验表明,无论变异算子模拟的错误多么简单,当努力将变体与其父体进行区分时,程序中许多复杂问题都能够被发现。

　　常用的变异算子包括:常量变异算子、操作符变异算子、语句变异算子和变量变异算子等类型。常量变异算子模拟程序员在使用常量时所犯的错误,如某个常量的值应该为 True,但程序员却写成了 False。需要注意,常量变异算子不会引入新的常量。操作符变异算子模拟程序员在使用操作符时所犯的一些错误,如将操作符">="写成了">"。语句变异算子模拟程序员在编写代码时所犯的错误,如语句丢失、循环结构错误、循环终止错误、语句放置位置错误。变量变异算子模拟程序员在使用变量时所犯的错误,如应该使用某个变量绝对值,但错误地使用了变量原始值。通常,输入语句和声明语句不进行变异。

如何设计变异算子是一个值得探讨的问题,测试人员期望构建一个确保正确性的变异算子集合,使得所采用的测试用例集合能够尽可能多地发现程序中的缺陷。变异算子的设计具有较高的科学性和艺术性,可以根据过往经验来设计。在设计变异算子时,需要遵循如下原则。

(1)语法正确性:当变异算子作用于被测程序时,所产生的变体在语法上必须是正确的。

(2)典型性:一个变异算子必须能够模拟程序员易犯的一类共性错误。

(3)最小性和有效性:变异算子的集合应该是能有效发现程序错误的最小集合。

(4)精确定义:变异算子的域和范围必须明确定义。

变异算子的设计和程序设计语言有密切关系,不同的编程语言,所设计的变异算子有所区别。

9.3.1　FORTRAN 语言的变异算子

FORTRAN 语言是最早被用来研究变异测试的语言之一。1987 年,Offutt 和 King 首次针对 FORTRAN 77 定义了 22 种变异算子,为其他语言变异算子的设计提供了非常重要的指导依据,这些变异算子的详细描述如表 9-2 所示。这 22 个变异算子通常被称为传统变异算子。

表 9-2　FORTRAN 77 的变异算子

序号	变异算子	全称	说明/示例
1	AAR	Array reference for array reference replacement	用一个数组引用替换另一数组引用
2	ABS	Absolute value insertion	插入绝对值符号
3	ACR	Array reference for constant replacement	用数组引用替换常量
4	AOR	Arithmetic operator replacement	算术操作符替换
5	ASR	Array reference for scalar variable replacement	用数组引用替换变量
6	CAR	Constant for array reference replacement	用常量替换数组引用
7	CNR	Comparable array name replacement	数组名替换
8	CRP	Constant replacement	常量替换
9	CSR	Constant for scalar variable replacement	用常量替换变量
10	DER	DO statement end replacement	DO 语句修改
11	DSA	DATA statement alterations	DATA 语句修改
12	GLR	GOTO label replacement	GOTO 标签替换
13	LCR	Logical connector replacement	逻辑操作符替换
14	ROR	Relational operator replacement	关系操作符替换
15	RSR	RETURN statement replacement	RETURN 语句替换
16	SAN	Statement analysis(replacement by TRAP)	语句分析
17	SAR	Scalar variable for array reference replacement	用变量替换数组引用
18	SCR	Scalar variable for constant replacement	用变量替换常量
19	SDL	Statement deletion	语句删除
20	SRC	Source constant replacement	源常量替换
21	SVR	Scalar variable replacement	变量替换
22	UOI	Unary operator insertion	插入一元操作符

9.3.2 C语言的变异算子

目前,研究人员针对 C 语言设计了四类共 80 个变异算子。这四类变异算子分别是操作符变异算子、语句变异算子、变量变异算子和常量变异算子。

1. 操作符变异算子

操作符变异用于模拟程序中存在的各种 C 语言操作符错误。其中包括一元操作符的变异和二元操作符的变异,变异算子分为两类:同类操作符替换和非同类操作符替换。C 语言中的二元操作符变异算子共有 40 个,如表 9-3 所示;一元操作符变异算子共 7 个,如表 9-4 所示;其中 X→Y 表示"X 变异为 Y"。

表 9-3 C 语言中的二元操作符变异算子

序号	变异算子	全称	说明/示例
1	OAAA	Arithmetic assignment mutation	a＋＝b→a－＝b
2	OAAN	Arithmetic operator mutation	a＋b→a＊b
3	OABA	Arithmetic assignment by bitwise assignment	a＋＝b→a|＝b
4	OABN	Arithmetic operator by bitwise operator	a＋b→a&b
5	OAEA	Arithmetic assignment by plain assignment	a＋＝b→a＝b
6	OALN	Arithmetic operator by logical operator	a＋b→a&&b
7	OARN	Arithmetic operator by relational operator	a＋b→a＜b
8	OASA	Arithmetic assignment by shift assignment	a＋＝b→a＜＜＝b
9	OASN	Arithmetic operator by shift operator	a＋b→a＜＜b
10	OBAA	Bitwise assignment by arithmetic assignment	a|＝b→a＋＝b
11	OBAN	Bitwise operator by arithmetic assignment	a&b→a＋b
12	OBBA	Bitwise assignment mutation	a&＝b→a|＝b
13	OBBN	Bitwise operator mutation	a&b→a|b
14	OBEA	Bitwise assignment by plain assignment	a&＝b→a＝b
15	OBLN	Bitwise operator by logical operator	a&b→a&&b
16	OBRN	Bitwise operator by relational operator	a&b→a＜b
17	OBSA	Bitwise assignment by shift assignment	a&＝b→a＜＜＝b
18	OBSN	Bitwise operator by shift operator	a&b→a＜＜b
19	OEAA	Plain assignment by arithmetic assignment	a＝b→a＋＝b
20	OEBA	Plain assignment by bitwise assignment	a＝b→a&＝b
21	OESA	Plain assignment by shift assignment	a＝b→a＜＜＝b
22	OLAN	Logical operator by arithmetic operator	a&&b→a＋b
23	OLBN	Logical operator by bitwise operator	a&&b→a&b
24	OLLN	Logical operator mutation	a&&b→a || b
25	OLRN	Logical operator by relational operator	a&&b→a＜b

序号	变异算子	全称	说明/示例
26	OLSN	Logical operator by shift operator	a&&b→a<<b
27	ORAN	Relational operator by arithmetic operator	a<b→a+b
28	ORBN	Relational operator by bitwise operator	a<b→a&b
29	ORLN	Relational operator by logical operator	a<b→a&&b
30	ORRN	Relational operator mutation	a<b→a<=b
31	ORSN	Relational operator by shift operation	a<b→a<<b
32	OSAA	Shift assignment by arithmetic assignment	a<<=b→a+=b
33	OSAN	Shift operator by arithmetic operator	a<<b→a+b
34	OSBA	Shift assignment by bitwise assignment	a<<=b→a|=b
35	OSBN	Shift operator by bitwise operator	a<<b→a&b
36	OSEA	Shift assignment by plain assignment	a<<=b→a=b
37	OSLN	Shift operator by logical operator	a<<b→a&&b
38	OSRN	Shift operator by relational operator	a<<b→a<b
39	OSSA	Shift assignment mutation	a<<=b→a>>=b
40	OSSN	Shift operator mutation	a<<b→a>>b

表 9 - 4　C 语言中的一元操作符变异算子

序号	变异算子	全称	说明/示例
1	OPPO	Increment	++a→a++和--a
2	OMMO	Decrement	--a→a--和++a
3	OLNG	Logical negation	a&&b→a&&! b,! a&&b 和! (a&&b)
4	OCNG	Logical context negation	((a<b)&&(c>d))→(! (a<b)&&(c>d))
5	OBNG	Bitwise negation	a&b→a&~b, ~a&b 和~(a&b)
6	OIPM	Indirection operator precedence mutation	*a++→(*a)++和++(*a)
7	OCOR	Cast operator by cast operator	double↔char *, int * 和 float *

2. 语句变异算子

　　语句变异算子的变异对象是整个语句或者语句中的关键语法元素。其中有些算子仅仅用来保证代码覆盖率，它们并没有模拟任何程序错误（如 STRP）。C 语言中语句变异算子共 15 个，如表 9 - 5 所示。

表 9 - 5　C 语言中的语句变异算子

序号	变异算子	全称	说明
1	SBRC	Break replacement by continue	使用 continue 替换 break
2	SBR$_n$	Break out to nth level	break 到第 n 层
3	SCRB	Continue replacement by break	使用 break 替换 continue
4	SDWD	Do-while replacement by while	使用 while 替换 do-while
5	SGLR	Goto label replacement	互换 goto 语句的标签
6	SMVB	Move brace up and down	上（下）移动右花括号
7	SRSR	Return replacement	互换 return 语句
8	SSDL	Statement deletion	删除语句
9	SSOM	Sequence operator mutation	顺序操作符变异
10	STRI	Trap on if condition	if 条件陷阱
11	STRP	Trap on statement execution	语句执行陷阱
12	SMTC	N-trip continue	多次迭代继续
13	SSWM	Switch statement mutation	switch 语句变异
14	SMTT	N-trip trap	多次迭代陷阱
15	SWDD	While replacement by do-while	使用 do-while 替换 while

　　语句变异算子 STRP 的主要目的是发现被测程序中不可达的代码。其基本思想是将被测程序 P 中的每一条语句都系统化地用 trap_on_statement() 替换，然后使用测试用例执行变体，如果执行到了 trap_on_statement()，那么就终止该变体的执行，表明该语句被执行到了。被识别出的变体就是被杀死的可区分变体。

　　【例 9.4】　假设存在如下程序 P9.3，使用 STRP 算子对其进行变异，可得到 4 个变体：M1～M4。它们的代码分别如下。

程序 P9.3

```
①for(i=1;i<5;i++){
②    if(x>y)
③        x++;
④    else
⑤        y++;
⑥}
```

变体 M1

```
①trap_on_statement()
```

变体 M2

```
①for(i=1;i<5;i++){
②        trap_on_statement();
③}
```

变体 M3

①for(i=1;i<5;i++){
②　　if(x>y)
③　　　　trap_on_statement();
④}

变体 M4

①for(i=1;i<5;i++){
②　　if(x>y)
③　　　　x++;
④　　else
⑤　　　　trap_on_statement();
⑥}

如果某个测试用例集能够识别出例9.4的所有4个变体,则表明该测试用例集是充分的,能够保证例9.4中所有语句都至少被执行一次。如果将变异算子 STRP 应用到整个程序上,则需要设计出足够的测试用例来确保每条语句都被执行到(类似于语句覆盖)。如果找不到合适的测试用例集,则表明程序中存在不可达语句,不能满足语句覆盖标准。

SSDL 是语句删除算子,用来表示程序中每条语句对输出都有一定影响。当应用 SSDL 算子时,程序中每条语句都会被系统化地删除。为保证程序变体的语法正确,在删除语句时,保留了分号";"。

【例 9.5】 针对程序 P9.3,使用 SSDL 算子对其进行变异,可得到4个变体:M5~M8。它们的代码分别如下。

变体 M5

①;

变体 M6

①for(i=1;i<5;i++){
②;
③}

变体 M7

①for(i=1;i<5;i++){
②　　if(x>y)
③　　　　;
④　　else
⑤　　　　y++;
⑥}

变体 M8

①for(i=1;i<5;i++){
②　　if(x>y)
③　　　　x++;
④　　else
⑤　　　　;
⑥}

3. 变量变异算子

变量变异模拟程序中发生的标识符错误,这类错误可能会在程序中长时间存在而难以被发现。C 语言中共有13个变量变异算子,如表9-6所示。

表 9-6　C 语言中的变量变异算子

序号	变异算子	全称	说明
1	VASM	Array reference subscript mutation	数组引用下标变异
2	VDTR	Absolute value mutation	绝对值变异
3	VGAR	Mutate array references using global array references	使用全局数组引用替换数组引用

序号	变异算子	全称	说明
4	VGLA	Mutate array references using both global and local array references	使用全局、局部数组引用替换数组引用
5	VGPR	Mutate pointer references using global pointer references	使用全局指针引用替换指针引用
6	VGSR	Mutate scalar references using global scalar references	使用全局标量引用替换标量引用
7	VGTR	Mutate structure references using global structure references	使用全局结构引用替换结构引用
8	VLAR	Mutate array references using local array references	使用局部数组引用替换数组引用
9	VLPR	Mutate pointer references using local pointer references	使用局部指针引用替换指针引用
10	VLSR	Mutate scalar references using local scalar references	使用局部标量引用替换标量引用
11	VLTR	Mutate structure references using only local structure references	使用局部结构引用替换结构引用
12	VSCR	Structure component replacement	结构元素替换
13	VTWD	Twiddle mutations	摆动变异

变量变异算子 VSCR 模拟程序中存在的引用错误结构成员的错误。这里的"结构成员"指的就是使用结构体 struct 类型符号声明的数据成员。

【例 9.6】　假设存在如下结构体声明及结构体变量 t、r：

```
struct test{
    int a;
    char b;
    int c;
    int d[3];
} t, r;
```

使用 VSCR 变异算子对其进行变异，引用 t.a 会被替换成 t.b 或 t.c，t.d[x]会被替换成 t.a、t.b 或 t.c，对 t 的引用则会被 VGSR 或 VLSR 变异算子替换为对 r 的引用。

变异算子 VTWD 称为摆动变异：模拟程序中出现的变量或表达式的实际值与预期值可能有±1 的偏差。该变异算子在检查变量的边界条件时非常有用。例如，对代码片段"b＝a"使用 VTWD 变异算子，会得到变体："b＝a＋1"。

4. 常量变异算子

常量变异算子用来检验程序中是否存在巧合的正确性，类似于标量变量的替换算子。一个常量被定义之后就不能再被改变或者被取消，而标量类型包括整型、布尔型、字符型、浮点型等。在程序编写过程当中，程序员可能会犯的一个错误：使用错误的常量代替了正确常量或其他变量。C 语言中的常量变异算子共有 5 个，如表 9 - 7 所示。

表 9 - 7　C 语言中的常量变异算子

序号	变异算子	全称	说明
1	CGCR	Constant replacement using global constants	使用全局常量替换程序中出现的常量
2	CLSR	Constant for scalar replacement using local constants	使用局部常量替换程序中出现的标量
3	CGSR	Constant for scalar replacement using global constants	使用全局常量替换程序中出现的标量
4	CRCR	Required constant replacement	必需的常量替换
5	CLCR	Constant replacement using local constants	使用局部常量替换程序中出现的常量

CRCR 变异算子是必需的常量替换。假设,集合 $A = \{1, 0, -1, i\}$ 和集合 $B = \{1.0, 0.0, -1.0, r\}$,其中,$i$ 表示用户指定的一个整数常量,r 表示用户指定的一个实数常量。CRCR 变异算子用于模拟程序员可能犯的这类错误:程序中的某条语句本应该使用集合 A 或 B 中的元素,但程序员却使用了其他变量。采用 A 或 B 中的元素替换程序中的每一个标量引用:如果该标量引用是一个整数,就用 A 中的元素替换;如果该引用是浮点类型的,就用 B 中的元素替换;如果该引用是通过指针实现的,那么就用 null 替换它。

【例 9.7】　假设存在语句 c = ＊a ＋ b,其中 c 和 b 都是整数,a 是指向整数的指针,对该语句进行 CRCR 变异,可得到如下 5 个变体:

M1:c = ＊a ＋ 1
M2:c = ＊a ＋ 0
M3:c = ＊a ＋ (－1)
M4:c = ＊a ＋ i
M5:c = null ＋ b

9.3.3　Java 语言的变异算子

Java 作为一种面向对象程序设计语言,具有类和继承等机制。研究人员针对 Java 语言,共设计了 45 个变异算子。一部分变异算子来自于 FORTRAN 和 C 等过程式程序设计语言中的变异算子,作用于 Java 中类内方法,称为方法级变异算子或传统变异算子,如表 9 - 8 所示。还有一部分变异算子与面向对象方法以及 Java 语言有关,称为类变异算子,如表 9 - 9 所示。

表 9 - 8　Java 语言中的方法级变异算子

序号	变异算子	全称	中文名称
1	AOR	Arithmetic operator replacement	算术操作符替换
2	AOI	Arithmetic operator insertion	算术操作符插入
3	AOD	Arithmetic operator deletion	算术操作符删除
4	ROR	Relational operator replacement	关系操作符替换
5	COR	Conditional operator replacement	条件操作符替换
6	COI	Conditional operator insertion	条件操作符插入

序号	变异算子	全称	中文名称
7	COD	Conditional operator deletion	条件操作符删除
8	SOR	Shift operator replacement	移位操作符替换
9	LOR	Logical operator replacement	逻辑操作符替换
10	LOI	Logical operator insertion	逻辑操作符插入
11	LOD	Logical operator deletion	逻辑操作符删除
12	ASR	Assignment operator replacement	赋值操作符替换
13	SDL	Statement deletion	语句删除
14	VDL	Variable deletion	变量删除
15	CDL	Constant deletion	常量删除
16	ODL	Operator deletion	操作符删除

表 9 - 9　Java 语言中的类变异算子

序号	变异算子	全称	中文名称
1	AMC	Access modifier change	访问修饰符变更
2	IHD	Hiding variable deletion	隐藏变量删除
3	IHI	Hiding variable insertion	隐藏变量插入
4	IOD	Overriding method deletion	重写方法删除
5	IOP	Overriding method calling position change	重写方法调用位置更改
6	IOR	Overriding method rename	重写方法重命名
7	ISI	Super keyword insertion	super 关键字插入
8	ISD	Super keyword deletion	super 关键字删除
9	IPC	Explicit call to a parent's constructor deletion	显式调用父级的构造器删除
10	PNC	New method call with child class type	子类类型的新方法调用
11	PMD	Member variable declaration with parent class type	父类类型的成员变量声明
12	PPD	Parameter variable declaration with child class type	子类类型的参数变量声明
13	PCI	Type cast operator insertion	类型转换操作符插入
14	PCC	Cast type change	强制类型转换
15	PCD	Type cast operator deletion	类型转换操作符删除
16	PRV	Reference assignment with other comparable variable	其他可比变量的引用分配
17	OMR	Overloading method contents replace	重载方法内容替换
18	OMD	Overloading method deletion	重载方法删除
19	OAC	Arguments of overloading method call change	更改重载方法的参数
20	JTI	This keyword insertion	this 关键字插入
21	JTD	This keyword deletion	this 关键字删除

序号	变异算子	全称	中文名称
22	JSI	Static modifier insertion	静态修饰符插入
23	JSD	Static modifier deletion	静态修饰符删除
24	JID	Member variable initialization deletion	成员变量初始化删除
25	JDC	Java-supported default constructor deletion	Java 支持的默认构造方法删除
26	EOA	Reference assignment and content assignment replacement	引用分配和内容分配替换
27	EOC	Reference comparison and content comparison replacement	引用比较和内容比较替换
28	EAM	Accessor method change	存取访问器方法变更
29	EMM	Modifier method change	修饰方法变更

Java 语言中的方法级变异算子,与 C 语言中的变异算子相对应,本节主要针对 Java 语言中的类变异算子,从继承、重载以及多态等几个方面进行举例说明。

1. 封装相关的变异算子

面向对象程序设计的一个特点就是封装。但在应用封装的过程中,人们常犯的一个错误是对属性以及方法的访问权限不清楚,可能会发生错误。错误的访问设计并不一定总是引起软件失效,但是,当类被其他类继承、集成以及修改时,可能会导致错误的行为。

关于封装方面,人们设计一个变异算子 AMC(Access Modifier Change),即访问控制修饰符变更。AMC 的目的是指导测试人员能够产生足够合适的测试用例来保障访问的正确性。例如,假设存在代码"public int x;",那么,应用 AMC 之后,会生成 3 个变体"private int x;""protected int x;"和"int x;"。

2. 继承相关的变异算子

继承是面向对象程序设计中非常重要的特性,可以提高代码的复用。但如果不正确地使用继承,会带来许多错误。人们设计了一些变异算子来测试使用继承的几个方面:变量隐藏(Variable Shadowing)、方法重载(Method Over Riding)、super 的使用以及定义构造方法。人们共设计了 8 个继承相关的变异算子,如表 9-9 中的算子 2~9。

变量隐藏可能使得子类中定义的变量将父类中的同名变量给屏蔽了。用户可能会在子类中错误的重新声明父类中的变量与方法,IHD、IHI、IOD、IOP 等变异算子模拟的就是这类错误。IOD 变异算子为隐藏变量删除算子,用于删除子类中的同名变量。IOP 为重载方法调用位置变化算子,用于模拟在不正确的时间调用父类的重名方法。

【例 9.8】 针对程序 P9.4,采用 IHD 算子得到变体 M1,它们的代码如下。

程序 P9.4

```
class Parent {
    int x;
    ...
}

class Child extends Parent {
    int x;
    ...
}
```

变体 M1

```
class Parent {
    int x;
    ...
}

class Child extends Parent {
        // int x;   // 删除
        ...
}
```

【例 9.9】　针对程序 P9.5,采用 IOP 算子得到变体 M1,它们的代码如下。

程序 P9.5

```
class Parent {
    ...
    void setNum() {
        num = 4;
        ...
    }
}
class Child extends Parent {
    ...
    void setNum() {
        super.setNum();
        num = 6;
    }
}
```

变体 M1

```
class Parent {
    ...
    void setNum() {
        num = 4;
        ...
    }
}
class Child extends Parent {
    ...
    void setNum() {
        num = 6;
        super.setNum();
    }
}
```

3.多态相关的变异算子

作为面向对象程序设计的一种机制,多态允许程序在运行时动态指定对象。人们设计了一些与多态有关的变异算子,来检验程序中的动态绑定是否正确。这类变异算子包括 PNC、PMD、PPD、PCI 等。PNC 是用子类创建对象算子。例如,假定类 Child 是类 Parent 的子类,则对于原程序"Parent a;a = new Parent();",使用 PNC 之后,得到变体"Parent a;a = new Child();"。PMD 是使用父类进行成员变量声明算子。例如,假定类 Child 是类 Parent 的子类,则对于原程序"Child a; a = new Child();",使用 PMD 之后,得到变体"Parent a; a = new Child();"。人们共设计了 10 个多态相关的变异算子,如表 9 - 9 中算子 10~19。

4.Java 特有的变异算子

一些面向对象特性在不同的语言中表现是不同的。人们还设计了 10 个 Java 特有的变异算子,如表 9 - 9 中的算子 20~29。如:JTI 变异算子为 this 关键字插入算子,检查是否正确地使用了成员变量。JTD 变异算子通过删除被测程序中的 this 关键字来生成变体;JSC 变异算子通过删除或增加 static 关键字来生成变体;JID 变异算子通过删除类变量的初始化语句来生成变体;JDC 变异算子通过删除程序员实现的默认构造方法来生成变体;EAM 用于变更访问方法来得到变体。

【例 9.10】　针对程序 P9.6,采用 JTI 算子得到变体 M1,采用 JTD 算子得到变体 M2。它们的代码如下。

程序 P9.6

```
class A {
    int x;
    void setX(int x) {
        this.x = x;
    }
}
```

变体 M1

```
class A {
    int x;
    void setX(int x) {
        this.x = this.x;
    }
}
```

变体 M2

```
class A {
    int x;
    void setX(int x) {
        x = x;
    }
}
```

9.4　结合数据流约束的变异测试用例生成

正如第 4 章所述,程序在执行过程中与数据有较强的依赖关系。编者团队给出了一种结合数据流约束的变异测试用例生成方法,充分考虑数据流约束并且权衡所加入数据依赖结点的重要性,结合控制流约束和数据流约束建立合适的适应度函数模型,将测试用例求解问题转换为适应度函数优化问题,基于遗传算法所具备的全局优化功能进行求解,以个体适应度指导测试用例集的进化,最终得到目标测试用例。该方法具体流程如图 9 - 2 所示。

方法首先针对被测程序,采用变异算子生成变体集合,然后构建程序控制流图。在此基础上,建立控制流约束函数和数据流约束函数,并进一步建立适应度函数。接着,以最小化适应度函数为目标,采用遗传算法得到测试用例。

控制流约束用于满足可达性条件,其计算依赖于被测程序的控制流图和内部结构。首先分析变异语句的逼近水平,然后根据变异语句所在分支的谓词表达式计算分支距离,最后将逼近水平和分支距离线性叠加构造出控制流约束函数。其计算如式(9 - 2)所示。

$$\text{cf\_constraint} = \text{appr}(t) + \text{normalize}(\text{dist}(t)) \tag{9 - 2}$$

其中:$\text{appr}(t)$是逼近水平,用来度量测试用例如 t 何覆盖目标变异语句,表示测试用例的执行路径与目标变异语句的偏离程度。它根据未被执行的目标变异语句的控制依赖结点的数量进行计算。逼近水平的值越小,测试用例的执行路径与目标变异语句所在分支的距离越近。$\text{dist}(t)$表示分支距离,用来评估目标分支被选择的远近程度,表示使目标分支条件为真或假的满足程度。它根据目标变异语句所在分支的条件语句计算,具体计算如表 9 - 10 或表 9 - 11 所示。分支距离的值越小,测试用例的执行路径对目标变异语句的覆盖程度越好。$\text{normalize}(\text{dist}(t))$为标准化分支距离,其计算如式(9 - 3)所示。

$$\text{normalize}(\text{dist}(t)) = 1 - 1.01^{-\text{dist}(t)} \tag{9 - 3}$$

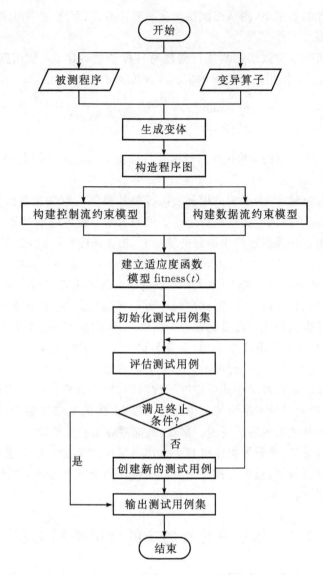

图 9 - 2　结合数据流约束的变异测试用例生成方法流程图

表 9 - 10　简单谓词分支距离

分支条件		$a=b$	$a\neq b$	$a<b$	$a>b$	$a\leqslant b$	$a\geqslant b$
分支距离	取真	0	0	0	0	0	0
	取假	$|a-b|$	1	$|a-b|+0.1$	$|a-b|+0.1$	$|a-b|$	$|a-b|$

表 9 - 11　复杂谓词分支距离

复合条件		$\alpha||\beta$	$\alpha\&\&\beta$
分支距离	取真	$\min\{\mathrm{dist}(\alpha),\mathrm{dist}(\beta)\}$	$\mathrm{dist}(\alpha)+\mathrm{dist}(\beta)$
	取假	$\mathrm{dist}(\alpha)+\mathrm{dist}(\beta)$	$\min\{\mathrm{dist}(\alpha),\mathrm{dist}(\beta)\}$

控制流约束函数的值越小,测试用例越满足必要性条件;反之,控制流约束函数的值越大,测试用例越偏离必要性条件。

数据流约束用于表示测试用例的执行路径对目标变量的定义-使用路径的覆盖程度,由变异语句中变量的定义-使用路径覆盖确定。其计算如式(9-4)所示。

$$df\_constraint(t) = 1 - \frac{def\text{-}use(t)}{\sum_{i-1}^{T} def\text{-}use(i)} \tag{9-4}$$

其中:def-use(t)表示测试用例t的执行路径覆盖目标变量的定义-使用路径数量;T表示测试用例集的规模。

数据流约束函数值越小,表示测试用例的执行路径提供的数据流覆盖越充分;反之,数据流约束函数值越大,表示测试用例的执行路径提供的数据流覆盖越不充分。

在控制流约束函数和数据流约束函数的基础上,构建适应度函数,如式(9-5)所示。

$$fitness(t) = a * cf\_constraint(t) + b * df\_constraint(t) \tag{9-5}$$

其中:a,b分别为控制流约束函数和数据流约束函数的权重系数,其定义域均为[0,1],且$a+b=1$。

由于控制流约束函数的值越小,测试用例越满足可达性条件;数据流约束函数的值越小,测试用例的执行路径提供的代码覆盖越充分。所以,个体适应度函数的值越小,测试用例的执行路径与目标变异语句间的距离越小,且对变异语句中变量的定义-使用路径覆盖越充分。因此,测试用例生成问题转换为适应度函数的最小化问题。

可以采用遗传算法来求解最小化适应度函数问题,根据适应度值动态调整测试用例生成过程,从而提高测试用例质量并尽可能减少冗余。首先,随机生成初始测试用例集合,然后根据式(9-5)计算每个测试用例的适应度。接着,根据适应度的大小评价测试用例的优劣,并选择好的测试用例进行交叉、变异等操作得到下一代测试用例集合。如果生成的测试用例集合满足要求,则停止迭代;否则,重新选择好的测试用例进行交叉和变异,如此反复,直到得到满足要求的测试用例集合。

9.5　基于充分性约束的测试用例生成

结合数据流约束的变异测试用例生成方法虽然在一定程度上得到了效果较好的测试用例集,但其对于被测程序在谓词变异较少的情况下优势并不明显。为此,编者团队给出了基于充分性约束的变异测试用例生成方法,其基本流程如图9-3所示。

该方法首先针对被测程序采用变异算子生成变体。接着,构建程序控制流图,在此基础上分别建立可达性条件水平模型、必要性条件水平模型、充分性条件水平模型,并进一步建立适应度模型。然后采用结合爬山算法的遗传算法来得到测试用例。

可达性条件保证变异语句被用例的执行路径所覆盖,可描述为从开始到变异点的各条路径分支条件的并,一般使用路径表达式来表示。可达性条件水平函数reach(t)使用逼近水平和分支距离来度量,计算过程等同于9.4节式(9-2)所述的控制流约束函数cf_constraint。

必要性条件要求在测试用例执行时,目标变异语句所引起的程序状态异于原被测程序中的程序状态。该条件测量变异体的分支距离,也就是测量测试用例发现变异语句与原被测试程序之间差异的能力。必要性条件水平计算如式(9-6)所示。

$$\text{neces}(t)=\text{normalize}(\text{Pdist}(t))=1-1.01^{-\text{Pdist}(t)} \tag{9-6}$$

其中:Pdist(t)为谓词变异距离,由式(9-7)计算所得。

$$\text{Pdist}(t)=\min[\text{TOdist}(t)+\text{FMdist}(t),\text{FOdist}(t)+\text{TMdist}(t)] \tag{9-7}$$

其中:TOdist(t)和 FOdist(t)分别表示原程序中目标谓词为真和假时的分支距离;TMdist(t)
和 FMdist(t)分别表示变异体中变异分支谓词为真和假时的分支距离;根据表9-10、表9-11
即可得到它们的值。

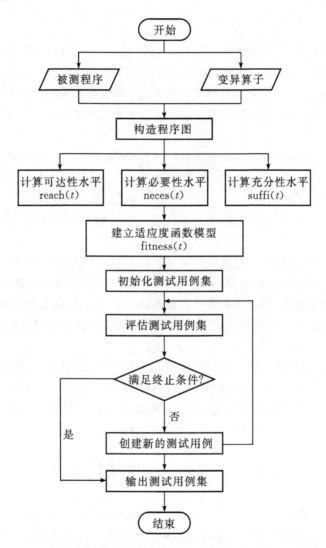

图9-3　基于充分性约束的变异测试用例生成方法流程

如果必要性条件水平取值为0,则说明测试用例满足必要性条件,能够发现变体与其父体
语句之间的差异。如果必要性条件水平取值不为0,则说明测试用例不适合将这种差异传播
到变异语句的输出。对于复合语句,需要考虑整个程序语句之间的整体差异而不仅仅是突变
语句所在的分支。

充分性条件水平模型用于指导用例的生成朝着能够识别原被测试程序和变异体之间差异

的方向。它试图通过测量变异体对程序执行的影响,去逼近变异体的充分条件。使用测试用例在原程序和变异体中的执行踪迹和影响来测量充分性条件。对于一个测试用例,若将其执行后,原程序和变异体的输出结果不同,表明变异语句的感染能力已经传播到了程序执行结束,此时充分性条件满足,变异体可以被该测试用例杀死。若用例执行后原程序和变异体的输出值相同,则反映出此测试用例对变异语句的传播能力表现较弱。充分性条件水平的计算如式(9-8)所示。

$$\text{suffi}(t) = 1 - \frac{|\text{dist}(X_P) - \text{dist}(X_M)|}{|\text{dist}(X_P) - \text{dist}(X_M)| + 1} \tag{9-8}$$

其中:$\text{dist}(X_P)$ 和 $\text{dist}(X_M)$ 分别表示原程序和变体中目标语句的分支距离,根据表 9-10 和表 9-11 计算;$|\text{dist}(X_P) - \text{dist}(X_M)|$ 表示原程序及其变体执行路径之间的直接偏差,其值越大,充分性条件函数的值就越小,表明所执行测试用例表现出的变异语句的状态传播能力就越强。

适应度函数由可达性条件水平、必要性条件水平和充分性条件水平组成,其计算如式(9-9)所示。

$$\text{fitness}(t) = a * \text{reach}(t) + b * \text{neces}(t) + c * \text{suffi}(t) \tag{9-9}$$

其中:a、b、c 分别为可达性条件水平、必要性条件水平和充分性条件水平的权重系数,且 $a+b+c=1$。当可达性条件不满足时,变异测试用例就失去了其存在的意义;当必要性条件不满足时,变异测试则失去了先行条件;而充分性条件水平则衡量了变异语句的传播感染能力。所以,要求 $a > b > c$。

因为,可达性条件取值越小,测试用例对可达性条件的满足程度越高;必要性条件取值越小,测试用例越接近必要性条件要求;充分性条件取值越小,测试用例体现出的充分性越高。所以,适应度函数取值越小,测试用例适应度越高;反之,适应度函数取值越大,测试用例适应度越低。所以,本方法使用测试用例的适应度值来指导测试用例的搜索,以及最终用例集的生成。

可以采用遗传算法来进行测试用例的生成与选择。首先随机生成初始测试用例集合,然后根据每个测试用例的适应度,选择好的测试用例进行交叉变异从而得到更好的测试用例集合,直至满足要求。在遗传算法搜索过程中,采用爬山法进行局部寻优,从而提高搜索效率。当然,读者也可以采用其他方法来生成和选择测试用例。

9.6　集成变异测试用例生成

有关研究表明,在软件开发过程中,有 40% 的错误来源于集成阶段。与单元级变异测试不同,集成级变异测试不需要考虑单元之间的控制流覆盖和数据流覆盖,它重点关注单元之间或子系统之间的交互接口。

集成变异测试的目标是尽可能多地发现单元交互时可能存在的潜在问题,评估和改进集成测试用例集。接口变异仅发生在单元间的接口相关点或连接处,语法变换由接口变异算子确定,在程序上应用一个接口变异算子可能会生成零个或多个变体。一旦产生变体,接口变异测试的后续步骤与传统的变异测试相同:执行变体,评估测试用例集的充分性。

假设程序单元 F1 调用单元 F2,P 是 F1 调用 F2 时所传递的参数值,R 是 F2 返回给 F1 的结果。当 F1 调用 F2 时,可能发生如图 9-4 所示的 3 类错误:①F1 调用 F2 时,传递错误的参数值 P,单元 F2 由于错误的参数值在执行过程中发生错误;②F1 调用 F2 时,传递错误的参数值 P,单元 F2 在执行过程中未发生错误,但返回了错误结果 R,并进一步导致 F1 输出错误结果;③F1 调用 F2 时,传递正确的参数值 P,但 F2 返回了错误的结果,并进一步导致 F1 输出错误结果。

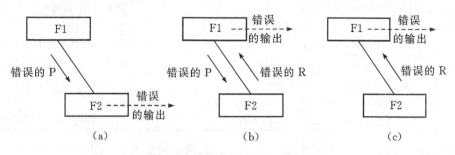

图 9-4 集成过程中的 3 类错误

单元 F1 调用 F2 时,通常采用 4 种方式传递数据:①F1 通过输入参数将数据传递给 F2;②通过输入/输出参数或引用将数据传递给 F2 或返回给 F1;③通过全局变量在 F1 和 F2 之间传递数据;④F2 通过返回值将数据传递给 F1。这 4 种数据传递方式并不相互排斥,在某个调用关系中,可能同时存在这 4 类传递方式。

9.6.1 集成变异算子

与单元级的变异测试相同,集成变异测试的核心也是变异算子的设计。这里仅考虑两个单元之间的集成。针对调用程序和被调用程序,分别给出它们的接口变异算子,如表 9-12、表 9-13 所示。需要注意,这里给出的变异算子只是参考,不同的研究人员给出的变异算子不同,读者也可以根据自身经验和需求,设计出完全不同的变异算子。

表 9-12 被调用程序的接口变异算子

变异算子	全称	说明
DVR	Direct Variable Replacement	直接替换接口变量
DCR	Direct Constant Replacement	直接替换接口常量
IVR	Indirect Variable Replacement	替换其他变量间接改变接口变量
ICR	Indirect Constant Replacement	替换其他常量间接改变接口变量
DER	Direct Expression Replacement	将接口变量替换为表达式
DVID	Direct Variable Increment and Decrement	接口变量自增/自减
IVID	Indirect Variable Increment and Decrement	接口变量间接增/减
DAN	Direct Arithmetic Negation	插入算术负操作符
DLN	Direct Logic Negation	插入逻辑非操作符
DBN	Direct Bit Negation	插入位取反操作符
RSD	Return Statement Deletion	返回语句删除
RSR	Return Statement Replacement	返回语句替换

表 9 - 13　调用程序的接口变异算子

变异算子	全称	说明
AR	Argument Replacement	同类型参数替换
AS	Argument Switch	参数顺序调换
AD	Argument Deletion	参数去除（删除）
FCD	Function Call Deletion	调用语句删除
AAN	Argument Arithmetic Negation	对变量插入算术负操作符
ALN	Argument Logic Negation	对变量插入逻辑非操作符
ABN	Argument Bit Negation	对变量插入位取反操作符
STVR	Small Type Variable Replace	将变量替换为小类型变量
STCR	Small Type Constant Replace	将常量替换为小类型常量

被调用程序的接口变异算子主要分为 5 类。假设单元 f 调用 g，P(g)为单元 g 的形参集合，G(g)、E(g)和 L(g)分别为单元 g 访问的全局变量集合、未访问的全局变量集合和声明的局部变量集合，C(g)为单元 g 使用的常量集合，R(g)为所需的常量集合。

1）直接替换算子

直接替换算子针对被调程序，直接将单元 g 的输入参数用另一个变量或常量替换。例如：DVR 算子将集合 P(g)和 G(g)中的元素替换为不同的变量（可以用 G(g)中的其他元素，也可以用 E(g)中的元素等）。DCR 算子将单元 g 需要的常量替换为其他常量（可以是 C(g)或 R(g)中的元素）。

2）间接替换算子

间接替换算子改变与接口变量有关的变量/常量的值，从而当发生单元 f 调用 g 时，输入给 g 的参数值发生了变化。间接替换算子包括间接变量替换算子 IVR 和间接常量替换算子 ICR，这两个算子作用于使用 G(g)和/或 L(g)集合中元素的位置。例如，假定单元 g 的源码如程序 P9.7 所示，它的变体 M1 如下所示。变异为对 g 的局部变量 x 的值进行修改，从而改变了 g 的返回值。

程序 P9.7

```
int g(int a) {
    int x = a + 5;
    int y = 2 * x;
    return y;
}
```

变体 M1

```
int g(int a) {
    int x = a + 10;
    int y = 2 * x;
    return y;
}
```

3）表达式替换算子

表达式替换算子也属于直接替换算子，用表达式替换接口变量的取值。直接表达式替换算子 DER 将集合 P(g)和 G(g)中的元素替换为表达式。

4）变量增减算子

变量增减算子用于将自增操作符（++）和/或自减操作符（−−）作用于接口变量，或作用于被调用函数的局部变量从而影响返回值。例如，对于被调单元 g 的参数 a，可以变异为 a++、++a、a−−以及−−a。对于程序 P9.7 给出的程序 g，可以对语句"y = 2 * x"中的 x 执行自增或自减操作。

5）一元操作符插入算子

对接口参数进行一元操作符变异，插入算术负操作符（一）、逻辑非操作符（!）以及按位取反操作符（～）等。这类变异算子包括：直接算术负操作算子 DAN、直接逻辑非操作算子 DLN、直接位取反操作算子 DBN。例如，对于程序 P9.7，存在一个程序 f 通过语句 g(x)来调用 g，其中 x 是 f 中的一个局部整型变量；如果采用算子 DAN，则将语句 g(x)变异为 g(－x)。

6）返回语句变异算子

对被调程序的返回语句进行变异，从而改变程序的返回值。返回语句变异算子包括两个：返回语句删除算子 RSD 和返回语句替换算子 RSR。RSD 算子每次删除一条被调程序中的返回语句，使得程序本应该停止运行并返回结果时，继续执行。RSR 算子将某个返回语句替换为其他语句。例如，假设被调单元 g 如程序 P9.8 所示，M1 是执行 RSD 算子得到的变体，M2 是执行 RSR 算子得到的变体。

程序 P9.8	**变体** M1	**变体** M2
int g(int a) {	int g(int a) {	int g(int a) {
if(a>1)	if(a>1)	if(a>1)
return 1;	;	return 1;
return 0;	return 0;	return 1;
}	}	}

调用单元的变异算子主要包括：参数替换算子、参数调换算子、参数去除算子、调用语句删除算子以及小类型替换算子。参数替换算子 AR 将调用语句中的参数替换为另外一个参数。参数调换算子 AS 将调用语句中的参数顺序进行改变，需要注意，该算子只进行相互兼容的参数调换，否则编译无法通过。参数去除算子 AD 用于删除参数，每次删除一个。调用语句删除算子 FCD 用于删除调用关系，这相当于是语句删除。但需要注意，在删除调用语句之后，程序依然能够执行。对于应用于表达式中的调用，删除该调用之后，需要用某个实数来替换它。例如，假设存在程序语句"if(g(a) > 5)"，在应用 FCD 之后，得到的变体为"if(3 > 5)"或"if(8.7 > 5)"或其他。此外，还可以在调用语句之前的合适位置，对接口参数执行一元操作符变异，包括 AAN、ALN 和 ABN 算子。

集成变异算子的定义主要基于传统变异测试中变异算子的经验。需要注意，调用程序的变异算子不适用于直接递归函数调用。由于这些算子需要在调用函数的调用点和被调函数中进行变异操作，对于直接递归，这两种变异是在同一个函数中进行的，这会使测试工作变复杂。同时，这组变异算子也不适合含有可变参数的函数调用。

被调用程序的变异算子以更完整的方式处理接口，但代价更高。在增量测试中，调用程序变异之后，应该选择将变异直接应用于接口变量和返回语句中。这直接影响着两个相互关联单元之间的交互，并有望在集成错误揭示方面产生更有效的测试用例。接着考虑间接接口变异算子的应用，即非接口变量和常量的变异。首先为这些变异算子创建一组最小的变体，然后根据成本和重要度约束逐步增加数量。

调用程序的变异算子被设计为测试在函数调用和参数传递方面的常见错误。大多数情况下，这种变异算子强制选择测试用例，这些测试用例表明每个参数在函数接口中都有不同的作用。如果一个参数没有被引用，或者不影响被调函数中的任何计算，那么就无法区分应用于这个参数的变异，可能会从接口中消除该参数。将调用程序中的变异算子应用于软件系统中的每一个连接,保证程序中的调用覆盖是最低要求。

使用调用程序的变异算子进行接口变异的复杂度与被调单元的形参数成正比,使用被调用程序的变异算子进行变异的复杂度与被调函数中可访问变量的数量成正比。对调用程序变体来说,等价性问题更容易确定,因为它可能不需要完全理解所调用函数的内部结构。因此,调用程序变异是测试用例集评估开始时生成初始变体的良好选择。

9.6.2 集成变异测试用例生成

集成变异测试的一个目的是构建效果良好的测试用例集,用于检验一对单元之间的交互是否正确。集成变异测试用例集生成过程如图 9-5 所示。

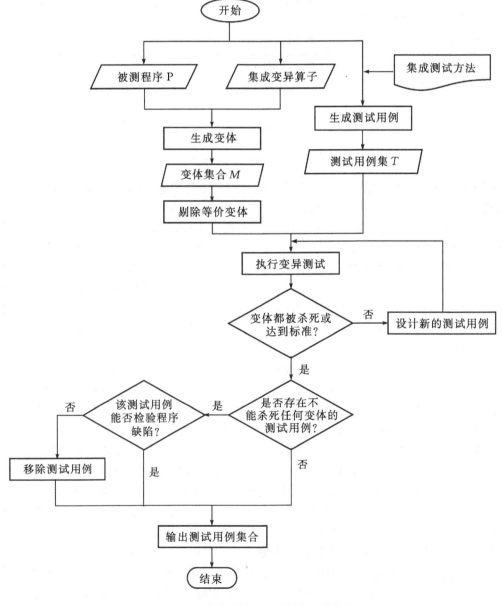

图 9-5 集成变异测试用例集生成流程

　　首先针对被测单元,选择合适的集成变异算子生成变体集合,接着去除等价变体,然后,基于某种测试方法生成一组测试用例,如采用第 5 章讲述的集成测试方法。接下来,将这组测试用例依次作用于每个变体。如果某个测试用例可以杀死变体,则将该测试用例保留;如果某个测试用例无法杀死任何变体,则需要确认是否保留该测试用例。如果该测试用例虽然不能杀死变体,但它可用于检验程序是否存在某类缺陷,则保留;否则,移除该测试用例。当所有测试用例执行完之后,如果还有未杀死的变体,则增加新的测试用例,直到所有变体被杀死为止或达到某个标准结束。

9.7 应用案例

　　为说明变异测试如何应用,本节针对两个案例三角形程序和 NextDate 问题,分别采用方法级变异算子和类变异算子进行测试,其中,三角形程序考察方法级变异测试,NextDate 问题考察类变异测试。

9.7.1 三角形程序

【例 9.10】 三角形程序的面向对象实现。下面是用 Java 语言实现的三角形问题源码。

```java
public class Triangle {
    int result = 0;
    private boolean checkInput(int a, int b, int c)
    {
        if(a<1 || a>100)
            result += -1;
        if(b<1 || b>100)
            result += -2;
        if(c<1 || c>100)
            result += -4;
        if(result < 0)
            return false;
        return true;
    }
    public int getType(int a, int b, int c){
        if(! checkInput(a,b,c))
            return result;
        if(a==b && a==c)
            return 1;
        if(a+b>c && b+c>a && c+a>b)
        {
            if(a==b || a==c || c==b)
                return 2;
```

```
            else return 3;
        }
        else return 4;
    }
}
```

　　三角形程序 Triangle 类包含一个整型属性 result,用来记录输入的三条边 a、b、c 不在有效范围内的具体情况。方法 checkInput 用来检验输入 a、b、c 是否在有效范围内,根据 a、b、c 的取值,来修改 result 的值。方法 getType 返回三角形的类型。getType 方法会首先调用 checkInput,如果输入都合法,则进行三角形类型的判断。getType 方法的返回值分为 11 种情况,具体情况如表 9-14 所示。

表 9-14　　getType 方法返回值

返回值	说明
1	等边三角形
2	等腰三角形
3	普通三角形
4	构不成三角形
−1	a 不在有效范围内
−2	b 不在有效范围内
−3	a 和 b 都不在有效范围内
−4	c 不在有效范围内
−5	a 和 c 不在有效范围内
−6	b 和 c 不在有效范围内
−7	a、b、c 都不在有效范围内

　　由于三角形程序相对简单,只包含 1 个类和两个方法,不存在继承、多态等问题。因此,对于三角形程序,主要采用方法级的变异算子。采用 Java 语言的所有方法级变异算子对 Triangle 类执行变异操作,最终有 12 类共 13 个变异算子产生了变体,而其他算子未产生变体。各个方法级变异算子所产生的变体情况,如表 9-15 所示。表中带下标的变异算子是变异测试工具 muJava 对 9.3.3 节所述 Java 标准变异算子进行细分后的变异算子,其基本含义与标准变异算子相同。如 AOR_B 属于算术操作符替换变异算子 AOR;AOR_B 将某个双目操作符替换为其他双目操作符;而 AOR 不仅涉及双目操作符替换,也涉及单目操作符替换等。关于这些操作符的详细含义以及 muJava 的使用,请读者查阅本书第 13 章 13.5 节或者访问 http://cs. gmu. edu/~offutt/mujava/。

表 9-15　　Triangle 程序的变体

变异算子	变体数量	示例
AOR_B	12	if (a+b>c && b+c>a && c+a>b) → if (a＊b>c && b+c>a && c+a>b)
AOI_S	100	if (a+b>c && b+c>a && c+a>b) → if (a+b>c && b+c>a && c++ +a>b)

变异算子	变体数量	示例
AOI$_U$	2	return result → return −result
AOD$_U$	3	result += −2 → result += 2
ROR	105	if (a < 1 || a > 100) → if (a < 1 || false)
COR	16	if (a == b && a == c) → if (a == b || a == c)
COD	1	if (! checkInput(a, b, c)) → if (checkInput(a, b, c))
COI	23	if (a == b && a == c) → if (a == b && ! (a == c))
LOI	30	if (result < 0)) → if (∼result < 0)
ASR$_S$	12	result += −1 → result * = −1
SDL	24	if (a<1 || a>100) {result+=−1;} →//删除
VDL	6	if (a+b>c && b+c>a && c+a>b) → if (b>c && b+c>a && c+a>b)
ODL	29	if (a == b && a == c) → if (a == c)
合计		363

　　通过分析，Triangle 程序所产生的 363 个变体中，有 21 个是等价变体。在评价某种软件测试技术所产生测试用例集的识别变体能力时，应该去除掉等价变体，即采用剩下的 342 个变体进行评价。下面是两个等价变体示例。

变体 M1

```
private boolean checkInput ( int a,
int b, int c)
{
    if(a<1 || a++>100)
        result += −1;
    if(b<1 || b>100)
        result += −2;
    if(c<1 || c>100)
        result += −4;
    if(result < 0)
        return false;
    return true;
}
```

变体 M2

```
private boolean checkInput ( int a,
int b, int c)
{
    if(a<1 || a−−>100)
        result += −1;
    if(b<1 || b>100)
        result += −2;
    if(c<1 || c>100)
        result += −4;
    if(result < 0)
        return false;
    return true;
}
```

　　采用第 3 章所讲述的黑盒测试技术，针对三角形问题，所设计的测试用例集识别变体能力如表 9 - 16 所示。其中：一般等价类设计的测试用例为 TC＝{1，50，50，等腰三角形}；输出等价类(1)只设计 4 个测试用例，分别针对三角形程序的 4 种输出类型；输出等价类(2)在输出等价类(1)的基础上，考虑 3 种情况的等腰三角形；综合等价类在输出等价类(2)的基础上，分别增加 a、b、c 的 2 个无效等价类情况，共产生 12 个测试用例。

表 9 - 16　黑盒技术识别变体能力情况

测试技术	测试用例数量	识别的变体数	变异评分
普通边界值	13	247	0.72
健壮性测试	19	326	0.95
最坏情况	125	280	0.82
健壮最坏情况	343	342	1
弱/强一般等价类	1	154	0.45
弱健壮等价类	7	154	0.45
强健壮等价类	27	156	0.46
输出等价类(1)	4	203	0.59
输出等价类(2)	6	236	0.69
综合等价类	12	299	0.87
决策表	8	247	0.72
综合黑盒技术	20	335	0.98
改进的综合技术	25	342	1

综合黑盒技术将边界值分析、等价类测试以及基于决策表的测试结合起来,选择了 20 个测试用例。在采用综合黑盒技术之后,还剩下如表 9 - 17 所示的 7 个变体。

表 9 - 17　综合黑盒技术未识别的变体

序号	原程序	原程序	变体
1	if(a==b && a==c)	a == c	a >= c
2	if(a==b && a==c)	c	c++
3	if(a==b && a==c)	c	c--
4	if(a+b>c && b+c>a && c+a>b)	a + b > c	a + b >= c
5	if(a==b ‖ a==c ‖ c==b)	a == b	a >= b
6	if(a==b ‖ a==c ‖ c==b)	a == c	a >= c
7	if(a==b ‖ a==c ‖ c==b)	c == b	c <= b

改进的综合技术是在综合黑盒技术的基础上,增加了如表 9 - 18 所示的 5 个测试用例,来识别综合黑盒技术无法识别的变体。

表 9 - 18　改进的综合技术所增加的测试用例

用例编号	a	b	c	预期输出	覆盖变体
1	5	5	4	等腰三角形	1
2	3	3	5	等腰三角形	2
3	3	3	6	构不成三角形	3、4
4	5	4	3	普通三角形	5、6
5	3	5	4	普通三角形	7

　　从上述变体识别结果可以看出：对于三角形程序变体的识别，等价类测试技术结果最差，边界值分析和决策表测试效果相对较好。健壮类边界值测试要好于非健壮类边界值测试，如健壮性测试所产生的 19 个测试用例，能得到 0.95 的变异评分，而健壮最坏情况则能达到 100％的变异评分，即能够识别出所有变体。将几种技术综合起来，效果更好。对于一些难以识别的变体，通常需要专门设计测试用例。也就是说，对现有测试用例集进行扩充，从而能够以较少的测试用例识别出尽可能多的变体。实验结果在一定程度上表明，程序员可能犯的错误有很多发生在边界附近。

9.7.2　NextDate 问题

　　本节针对第 8 章例 8.3 给出的用 Java 语言实现的 NextDate 问题，采用 Java 类变异算子执行变异操作。最终有 6 个变异算子产生了 27 个变体，而其他算子未产生变体。各个类变异算子所产生的变体情况，如表 9-19 所示。

表 9-19　NextDate 程序的变体

变异算子	变体数量	示例
JTI	2	this. m = m→this. m = this. m
JTD	2	this. y = y→y = y
JSI	8	private Year y→private static Year y
JID	2	private boolean isValid=false→private boolean isValid
JDC	1	删除 public Date( ) {…}
EAM	12	m. getDays()→m. getMonth()
合计		27

　　通过分析，可以发现 Year 类中的 getYear 方法等价于其继承于父类的 getCurrentPos 方法，因此，在调用这两个方法时可以互换。同理，Month 类的 getMonth 方法和 Day 类的 get-Day 方法也是类似情况。因此，采用 EAM 算子所生成的变体中，存在 3 个等价变体。此外，由于目前实现的 NextDate 问题相对简单，JSI 算子生成的变体中有 7 个为等价变体，JID 算子生成的变体"private boolean isValid = false→private boolean isValid"为等价变体。去除等价变体后，还剩下 16 个变体。

　　分别采用普通边界值测试、健壮性测试、强/弱一般等价类、弱健壮等价类、强健壮等价类以及决策表测试技术所生成的测试用例，对 NextDate 问题的 16 个类级变体进行识别，结果如表 9-20 所示。

表 9-20　黑盒测试技术识别类级变体能力

测试技术	测试用例数量	识别的变体数	变异评分
普通边界值	13	12	0.75
健壮性测试	19	12	0.75
弱/强一般等价类	1	10	0.625
弱健壮等价类	7	10	0.625
强健壮等价类	27	10	0.625
决策表	15	12	0.75

从表 9 - 20 可以看出,边界值分析和决策表技术都识别出了 12 个变体,而等价类测试只识别出了 10 个变体,但都没有识别出所有的 16 个变体。

对比等价类技术和边界值分析,发现等价类技术未识别出的变体为 Month 类中 setMonth 方法中的语句 this. y=y 的两个变体:y=y 和 this. y=this. y。

再分析其他 4 个未被识别的变体,都是由 EAM 算子生成的,这也与设计的测试用例有关。由于在第 8 章给出的 outputDate 方法不带返回类型,只是调用系统输出打印当前日期。因此,为了验证 NextDate 的实现是否正确,设计的测试用例通过分别调用 getYear、getMonth 和 getDay 的返回值进行判断。下面是一个测试用例的示例。

```
public class Test{
    Date d = new Date();
    public void test(){
        int result = d.setDate(1996,6,16);
        assertTrue(d.addOne());
        assertEquals(1996, d.getYear());
        assertEquals(6, d.getMonth());
        assertEquals(17, d.getDay());
    }
}
```

经过分析,发现这样设计测试用例,对于某些类型的变体无法进行有效识别。为了使测试更有效,对 Date 类中的 outputDate 方法进行了修改,并在此基础上修改了测试用例的设计。修改后的 outputDate 方法和测试用例如下所示。

```
public String outputDate(){
    String s = getYear()+ "-"+ getMonth() + "-" + getDay();
    System. out. println(s);
    return s;
}
public class Test{
    Date d = new Date();
    public void test(){
        int result = d.setDate(1996,6,16);
        assertTrue(d.addOne());
        assertEquals("1996-6-17", d.outputDate());
    }
}
```

经过上面的修改,采用边界值分析技术和决策表技术所设计的测试用例,可以识别出所有16 个类级变体。

9.8　讨　论

变异测试用于模拟编程人员易犯的简单错误,通过多种变异算子对被测程序进行轻微修改,从而得到多个变体。如果采用的测试用例集能够有效区分出这些变体,则表明测试用例集相对充分。但如果不能检测出这些变体,则需要对现有测试用例集进行扩充。

对于不同的程序设计语言,变异算子也不完全相同。如:FORTRAN 77 语言有 22 个变异算子、C 语言有 80 个、Java 语言有 45 个。任何程序设计语言都不存在一套完美或最优的变异算子集合,读者可以根据自身需求,选择合适的变异算子或设计新的变异算子。

现有实验表明,变异测试提供的充分性准则具有最强的表达能力。如果一个测试用例集满足变异测试的充分性准则,该测试用例集很可能也满足其他充分性准则;但一个测试用例集即使满足其他充分性准则(如分支覆盖、条件组合覆盖等),该测试用例集未必满足变异测试的充分性准则。当然,程序变异的充分性准则和所选择的变异算子有密切关系。通常,选择的变异算子数量越多,变异测试的充分性准则越高。

程序变异的充分性准则越高,所需要的代价也通常越高。为满足高的变异测试充分性准则,需要更多时间来设计测试用例集合,需要更多时间来生成变体以及执行变体。为降低变异测试代价,测试人员可以选择多种策略。一种常用的策略是对被测程序中的单元进行优先级划分,对于核心功能优先进行变异测试。另外一种策略是选择使用部分变异算子,虽然不同的程序设计语言以及不同的变异测试工具提供了大量的变异算子,但实际工作中,通常选择一小部分变异算子。已有的实验表明,选择 ABS 和 ROR 两个变异算子,得到的变异评分为 0.97以上;而选择 ABS、ROR、LCR、UOI 和 AOR 五个变异算子,其变异评分可达 0.99 以上。因此,可以只选择所有变异算子中的一小部分进行测试用例集的充分性评估。需要注意,其他变异算子在有些情况下也是需要的,因为每种变异算子都模拟了程序员可能犯的一类错误,它们并不是多余的。只是受限于测试时间、测试人员、测试花费等,才选择部分变异算子进行测试。对于安全攸关的程序(如航空、航天类软件),需要考虑更多的变异算子。

此外,为进一步使得变异测试具有更高的效率,可以结合风险分析考虑变异后果以及变异发生的概率,即程序员可能犯某类错误的概率,以及这类错误如果发生带来的后果有多么严重。基于风险分析,考虑选择采用哪些变异算子,以及设计测试用例集来区分这些变体。

本章小结

本章介绍了变异测试的基本概念,对变异测试流程以及三种程序设计语言的变异算子进行了说明;并介绍了考虑数据流约束和充分性约束下的测试用例生成;最后介绍了集成级的变异测试。

习题

1. 什么是变异测试? 它的目的是什么?
2. 变异测试基于哪两个假设?
3. 请比较强变异和弱变异测试准则。
4. 区分变体的条件有哪些?
5. 变异测试的基本流程是什么?
6. 请比较 FORTRAN 77、C 语言和 Java 语言的变异算子。
7. 请针对某个程序,使用 ABS、ROR 算子进行变异,并设计一套测试用例集来区分这些变体。

第 10 章　组合测试

计算机程序(即使是功能非常简单的函数)通常包含多个输入,无法进行穷尽性测试。采用等价类等技术可以在一定程度上减少测试的数量,但如果输入过多、每个输入的等价类有多个,采用强类型等价类测试依然会产生大量测试用例。此外,开发出的软件通常需要在多种环境下运行,操作系统、网络连接、硬件平台等的差异,使得环境具有多样性。为了进一步减少测试用例的数量,可以采用组合测试。

本章重点讲述如下内容:

组合测试基本概念;

组合测试设计流程;

基于拉丁方的测试用例生成;

AETG 类测试用例生成;

果蝇类组合测试用例生成;

组合测试故障定位。

10.1　组合测试概述

软件系统的故障通常是由一些难以预料的影响因素及其相关作用引起的。为了检测这些故障,需要设计足够多的测试用例来对影响因素的组合情况进行测试。组合测试(Combinatorial Testing)是一种有效的测试用例生成技术,能够在保证错误检出率的前提下采用尽可能少的测试用例。

对于软件系统来讲,如果能进行穷尽性测试是最好的,但现实上难以做到。例如,某个程序包含 10 个输入,每个输入有 4 种不同取值,如果采用穷尽性测试,则需要进行 $4^{10} = 1048576$ 次测试,在短期内完成几乎是不可能的。现实的软件要远远比这个程序复杂,采用组合测试可以有效减少测试的数量。对于上述程序,如果采用两两组合测试,则设计 25 个测试用例即可满足需要。

组合测试中最重要的问题是如何生成合适的测试用例集,即在保证一定覆盖率的情况下生成数量较少的测试用例。现有的研究已经表明生成最优的组合测试用例集是 NP 问题。目前,组合测试用例生成方法主要有代数构造法、贪婪法以及元启发式算法三种。代数构造法主要基于正交矩阵,核心是如何构造出正交表,包括正交实验设计法和 Tconfig 方法两类。贪婪法根据扩展策略不同,可以分为:(1)逐条生成测试用例,如 CATS、AETG、TCG、DDA 以及 PSST;(2)逐因素生成测试用例,如 IPO、IPO - N、IPOG 以及 D - IPOG。元启发式算法利用元启发式搜索技术来生成测试用例,分为个体搜索算法和群体搜索算法两类。这三类组合测试用例生成方法总结如表 10 - 1 所示。

表 10 - 1　组合测试用例生成方法

算法	优点	缺点
代数构造法	选择合适的正交矩阵快速生成测试用例集,需要的时间最短,在某些情况下生成用例集最优	(1)在参数取值较多的情况下,不支持多维覆盖; (2)不支持混合组合的 t 维覆盖; (3)存在冗余
贪婪法	运行每一步都确保获得局部最优解,且一般能快速得到较满意解	(1)无法保证全局最优解; (2)不能回溯
元启发式算法	能给出比贪婪算法更优的近似结果,可以跳出局部最优	(1)因为要循环迭代,因此运行时间比较长; (2)实用的工具很少

10.1.1　组合测试基本概念

组合测试的目的是发现程序中存在的组合错误(Interaction Fault)。当某些包含 $t(\geqslant 1)$ 个输入值的测试用例(输入值组合)引起蕴含缺陷的程序进入到无效状态时,则称该输入组合触发了组合错误。当 $t=1$ 时,软件故障由某一个输入变量的值所触发,称为简单故障;$t=2$ 时,软件故障由两个输入值的组合所触发,称为二元组合错误。以此类推,当软件故障由 t 个输入值的组合所触发,称为 t 元组合错误或 t 元参数故障。

假设待测程序有 n 个影响因素,这些因素集合为 $F=\{F_0,F_1,\cdots,F_i,\cdots,F_{n-1}\}$,其中 F_i 的取值个数为 V_i 个,所以 F 的取值的集合为 $V=\{V_0,V_1,\cdots,V_i,\cdots,V_{n-1}\}$,则最后生成的测试用例集合设为

$$T=\begin{cases} n_0(v_0,v_1,\cdots,v_i,\cdots,v_j,\cdots,v_{n-1}) \\ \cdots \\ n_i(v_0,v_1,\cdots,v_i,\cdots,v_j,\cdots,v_{n-1}) \\ \cdots \\ n_m(v_0,v_1,\cdots,v_i,\cdots,v_j,\cdots,v_{n-1}) \end{cases} \tag{10-1}$$

如果 V_i 列包含了 F_i 的所有取值,V_j 列包含了 F_j 的所有取值,这样的覆盖称为单参数覆盖。如果 V_i 和 V_j 两列中包含了 $F_i * F_j$ 中所有取值组合,这样的覆盖为二维组合参数覆盖。测试用例集中的任意 t 列,包含了 t 个参数的所有组合,则称为 t 维组合参数覆盖。

如果程序的每个因素取值个数相同,即有 n 个参数、每个参数均有 v 个取值,则 t 维组合后,生成 N 个测试用例,用 $CA(N;t,n,v)$ 表示其覆盖数组。二维组合表示为 $CA(N;2,n,v)$。

但是对于实际程序,每个参数的取值个数并不相同,甚至各个参数的取值个数都不相同。假设有 n 个参数,F_1 取值的集合是 V_1,F_2 取值的集合是 V_2,$\cdots$,F_n 取值的集合是 V_n,用 $MCA(N;t,n,V_1V_2V_3\cdots V_n)$ 表示混合组合的 t 维覆盖。

组合测试用于生成足够数量的测试用例(输入组合),来达到 t 维覆盖,从而发现程序中所有的 t 元故障。随着 t 的增加,测试用例的数量也增加。在实际工作中,t 经常取 2,当然也可以根据需要取其他值。

10.1.2　组合测试设计流程

组合测试设计流程主要包含三个步骤,如图 10 - 1 所示。

图 10-1　组合测试设计流程

首先，进行输入空间建模。确定被测程序有哪些影响因素，每个影响因素的可能取值分别是什么。如果考虑的是被测软件的运行环境，则可以对测试环境进行建模，确定有哪些环境因素（如操作系统、浏览器、硬件平台），每种环境因素的可能取值（如对于操作系统，考虑Windows 7、Windows 10、Linux 等）。

接着，进行组合设计。根据输入空间建模确定的参数及参数的值，进行参数-覆盖设计，得到一个由参数和值构成的组合对象矩阵。矩阵中，每一列对应一个参数，每一行产生至少一个测试输入组合。由多种方法产生这个组合对象矩阵，这也是组合测试中最重要、最有挑战性的工作。

最后，根据组合对象矩阵来生成测试用例集合。针对组合对象矩阵中的每一行，设计一个或多个测试用例（包含输入和预期输出）。需要注意的是，生成的组合未必都是可行的，测试输入的顺序也并未指定。

10.2　基于拉丁方的测试用例生成

拉丁方以及相互正交的拉丁方（Mutually Orthogonal Latin Squares，MOLS）属于组合测试中的代数构造法，是一种从参数组合全集中选择子集的有效方法。

对于包含 n 个符号的有限集 S，一个 n 阶拉丁方是一个 $n \times n$ 矩阵，矩阵中每一行和每一列中不会出现重复符号。可以在现有拉丁方的基础上，通过置换行、列以及交换符号来构建其他同阶拉丁方。如果两个拉丁方可以通过行列置换或符号相互交换得到，则称这两个拉丁方是同构的。拉丁方可以通过模运算构造，即每个元素的值根据其行坐标和列坐标的和对阶数进行取模操作得到。拉丁方也可以根据如下过程进行构造：首先产生第一行，包含 n 个不同符号；接着，通过变换第一行中符号的顺序来依次构建其他行。

【例 10.1】　对于 $S = \{1, 2, 3\}$，可构建如下 3 阶拉丁方：

$$M_1 = \begin{bmatrix} 1 & 2 & 3 \\ 2 & 3 & 1 \\ 3 & 1 & 2 \end{bmatrix}, \qquad M_2 = \begin{bmatrix} 2 & 3 & 1 \\ 1 & 2 & 3 \\ 3 & 1 & 2 \end{bmatrix}, \qquad M_3 = \begin{bmatrix} 2 & 1 & 3 \\ 3 & 2 & 1 \\ 1 & 3 & 2 \end{bmatrix}$$

此外，可以通过置换行、列，以及变换符号顺序来构造其他 3 阶拉丁方。

假设存在两个 n 阶拉丁方 M_1 和 M_2，它们的第 i 行第 j 列元素分别用 $M_1(i, j)$ 和 $M_2(i, j)$ 表示。现在存在一个 $n \times n$ 矩阵 M，其元素 $M(i, j) = M_1(i, j) M_2(i, j)$，即 M 是由 M_1 和 M_2 简单并置得到的。如果 M 中不存在重复元素，即每个元素都是唯一的，则称 M_1 和 M_2 为 n 阶相互正交的拉丁方。

【例 10.2】　针对例 10.1 给出的 3 阶拉丁方 M_1 和 M_2，将其对应元素并列得到如下矩阵：

$$M = \begin{bmatrix} 12 & 23 & 31 \\ 21 & 32 & 13 \\ 33 & 11 & 22 \end{bmatrix}$$

由于 M 中每个元素都是唯一的,因此,M_1 和 M_2 是相互正交的。

没有 2 阶或 6 阶的 MOLS;当 n 为质数或质数的幂时,存在 $n-1$ 个 MOLS。用 MOLS(n) 表示 n 阶 MOLS 的集合,$N(n)$ 表示 n 阶 MOLS 的数量。

10.2.1 二值参数的对偶设计

对于被测软件,如果它的某个影响因素只能取一个值,则在设计测试用例时,忽略该因素。这里考虑每个因素有两个可能取值的情况。假设某个程序有 n 个参数,每个参数有两个取值。如果考虑所有参数组合,则有 2^n 种情况。研究表明,软件中绝大多数故障是由单变量以及两个变量相互交互导致的。两个参数的取值组合,称为对偶/取值对。组合测试问题变为设计足够多的测试用例来覆盖这些对偶。

设 S_{2k-1} 为所有长度为 $2k-1$ 的二进制串的集合,每个串包含 k 个 1。集合 S_{2k-1} 中包含 C_{2k-1}^k 个串。当 $k=2$ 时,S_3 有 C_3^2 个长度为 3 的串,每个串中包含 2 个 1。这 3 个串如下所示,其中行号代表串的序数、列号表示串中的位置。

	1	2	3
1	1	1	0
2	1	0	1
3	0	1	1

Maity 给出了一种称为 SAMNA 的方法来生成对偶设计。该方法以待测程序的二值输入变量(参数)的个数作为方法的输入;输出一组覆盖所有程序输入取值对的参数集合。SAMNA 首先选择满足条件 $2k-1 \geqslant n$ 的最小整数 k。接着,从 S_{2k-1} 中任意选择 n 个串,并构成 $n \times (2k-1)$ 矩阵。然后,在这 n 个串的末尾都加上一个 0,形成了 $n \times 2k$ 矩阵。最后,矩阵的每一列都构成一个参数组合,每个参数的取值根据该列中相应位的取值来选择。

【例 10.3】 针对第 3 章例 3.3 给出的三角形问题,程序接收三个输入 a、b、c 作为三角形的边,输出三角形的类型。每个输入的有效范围都为 $[1, 100]$。将三角形问题进行等价类划分,每个输入分为一个有效等价类 $[1, 100]$ 和一个无效等价类 $\{(-\infty, 1) \bigcup (100, \infty)\}$。采用二值参数的对偶设计来生成测试用例。

首先,由于三角形问题接收三个输入,因此,$n=3$,选择 $k=2$ 即满足 $2k-1 \geqslant n$ 的要求。

其次,从 S_3 选择 3 个串,随意排列,构成一个 3×3 矩阵:

	1	2	3
1	0	1	1
2	1	0	1
3	1	1	0

接着,给选择的每个串的末尾增加一个 0,得到如下 3×4 矩阵:

	1	2	3	4
1	0	1	1	0
2	1	0	1	0
3	1	1	0	0

然后,矩阵中每一列按一定规则产生一个参数组合,参数的取值由矩阵中的 0 和 1 得到。这里假定,1 代表有效值、0 代表无效值,所产生的参数组合如下:

	1	2	3	4
a	无效值	有效值	有效值	无效值
b	有效值	无效值	有效值	无效值
c	有效值	有效值	无效值	无效值

最后,根据参数组合,生成测试用例集合。以下是三角形程序的 4 个测试用例。

$$T1 = \{<0, 20, 20>, \text{"输入不合法"}\}$$
$$T2 = \{<20, 0, 20>, \text{"输入不合法"}\}$$
$$T3 = \{<20, 20, 0>, \text{"输入不合法"}\}$$
$$T4 = \{<0, 0, 0>, \text{"输入不合法"}\}$$

三角形问题有三个输入,如果考虑所有输入组合,则有 8 种情况需要考虑,而采用对偶设计,则只需要 4 个测试用例。随着输入参数数量的增加,对偶设计能够有效降低测试用例的数量。

观察例 10.3 中所描述的 4 个测试用例,发现其全部针对的是输入不合法情况,未考虑程序接收有效输入时的处理是否正确。如果将参数组合矩阵中的 0 对应为有效值、1 对应为无效值,则依然得到 4 个测试用例如下:

$$T1=\{<20, 0, 0>, \text{"输入不合法"}\}$$
$$T2=\{<0, 20, 0>, \text{"输入不合法"}\}$$
$$T3=\{<0, 0, 20>, \text{"输入不合法"}\}$$
$$T4=\{<20, 20, 20>, \text{"等边三角形"}\}$$

从上述 2 组测试用例可以看出,对三角形问题采用二值参数的对偶设计,结果不够良好。一方面未考虑三角形多种形状的检验,另一方面也未考虑对输入不合法范围进行细分。表明目前对三角形问题的输入进行简单的等价类划分难以满足测试要求。

10.2.2　多值参数的对偶设计

上一节讨论了二值参数的对偶设计,即每个影响因素的取值数量为 2。然而,对于实际的软件,每个参数的取值往往超过两个。假设某被测程序包括 n 个输入参数,分别用 $F_1, F_2, \cdots,$ F_n 表示;$|F_i| \geqslant 2$ 为参数 F_i 的取值个数。此时,采用相互正交的拉丁方可以进行对偶设计

（PDMOLS），具体流程如下。

首先，将 n 个参数根据其取值个数按从大到小进行重新排列，表示为：$I_1, I_2, \cdots, I_n$，其中 $|I_1| \geqslant |I_2| \geqslant \cdots \geqslant |I_{n-1}| \geqslant |I_n|$。当两个或多个参数具有相同取值个数时，会有两种或多种排序方式。设 $b = |I_1|, k = |I_2|$。

其次，设计一个 n 列、$b \times k$ 行的表格（矩阵），行被分成 b 块、每块 k 行。列分别标记为 I_1，$I_2, \cdots, I_n$。

再次，进行填表。在第 1 个块中，用 1 填满 I_1 列，第 2 个块中用 2 填满 I_1 列，依此类推，直到所有块的 I_1 列填满。第 1 个块的 I_2 列的第 1 行到第 k 行依次填入 $1,2,\cdots,k$；对其余块的 I_2 列重复以上操作。

接着，求 k 阶 $s = N(k)$ 个 MOLS，分别用 $M_1, M_2, \cdots, M_s$ 表示。将 M_1 中第 1 列填入第 1 个块的 I_3 列，M_1 中第 2 列填入第 2 个块的 I_3 列，依此类推。如果 $b > k$，再使用 M_1 的各列填入剩下的 $b - k$ 个块中的 I_3 列。需要注意的是，如果第三列参数 I_3 的取值个数 $|I_3|$ 小于 k，则每个块中采用 M_1 给出的取值存在不可能情况；对于这些不可能情况，用参数 I_3 的任意取值来替代不可能取值。重复如上过程，将 M_2 到 M_s 的各列依次填入各块的 I_4 列 I_n 列中。如果 $s < n - 2$，则随机选择参数值填入剩下的列。

最后，根据建立的表（矩阵），与各参数取值进行映射，生成测试用例。如果输入参数之间有约束，以及某些参数取值个数小于 k，则对建立的表进行修正。

【例 10.4】　针对第 3 章例 3.3 给出的三角形问题，将其每个输入划分为一个有效等价类 $[1, 100]$ 和两个无效等价类 $(-\infty, 1)$ 和 $(100, \infty)$。采用 PDMOLS 进行对偶设计，从而生成测试用例，过程如下。

首先，三角形程序有 3 个输入，每个输入的取值个数均为 3（一个有效值、两个无效值）。因此，不需要对参数进行重新排序，以 a、b、c 的顺序进行。

其次，构建一个 9 行、3 列的表格（矩阵）；每列分别对应 a、b、c，行被分成 3 块、每块 3 行。构建的表如下：

块	行	a	b	c
1	1			
	2			
	3			
2	1			
	2			
	3			
3	1			
	2			
	3			

再次，对于第 1 个块，用 1 填满 a 列；第 2 个块中，用 2 填满 a 列；第 3 个块中，用 3 填满 a 列。每个块中的 b 列，分别填入 1、2、3。a 列、b 列填好后的表如下：

块	行	a	b	c
1	1	1	1	
	2	1	2	
	3	1	3	
2	1	2	1	
	2	2	2	
	3	2	3	
3	1	3	1	
	2	3	2	
	3	3	3	

接着,构建 3 阶 MOLS,如例 10.1 所给出的 M_1 和 M_2。由于上述构建的表还剩下 c 列未被填充。选择 M_1 中的第 1 列填充到第 1 块中的 c 列,M_1 中的第 2 列填充到第 2 块中的 c 列,M_1 中的第 3 列填充到第 3 块中的 c 列。填充后的表如下:

块	行	a	b	c
1	1	1	1	1
	2	1	2	2
	3	1	3	3
2	1	2	1	2
	2	2	2	3
	3	2	3	1
3	1	3	1	3
	2	3	2	1
	3	3	3	2

最后,生成测试用例。上述表格给出了 9 个参数组合,每行对应一个参数组合。对于三个输入 a、b、c,分别将取有效值对应为 1、取值小于 1 对应为 2、取值大于 100 对应为 3,则得到 9 个测试用例如下。

$$T1 = \{<20, 20, 20>, \text{"等边三角形"}\}$$
$$T2 = \{<20, 0, 0>, \text{"输入不合法"}\}$$
$$T3 = \{<20, 120, 120>, \text{"输入不合法"}\}$$
$$T4 = \{<0, 20, 0>, \text{"输入不合法"}\}$$
$$T5 = \{<0, 0, 120>, \text{"输入不合法"}\}$$
$$T6 = \{<0, 120, 20>, \text{"输入不合法"}\}$$
$$T7 = \{<120, 20, 120>, \text{"输入不合法"}\}$$
$$T8 = \{<120, 0, 20>, \text{"输入不合法"}\}$$
$$T9 = \{<120, 120, 0>, \text{"输入不合法"}\}$$

从上例可以看出，三角形问题包含 3 个输入、每个输入有 3 种取值，输入取值组合共有 27 种情况。但采用 MOLS 方法生成的测试用例却只有 9 个。

虽然在实践中已经应用 MOLS 进行测试用例设计，但依然存在一些不足：(1)对于要处理的问题，不一定存在足够数量的 MOLS，可以对剩余参数所在列的值采用随机生成方式解决。(2)尽管 MOLS 方法能够辅助生成均衡化的参数组合，但通常所生成的测试用例数量较多。

10.3　AETG 类方法

AETG(the Automatic Efficient Test Generator)由 Cohen 等人于 1994 年提出，该方法基于统计实验设计理论来最小化测试用例数量。正交拉丁方方法要求各个参数组合对偶在测试用例集中均衡出现，而 AETG 却允许一些对偶仅出现一次，有些对偶可能出现多次。Cohen 等人于 1997 年对 AETG 进行了改进，采用贪婪算法来进一步优化测试用例生成。

10.3.1　AETG 算法

AETG 算法思想如下。

设 $F_1, F_2, \cdots, F_n$ 是被测程序的 n 个参数，$q_1, q_2, \cdots, q_n$ 表示对应参数的取值个数。假定已经选择了 r 个测试用例。进一步生成 M 个不同候选测试用例，并从中选择一个包含最多未被覆盖参数取值组合的测试用例作为第 $r+1$ 个测试用例。每个候选测试用例采用如下贪婪算法：

步骤 1： 选择一个参数 F_i 及其取值 v_i，并且 v_i 在未被覆盖的参数组合中出现的次数最多。

步骤 2： 令上一步选择的参数 F_i 作为第一个位序，对于剩余的 $n-1$ 个参数随机确定其位序。此时，所有 n 个参数已经排好序，用 $f_1, f_2, \cdots, f_n$ 表示。

步骤 3： 假定已经选定排序后的前 k 个参数$(f_1, f_2, \cdots, f_k)$的取值。参数 $f_1, f_2, \cdots, f_k$ 的取值用 v_i 表示$(1 \leqslant i \leqslant k)$。接着，采用如下方法选择参数 f_{k+1} 的取值 v_{k+1}。对于参数 f_{k+1} 的每个可能取值 v，检查集合 $\{ f_{k+1}=v \text{ 且 } f_i=v_i \mid 1 \leqslant i \leqslant k \}$ 中未被覆盖的参数取值组合。选择参数 f_{k+1} 的值 v_{k+1} 为这些组合中出现次数最多的那个。

由于步骤 2 是随机确定各个参数的顺序，因此，可以采用不同的随机数种子得到不同顺序的参数，从而产生不同的候选测试用例。

10.3.2　带约束的 AETG 算法

AETG 作为一种有效的组合测试方法，能在较短时间内从多个候选集中找出测试用例，但它通常适用于参数之间无依赖关系的情况。然而，有许多软件的输入或配置参数之间存在约束关系，如 NextDate 函数中的日和月之间就存在着较多约束。

本书编者团队对 AETG 算法进行了改进和优化，考虑了影响因素存在约束的情况，也对 AETG 算法中的测试用例生成规则进行了改进。改进后的算法称为 AETG - S，其基本思想如下。

设被测程序有 n 个参数，用 $F_1, F_2, \cdots, F_n$ 表示，$q_1, q_2, \cdots, q_n$ 表示对应参数的取值个数。P 为包含所有参数取值组合的集合(因素交互表)。二维因素交互是所有因素之间的两两交互，构成二维交互表 P；t 维因素交互是所有因素中任意 t 个因素之间的取值元组，构成 t 维交互表。T 为测试用例集合。

对于被测程序,有些因素交互组合不允许发生。一旦某个测试用例包含这些交互组合,会导致系统运行失败。这些不允许发生的因素交互组合称为禁忌交互,用 W 表示禁忌交互集。如果被测程序存在禁忌交互,则在生成测试用例集时,需要排除这些禁忌交互。

AETG–S 算法基本流程如下:

步骤 1:初始化禁忌交互表 W 和因素交互表 P。由于可能存在多个维度的禁忌交互,因此,该步骤针对每个维度的禁忌交互,分别生成相应的禁忌交互表 W_i 和因素交互表 P_i。

步骤 2:生成未覆盖交互组合表 U_t。针对要达到的 t 维组合覆盖,根据 P_t 和 W_t,得到未覆盖交互组合表 $U_t = P_t - P_t \bigcap W_t$。

步骤 3:确定第一个参数 f_1 及其取值 v_1。统计集合 U_t 中所有因素的所有取值,选择出现次数最多的值 v_i 及其对应的参数 F_i,作为第一个参数 f_1 及其取值 v_1。

步骤 4:针对剩余 $n-1$ 个参数,重复步骤 3,直到确定所有参数的顺序。如果在执行过程中,有两个或多个因素的某些取值出现的次数相同,则根据这两个或多个因素所有取值在集合 U_t 中出现的次数进行排序。如果依然有两个或多个因素(设为 m 个因素)取值出现次数相同,则对它们进行排列组合生成 $m!$ 个测试用例。得到排好序的参数 $f_1, f_2, \cdots, f_n$。

步骤 5:生成候选测试用例。依次确定测试用例中每个参数的取值。第一个参数 f_1 的取值 v_1 由步骤 3 确定。第二个参数 f_2 的取值 v_2 选择与 v_1 一起出现在集合 U_t 中次数最多的取值。以此类推,直到所有的参数都已经确定其取值。由于在确定每一个参数取值时,可能会存在取值出现次数相同的情况,因此,会存在多条候选测试用例。此外,在生成候选测试用例时,要考虑它是否包含禁忌交互。如果包含,则去除该候选测试用例。

步骤 6:确定一条测试用例。从候选集中,选择覆盖集合 U_t 中最多参数组合的那条测试用例,加入到集合 T 中;并更新集合 U_t,删除已覆盖参数组合。

步骤 7:重复以上步骤,直到集合 U_t 为空集为止。

10.4 IPO 类方法

IPO 类组合测试用例生成方法是一类贪婪算法,采用逐因素方式生成测试用例。IPO (In-Parameter-Order)最早由 Tai 和 Lei 于 1998 年提出,随后一些学者对 IPO 进行了优化和改进,给出了 IPO–N、IPOG 以及 D–IPOG 等方法。

10.4.1 IPO 算法

设 $F_1, F_2, \cdots, F_n$ 是被测程序的 n 个参数,$q_1, q_2, \cdots, q_n$ 表示对应参数的取值个数。T 是一个集合,用于保存参数组合 $(v_1, v_2, \cdots, v_k)$,其中 $1 \leqslant k \leqslant n$,$v_i$ 表示参数 F_i 的值。$D(F)$ 表示参数 F 的值域,即参数 F 的所有取值的集合。IPO 方法主要流程如下:

步骤 1:初始化。生成参数 F_1 和 F_2 的所有可能取值组合,$T = \{(r, s)\}$,其中 $r \in D(F_1)$、$s \in D(F_2)$。设置输出参数组合 CA 为空。

步骤 2:判定是否结束。如果 $n=2$,则停止算法,并令 CA$=T$ 作为算法输出。如果 $n \neq 2$,则继续如下步骤。

步骤 3:加入剩余参数。对参数 $F_3, F_4, \cdots, F_n$ 重复以下步骤。

步骤 3.1：水平扩展。设 T 中取值组合的数量为 m。把 T 中每个取值组合进行扩展，将 $(v_1, v_2, \cdots, v_{k-1})$ 扩展为 $(v_1, v_2, \cdots, v_k)$，其中 v_k 是参数 F_k 的一个值。如果参数 F_k 的取值个数 q_k 小于 T 中已有的组合数 m，则选择 T 中前 q_k 个组合直接进行扩展。这个 q_k 组合扩展的值分别等于参数 F_k 的每个取值。对于剩余的 $m - q_k$ 个未扩展组合，依次选择最能够增加取值对的参数 F_k 的值进行扩展。如果 $q_k > m$，则选择参数 F_k 的前 m 个值分别对现有的 m 个组合进行扩展即可。

步骤 3.2：检查未被覆盖的参数取值对。取所有参数 $F_i (1 \leqslant i \leqslant k-1)$ 和参数 F_k 之间未被覆盖的取值对构成集合 U。

步骤 3.3 垂直扩展。如果 U 为空，即所有 $F_i (1 \leqslant i \leqslant k-1)$ 和参数 F_k 之间的取值对都已经被覆盖，则停止该步骤。对每个 $u = (v_j, v_k) \in U$，给集合 T 中增加一条参数组合 $(v_1, v_2, \cdots, v_j, \cdots, v_{k-1}, v_k)$，其中 v_j 和 v_k 分别为参数 F_i 和 F_k 的值。如果 T 中现有的参数组合包含不关心项（即某个参数 F_i 取任意值均可）、且该不关心项中某个取值与待加入参数 F_k 的取值是一个未覆盖值对，则将该参数取值组合替换为实际的取值。例如：T 中存在一个参数取值组合 $(v_1, v_2, \cdots, v_{i-1}, *, v_{i+1}, \cdots, v_{k-1}, s)$，现在要加入一个 F_i 和 F_k 的取值组合 (t, s)，则直接将 $(v_1, v_2, \cdots, v_{i-1}, *, v_{i+1}, \cdots, v_{k-1}, s)$ 替换为 $(v_1, v_2, \cdots, v_{i-1}, t, v_{i+1}, \cdots, v_{k-1}, s)$ 即可。直到未被覆盖的取值对 U 为空为止。如果生成的 T 中存在不关心项，则需要用对应参数的任意取值代替不关心项。

IPO 算法的核心在于水平扩展和垂直扩展，它在一定程度上给出了生成测试用例的较好方法。但 IPO 方法只适用于二维的组合测试，不适用于更高维度的 t 维组合测试。此外，IPO 算法所生成的测试用例数量通常较多、存在冗余。

10.4.2　IPOG 算法

Lei 等人于 2007 年在 IPO 算法的基础上，提出了 IPOG（In-Parameter-Order-General）算法，它是 IPO 的扩展与泛化，支持 t 维组合。

设 $F_1, F_2, \cdots, F_n$ 是被测程序的 n 个参数，$q_1, q_2, \cdots, q_n$ 表示对应参数的取值个数。T 是一个集合，用于保存参数组合 $(v_1, v_2, \cdots, v_k)$，其中 $1 \leqslant k \leqslant n$，$v_i$ 表示参数 F_i 的值。$D(F)$ 表示参数 F 的值域，即参数 F 的所有取值的集合。IPOG 算法主要流程如下：

步骤 1：初始化。生成前 t 个参数 $F_1, F_2, \cdots, F_t$ 的所有可能取值组合，$T = \{(f_1, f_2, \cdots, f_t)\}$，其中 $f_1 \in D(F_1)$、$f_2 \in D(F_2)$、$f_t \in D(F_t)$。设置输出参数组合 CA 为空。

步骤 2：判定是否结束。如果 $n = t$，则停止算法，并令 CA = T 作为算法输出。如果 $n \neq t$，则继续如下步骤。

步骤 3：加入剩余参数。对参数 $F_{t+1}, F_{t+2}, \cdots, F_n$ 重复以下步骤。

步骤 3.1：水平扩展。设 U 为包含参数 F_i 与 $F_1, F_2, \cdots, F_{i-1}$ 中 $t-1$ 个参数的所有组合的集合、对 T 中现有参数取值组合进行扩展，使其包含尽可能多的 U 中元素，并将已覆盖组合从 U 中移除。

步骤 3.2：垂直扩展。对于 U 中剩余未被覆盖的组合，通过修改 T 中已有组合或增加新的参数取值组合来覆盖它们，直到 U 为空为止。

IPOG 在水平扩展的过程中采用贪婪方式，所生成的测试组合通常包含冗余。IPOG 在垂直扩展过程中，其时间复杂度为指数级，不适用于规模较大的多维组合测试。

10.4.3　基于果蝇算法的 IPOG 方法

本书编者团队在 IPOG 算法的基础上,结合果蝇优化算法进行组合测试用例生成(IPOG - FF)。相较于传统的 IPOG,该方法可在一定程度上避免贪婪算法带来的早熟问题。

设被测程序有 n 个参数,用 $F_1,F_2,\cdots,F_n$ 表示,$q_1,q_2,\cdots,q_n$ 表示对应参数的取值个数。假设 $q_1 \geqslant q_2 \geqslant \cdots \geqslant q_n$,如果不是这个规律,可以对参数进行排序。$T$ 是一个集合,用于保存参数组合 $(v_1,v_2,\cdots,v_k)$,其中 $1 \leqslant k \leqslant n$,$v_i$ 表示参数 F_i 的值。$D(F)$ 表示参数 F 的值域,即参数 F 的所有取值的集合。该方法主要流程如下:

步骤 1:初始化。生成前 t 个参数 $F_1,F_2,\cdots,F_t$ 的所有可能取值组合,$T = \{(f_1,f_2,\cdots,f_t)\}$,其中 $f_1 \in D(F_1)$、$f_2 \in D(F_2)$、$f_t \in D(F_t)$。设置输出参数组合 CA 为空。

步骤 2:判定是否结束。如果 $n=t$,则令 CA$=T$ 作为算法输出,并停止算法。如果 $n \neq t$,则继续如下步骤。

步骤 3:加入剩余参数,生成测试用例。

步骤 3.1:水平扩展。设 U 为包含除 T 外的所有 n 个参数的所有 t 维组合的集合,即 U 为测试用例待覆盖集合。将每个参数都作为一只果蝇,即 n 个参数对应有 n 只果蝇。从第一个测试用例开始进行扩展,即从 T 中第一个元组开始扩展。以当前最优测试用例作为食物源,$F_{t+1},F_{t+2},\cdots,F_n$ 向食物源飞去。经过多次迭代,可以得到扩展后的包含所有因素取值的测试用例。

步骤 3.2:判断是否结束。如果 U 为空,则停止算法;否则,执行如下步骤。

步骤 3.3:垂直扩展。对于 U 中未被覆盖的组合,增加或修改现有测试用例,使其每次覆盖尽可能多的未被覆盖的参数取值组合,直到 U 为空为止。

在生成测试用例过程中,IOPG - FF 通过引入果蝇算法对水平扩展过程进行了优化,能够生成数量更少的测试用例集合。然而,上述算法并未考虑参数之间的约束关系,因此,本书编者团队在此基础上,进行了进一步改进和优化。主要思想:①首先根据显式的参数约束推导出隐式约束关系,得到约束集;②在生成未被覆盖的参数组合集时,去除这些约束关系;③在进行水平扩展时,即采用果蝇算法选择参数值时,考虑约束关系,只选择约束禁忌之外的取值;④在垂直扩展时,修改已有测试用例或新增测试用例时,也都考虑约束关系。

10.5　组合测试故障定位

软件测试的目的是发现软件中的错误。如果能够进一步根据测试结果,定位引起软件故障的因素及其交互组合,则有助于程序员解决问题。组合测试技术在软件测试中的应用,一定程度上提供了定位故障的功能。

目前,组合测试故障定位方法主要包括三类:分类树法、故障调试法以及错误定位表法。然而,分类树法通常难以精确定位软件的错误交互组合;故障调试法则需要生成新的组合测试用例,对于较小规模的软件可能定位错误交互组合,但对于涉及因素较多的软件系统,定位错误交互组合难度较大。在特定情况下,错误定位表法能够对引起系统故障的错误交互组合进行定位;但错误交互组合较多时,系统中的故障定位表规模呈指数增长,在实际应用中会有一定的局限性。

本书编者团队给出一种故障交互索引定位方法,利用组合测试用例执行结果,分析出错误交互组合。根据测试结果,将每条测试用例拆分成多个维度的交互组合。结果未通过的测试用例拆分出的交互组合集中,既包含有导致软件失效的错误交互组合、也可能包含有正确的交互组合。该方法包含如下假设:

(1)每条测试用例的测试结果是已知的;

(2)每条测试用例的测试结果只能是通过或未通过;

(3)每一条结果未通过的测试用例至少包含一个错误交互组合;

(4)包含同一个错误交互组合的测试用例,它们的运行结果都是未通过;

(5)每一个错误交互组合的非空真子集都不会引起软件失效。

设被测程序有 k 个参数,用 $F_1, F_2, \cdots, F_k$ 表示,$v_1, v_2, \cdots, v_k$ 表示对应参数的取值个数,每个对应参数的取值为 $[0, v_i - 1]$。先给出如下定义。

定义 10.1 错误定位表 $ELA(n; t, (v_1, v_2, \cdots, v_k))$。设待测软件(SUT)中,其错误交互集 ELA 是可定位的,n 是测试用例的数量,k 是影响因素的数量。在一个 $n \times k$ 的表 ELA 中,其第 i 列元素取 $[0, v_i - 1]$,且满足每个 t 维交互 r 能被 ELA 中的某一行对应的测试用例锁定,则称 ELA 是强度为 t 的错误定位表,记为 $ELA(n; t, (v_1, v_2, \cdots, v_k))$。

定义 10.2 错误定位索引表 $ELSA(N; t, (1, 2, \cdots, k))$。设待测软件中,将所有因素取值以及二维、三维、$\cdots$、$t$ 维组合的所有取值情况都赋索引值,N 为索引值的数量。单个因素的取值放在分类 1 中,两两组合因素索引放在分类 2 中,t 维组合索引放在分类 t 中。每个交互 r 都能被 ELSA 中的索引所对应,则称 ELSA 是强度为 t 的错误分类索引表。

定义 10.3 错误索引分类表 $F(N_1; t, (1, 2, \cdots, k))$。假设 $ELA(n; t, (v_1, v_2, \cdots, v_k))$ 能够确定测试用例的执行结果(通过或未通过),$ELSA(n; t, (v_1, v_2, \cdots, v_k))$ 中建立的索引能够覆盖所有因素值和所有组合索引。将 ELA 中未通过的测试用例 $T_1, T_2, \cdots, T_m$ 所包含的索引值都纳入 F 中,则构成了 F 的索引分类表,称 $F(N_1; t, (1, 2, \cdots, k))$ 为错误索引分类表。将 ELA 中所有通过的用例 $\{ ELA(n; t, (v_1, v_2, \cdots, v_k)) \} \backslash \{T_1, T_2, \cdots, T_m\}$ 的索引值都纳入 P 中,构成了 P 的分类索引分类表,称 $P(N_2; t, (1, 2, \cdots, k))$ 为正确索引分类表。

定义 10.4 单个因素值错误集 FI_1。$F(N_1; t, (1, 2, \cdots, t))$ 和 $P(N_2; t, (1, 2, \cdots, t))$ 都是已经确定的索引分类表,并且满足 $N_1 + N_2 \geqslant N$。对 $F \backslash \{F \bigcap P\}$ 后的索引进行重新排序,将单个因素取值的索引提取出来生成新的索引表 $F_1(n_1; 1)$,n_1 为 F_1 表中索引数,1 表示 F_1 中是单个因素值。将 F_1 表中所对应取值的集合为单个因素值错误集,用 FI_1 表示。将两两组合的索引表提取出来生成新的索引表 $F_2(n_2; 2)$,n_2 为 F_2 表中索引数,2 表示 F_2 中是因素值两两组合。将 F_2 表中对应的元素取值进行运算后,得出的索引对应的取值的集合为两两组合错误交互集,用 FI_2 表示。以此类推,得出 m 维组合错误交互集 $FI_m (1 \leqslant m \leqslant t)$。

该方法的基本流程如下:

步骤 1:生成 ELA。根据测试用例执行结果,得到全部测试用例所包含的所有影响因素取值组合,构成错误定位分类表 ELA。

步骤 2:生成 ELSA。基于 ELA 表,为每个交换组合赋予不同的索引值,构成定位分类索引表 ELSA。

步骤 3：生成交互组合分类表。根据每条测试用例的执行结果，构建 F 表和 P 表，其中 F 为未通过的组合表，P 为通过的组合表。并进一步通过 $F \backslash \{F \cap P\}$ 得到 F 中的错误交互组合 FX 以及引起错误的因素值。将 FX 进一步根据因素值组合个数划分为单个错误索引集 F_1、二维错误索引集 $F_2, \cdots, t$ 维错误索引集 F_t。

步骤 4：生成单个因素值错误集。根据错误交互组合集 FX，直接选择其中的单因素取值，得到单因素错误集 FI_1，即 $FI_1 = F_1$。

步骤 5：生成二维错误交互组合集。根据错误交互组合集 FX，得到影响因素两两交互所引起的错误。将索引集 f_2 拆分为两个单因素值，并在 ELSA 中对应单个因素的索引值生成相应的集合 F_2' 和 F_2''，然后它们分别与 F_1 进行求交集运算（$F_2' \cap F_1$，$F_2'' \cap F_1$）。如果交集为空，则表明 F_2 中的索引都是两类因素组合错误交互索引，令 $FI_2 = F_2$。如果交集不为空，则表明有些引起系统发生故障的二维交互组合是由其包含的某个单因素导致的；将这些相关二维交互组合从 F_2 中排除，剩下的就构成二维组合错误交互集 FI_2。

步骤 6：重复上述过程，得到三维组合错误交互集 FI_3，直至 t 维组合错误交互集 FI_t。在获取 m 维（$3 \leqslant m \leqslant t$）错误交互集的过程中，需要考虑 m 维组合是否由其真子集引起的，即排除一维，二维，$\cdots$，$m-1$ 维组合错误交互集。

10.6　应用案例

本节针对两个案例来讲述如何进行组合测试设计。第一个案例考虑的是输入空间中的参数取值组合问题；第二个案例考虑的是配置空间（运行环境）方面的组合问题。

10.6.1　输入参数取值组合案例

【例 10.5】 Java 语言中 Calendar 类是一个日历类，提供了一个 set 方法来指定年、月、日、时、分、秒，该方法的函数原型是 void set(int year, int month, int date, int hourOfDay, int minute, int second)，表 10-2 是其参数说明。

表 10-2　set 方法的参数说明

参数	说明	取值
year	设置年份	任意整数
month	设置月份	1～12 月（在程序中，从 0 开始，即 0 表示 1 月）
date	设置日	1 至当前月最大天数
hourOfDay	设置时	24 小时制，0～23
minute	设置分	0～59
second	设置秒	0～59

对 Calendar 类中的 set 方法进行分析，发现：该方法包含 6 个参数，每个参数都有较多取值。对该方法无法进行穷尽性测试，所以，先对每个参数进行等价类划分，得到如表10-3所示的等价关系（表中括号内数字为等价类编号）。

表 10-3 set 方法参数的等价关系

参数	有效等价类	无效等价类
year	闰年(1),非闰年(2)	
month	2 月(1),包含 30 天的月份(2),包含 31 天的月份(3)	＜0(4), ＞11(5)
date	1~28(1),29(2),30(3),31(4)	＜1(5), ＞31(6)
hourOfDay	0~23(1)	＜0(2), ＞23(3)
minute	0~59(1)	＜0(2), ＞59(3)
second	0~59(1)	＜0(2), ＞59(3)

根据表 10-3 可以看出,参数 year 包含 2 个有效等价类,month 包含 3 个有效等价类和 2 个无效等价类,date 包含 4 个有效等价类和 2 个无效等价类,hourOfDay 包含 1 个有效等价类和 2 个无效等价类,minute 包含 1 个有效等价类和 2 个无效等价类,second 包含 1 个有效等价类和 2 个无效等价类。如果采用强健壮等价类测试技术,需要设计 $2×5×6×3×3×3＝1620$ 个测试用例。

现在,采用组合测试技术进行测试用例设计。由于每个参数的取值不限于 2 个(2 种类型),因此,采用多值参数的对偶设计技术。

首先,根据参数的取值个数,从大到小依次排序为:date、month、hourOfDay、minute、second 和 year。

其次,设计一个 6 列、$6×5＝30$ 行的矩阵,并将行分成 6 块,列对应于每个参数。在此基础上,对于第 1 个块,用 1 填满 date 列;第 2 个块中,用 2 填满 date 列;第 3 个块中,用 3 填满 date 列;依次类推,直到所有块填充完成。每个块中的 month 列,分别填入 1、2、3、4、5。设计并初步填充之后的矩阵如表 10-4 所示。

表 10-4 初步填充后的矩阵

块	行	date	month	hourOfDay	minute	second	year
1	1	1	1				
	2	1	2				
	3	1	3				
	4	1	4				
	5	1	5				
2	1	2	1				
	2	2	2				
	3	2	3				
	4	2	4				
	5	2	5				
3	1	3	1				
	2	3	2				
	3	3	3				
	4	3	4				
	5	3	5				

块	行	date	month	hourOfDay	minute	second	year
4	1	4	1				
	2	4	2				
	3	4	3				
	4	4	4				
	5	4	5				
5	1	5	1				
	2	5	2				
	3	5	3				
	4	5	4				
	5	5	5				
6	1	6	1				
	2	6	2				
	3	6	3				
	4	6	4				
	5	6	5				

再次,构建 5 阶 MOLS。5 阶 MOLS 共有 4 个相互正交的拉丁方,如下:

$$\boldsymbol{M}_1 = \begin{bmatrix} 1 & 2 & 3 & 4 & 5 \\ 2 & 3 & 4 & 5 & 1 \\ 3 & 4 & 5 & 1 & 2 \\ 4 & 5 & 1 & 2 & 3 \\ 5 & 1 & 2 & 3 & 4 \end{bmatrix} \qquad \boldsymbol{M}_2 = \begin{bmatrix} 1 & 2 & 3 & 4 & 5 \\ 3 & 4 & 5 & 1 & 2 \\ 5 & 1 & 2 & 3 & 4 \\ 2 & 3 & 4 & 5 & 1 \\ 4 & 5 & 1 & 2 & 3 \end{bmatrix}$$

$$\boldsymbol{M}_4 = \begin{bmatrix} 1 & 2 & 3 & 4 & 5 \\ 4 & 5 & 1 & 2 & 3 \\ 2 & 3 & 4 & 5 & 1 \\ 5 & 1 & 2 & 3 & 4 \\ 3 & 4 & 5 & 1 & 2 \end{bmatrix} \qquad \boldsymbol{M}_4 = \begin{bmatrix} 1 & 2 & 3 & 4 & 5 \\ 5 & 1 & 2 & 3 & 4 \\ 4 & 5 & 1 & 2 & 3 \\ 3 & 4 & 5 & 1 & 2 \\ 2 & 3 & 4 & 5 & 1 \end{bmatrix}$$

接着,将 $\boldsymbol{M}_1$ 中第 1 列填入第 1 个块的 hourOfDay 列,$\boldsymbol{M}_1$ 中第 2 列填入第 2 个块的 hourOfDay 列;依次类推,直到前 5 个块的 hourOfDay 列填完;将 $\boldsymbol{M}_1$ 中第 1 列填入第 6 个块的 hourOfDay 列。重复如上过程,将 $\boldsymbol{M}_2$ 的各列填充到 minute 列中,$\boldsymbol{M}_3$ 的各列填充到 second 列中,$\boldsymbol{M}_4$ 的各列填入到各块的 year 列中。填充后的矩阵如表 10 - 5 所示。

表 10 - 5　填充完成后的矩阵

块	行	date	month	hourOfDay	minute	second	year
1	1	1	1	1	1	1	1
	2	1	2	2	3	4	5
	3	1	3	3	5	2	4
	4	1	4	4	2	5	3
	5	1	5	5	4	3	2

块	行	date	month	hourOfDay	minute	second	year
2	1	2	1	2	2	2	2
	2	2	2	3	4	5	1
	3	2	3	4	1	3	5
	4	2	4	5	3	1	4
	5	2	5	1	5	4	3
3	1	3	1	3	3	3	3
	2	3	2	4	5	1	2
	3	3	3	5	2	4	1
	4	3	4	1	4	2	5
	5	3	5	2	1	5	4
4	1	4	1	4	4	4	4
	2	4	2	5	1	2	3
	3	4	3	1	3	5	2
	4	4	4	2	5	3	1
	5	4	5	3	2	1	5
5	1	5	1	5	5	5	5
	2	5	2	1	2	3	4
	3	5	3	2	4	1	3
	4	5	4	3	1	4	2
	5	5	5	4	3	2	1
6	1	6	1	1	1	1	1
	2	6	2	2	3	4	5
	3	6	3	3	5	2	4
	4	6	4	4	2	5	3
	5	6	5	5	4	3	2

最后,根据建立的表(矩阵),与各参数取值进行映射,生成测试用例。由于 year、minute、second 和 hourOfDay 的取值个数都小于 5,因此,对于表 10 - 5 中所给出的取值数据,用这些参数的任意有效值替代即可。例如:将 minute 列中的 4 替换为 1、5 替换为 2 即可。进一步,将表中的数字与各个参数的等价类对应起来,并从中选择一个代表作为输入数据。最终得到 30 个测试用例,如表 10 - 6 所示,可以覆盖所有参数取值对偶。

表 10 - 6　测试用例集

序号	year	month	date	hourOfDay	minute	second	预期输出
1	2020	2	15	10	30	30	输入合法
2	2020	4	15	−1	60	30	时、分不合法
3	2019	5	15	24	−1	−1	时、分、秒不合法
4	2020	0	15	10	−1	−1	月、分、秒不合法
5	2019	13	15	−1	30	60	月、时、秒不合法

序号	year	month	date	hourOfDay	minute	second	预期输出
6	2019	2	29	−1	−1	−1	日、时、分、秒不合法
7	2020	4	29	24	30	−1	时、秒不合法
8	2020	5	29	10	30	60	秒不合法
9	2019	0	29	−1	60	30	月、时、分不合法
10	2020	13	29	10	−1	30	月、分不合法
11	2020	2	30	24	60	60	时、分、秒不合法
12	2019	4	30	10	−1	30	分不合法
13	2020	5	30	−1	−1	30	时、分不合法
14	2020	0	30	10	30	−1	月、秒不合法
15	2019	13	30	−1	30	−1	月、时、秒不合法
16	2019	2	31	10	30	30	日不合法
17	2020	4	31	−1	30	−1	日、时、秒不合法
18	2019	5	31	10	60	−1	分、秒不合法
19	2020	0	31	−1	−1	60	月、时、分、秒不合法
20	2020	13	31	24	−1	30	月、时、分不合法
21	2020	2	0	−1	−1	−1	日、时、分、秒不合法
22	2019	4	0	10	−1	60	日、分、秒不合法
23	2020	5	0	−1	30	30	日、时不合法
24	2019	0	0	24	30	30	月、日、时不合法
25	2020	13	0	10	60	−1	月、日、分、秒不合法
26	2020	2	32	10	30	30	日不合法
27	2020	4	32	−1	60	30	日、时、分不合法
28	2019	5	32	24	−1	−1	日、时、分、秒不合法
29	2020	0	32	10	−1	−1	月、日、分、秒不合法
30	2019	13	32	−1	30	60	月、日、时、秒不合法

需要注意，表 10 - 6 给出的测试用例集，虽然满足了 Calendar 类中 set 方法的参数取值对的覆盖要求，但该测试用例集并不完善。这是因为，对于参数的取值，这里采用了等价类进行划分；而且，等价类之间存在一定的依赖关系（如第 3 章讲述的决策表测试技术部分所描述的）。这里在采用组合测试时，并未考虑输入取值的约束关系。

10.6.2　配置空间组合案例

【例 10.6】　某公司开发出一款软件产品，希望在多种不同的软硬件平台上正常工作。考虑的几个因素以及取值如表 10 - 7 所示。其中：假定操作系统 Windows 和 Linux 只能运行于 PC 机，而 Android 和 iOS 只能运行于手机。

表 10 - 7　考虑因素及其取值

因素	取值
硬件平台	PC、手机
操作系统	Windows、Linux、Android、iOS
浏览器	Chrome、Firefox、Edge、Safari
用户类型	普通用户、管理员

例 10.6 给出的示例包含 4 个考虑因素,考虑到每个因素的取值以及它们之间的约束条件,可以得到 32 种取值组合。

由于每个参数的取值数量不全是 2 个值,因此,采用 10.2.2 节给出的多值参数对偶设计技术进行因素的取值组合设计。构造过程与 10.2.2 节以及例 10.5 相同,这里不再赘述。需要注意的是,例 10.6 需要 4 阶相互正交的拉丁方,这里给出采用的 3 个 MOLS。

$$M_1 = \begin{bmatrix} 1 & 2 & 3 & 4 \\ 2 & 1 & 4 & 3 \\ 3 & 4 & 1 & 2 \\ 4 & 3 & 2 & 1 \end{bmatrix} \quad M_2 = \begin{bmatrix} 1 & 2 & 3 & 4 \\ 3 & 4 & 1 & 2 \\ 4 & 3 & 2 & 1 \\ 2 & 1 & 4 & 3 \end{bmatrix} \quad M_3 = \begin{bmatrix} 1 & 2 & 3 & 4 \\ 4 & 3 & 2 & 1 \\ 2 & 1 & 4 & 3 \\ 3 & 4 & 1 & 2 \end{bmatrix}$$

针对例 10.6,最终构建出的因素取值组合矩阵如表 10 - 8 所示。

表 10 - 8　例 10.6 的因素取值组合矩阵

块	行	操作系统	浏览器	硬件平台	用户类型
1	1	1	1	1	1
	2	1#	2	2#	3 *
	3	1	3	3 *	4 *
	4	1	4	4 *	2
2	1	2#	1	2#	2
	2	2	2	1	4 *
	3	2	3	4 *	3 *
	4	2	4	3 *	1
3	1	3	1	3 *	3 *
	2	3	2	4 *	1
	3	3#	3	1#	2
	4	3	4	2	4 *
4	1	4	1	4 *	4 *
	2	4	2	3 *	2
	3	4	3	2	1
	4	4#	4	1#	3 *

表 10 - 8 给出的因素取值组合设计存在两个问题:(1)硬件平台和用户类型的取值只能是 1 或 2,但表中给出了它们的不可能取值,如表中 * 号标记的取值(3 或 4);(2)表中给出的某些

配置,不能满足硬件平台和操作系统之间的约束关系,如表中♯号标记的取值组合。

对于第一个问题,可以使用参数的任意可能取值来替换不可能取值,如:用1替换3、2替换4等。对于第二个问题,一个简单方案是直接删除不满足约束的测试数据取值组合(即删除表10-8中的相应行)。但该方案存在一些问题,可能会导致某些取值对不能被覆盖。例如:删除第3块中的第3行,会使取值对{Android,Edge}、{Android,普通用户}、{Edge,PC}、{Edge,普通用户}和{PC,普通用户}不能被覆盖。可以采用两个步骤来消除这些矛盾的组合,并保持对所有对偶的覆盖。

步骤1:修改不满足约束关系的取值组合,使其满足约束条件。但这样的处理可能会使某些取值对不能被覆盖。

步骤2:增加新的取值组合,直到所有的对偶都被覆盖。

表10-9是修改后的参数组合设计。其中:横线"—"表示不关心值,在设计测试用例时,将不关心值选择为合适的具体取值即可。从表10-9可以看出,如果不进行组合设计,则需要32组测试用例;但通过PDMOLS的应用,只需要18组测试用例,减少了14组。当然,大家也可以进一步优化,得到数量更少的测试用例。这里只给出了因素取值组合设计,具体的测试用例请读者尝试给出。

表 10-9　例 10.6 优化后的因素取值组合设计

块	行	操作系统	浏览器	硬件平台	用户类型
1	1	1	1	1	1
	2	1	2	1	1
	3	1	3	1	2
	4	1	4	1	2
2	1	2	1	1	2
	2	2	2	1	2
	3	2	3	2	2
	4	2	4	1	1
3	1	3	1	2	1
	2	3	2	2	1
	3	1	3	1	2
	4	3	4	2	2
4	1	4	1	2	2
	2	4	2	2	2
	3	4	3	2	1
	4	2	4	1	1
5	1	3	3	—	2
	2	4	4	—	1

10.7　讨　论

组合测试的目的是从一个可能很庞大的输入空间以及配置空间中选择较少数量的测试用例集合,并有效地检测出各个影响因素相互作用所导致的软件故障。考虑参与组合的因素数量越多,能够发现的软件缺陷也越多。相关研究表明,当对被测程序达到 6 维组合测试之后,几乎程序中所有的缺陷都能够被发现。

由于组合测试用例生成是一个 NP 完全问题,难以得到最佳的测试用例集合。研究员们采用贪婪算法或启发式算法来求得近似最优的测试用例集合。常用的方法包括基于拉丁方的代数构造法,逐用例扩展的 AETG 类算法,逐因素扩展的 IPO 类算法等。在测试用例生成过程中,一些优化算法,如贪婪算法、果蝇优化算法等被应用。每种组合测试用例生成方法都有优点和缺点,通常依据生成的测试用例数量来衡量某种方法的优劣。

其他研究人员也对 IPO 以及 IPOG 算法进行可改进和优化。例如,崔应霞于 2011 年对 IPOG 进行了扩展,提出了动态 IPOG(D－IPOG)。该方法也采用水平扩展和垂直扩展来生成测试组合,但它与 IPOG 的扩展方法不同。IPOG 在进行水平扩展过程中,通过添加新的参数取值来尽可能多地包含尚未被覆盖的 t 元组;而 D－IPOG 则在扩展过程中动态考虑正在扩展的取值组合和已扩展后的取值组合关于 t 元组的覆盖情况。D－IPOG 在不影响覆盖率的情况下,会动态调整已完成扩展的取值组合,从而消除冗余。

组合测试技术既可以应用到二值参数问题,也可以应用到多值参数问题;既可以应用到影响因素相互独立的情况,也可以应用到因素间存在依赖/约束关系的情况。目前,已有一些商业软件和免费工具支持一定程度的组合测试。

本章小结

本章首先介绍了组合测试基本概念以及设计流程,接着重点讲述了几类组合测试用例生成方法,如基于拉丁方的测试用例生成、AETG 类方法以及 IPO 类方法。最后,探讨了组合测试故障定位问题。

习题

1. 组合测试的目的是什么?
2. 组合测试分为哪三大类方法? 它们的优缺点分别是什么?
3. 组合测试的设计流程是什么?
4. 二值参数的对偶设计流程是什么?
5. 多值参数的对偶设计流程是什么?
6. AETG 算法的思想是什么? 它的优缺点分别是什么?
7. 可以在哪些方面对 AETG 算法进行改进和优化?
8. IPO 方法的基本思想是什么? 它存在哪些优缺点?
9. 组合测试故障定位的目的是什么?
10. 针对 NextDate 函数或其他程序,采用本章介绍的方法设计测试用例。

第 11 章　Web 应用测试

近些年，随着互联网的蓬勃发展，出现了大量的网络化软件，人们通过浏览器来随时访问位于世界各地的 Web 应用程序。前面讲述的许多测试技术虽然可以应用于网络化软件测试，但 Web 应用测试仍具有一些特点，需要重点关注。

本章重点讲述如下内容：

Web 系统的基本结构；

Web 应用的测试问题；

表示层测试；

业务层测试；

数据层测试。

11. 1　Web 应用系统基本结构

互联网在各行各业得到了广泛应用，各类网站层出不穷，如商业网站、政务网站、个人网站。尽管虽然这些 Web 应用五花八门，但它们具备类似的结构。目前的 Web 应用系统主要采用 B/S 以及 C/S 风格的体系结构。C/S(Client/Server)是客户端/服务器结构，如图 11 - 1 所示。用户在自己的计算机上安装专门的客户端软件，并通过互联网与服务器发生交互。通常，客户端软件执行简单的操作和处理，服务器执行复杂的业务逻辑并保存关键数据。也就是说，少量的业务处理由客户端在用户计算机上完成，复杂的业务逻辑、安全关键的业务以及需要较多计算资源的业务都在服务器上完成。

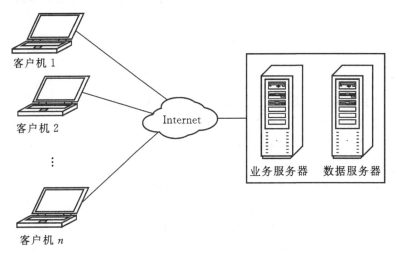

图 11 - 1　C/S 结构示意图

B/S(Browser/Server)是浏览器/服务器结构,如图 11-2 所示。它是在 C/S 的基础上发展起来的,C/S 结构的一个缺点是需要在用户的计算机上安装专门的客户端软件,这使得客户端软件的更新与升级十分不便。而 B/S 结构直接利用用户计算机上的浏览器即可与服务器进行交互,从而完成业务逻辑。B/S 结构本质上也是 C/S,只是客户端由专门的软件变为了通用的软件(浏览器)。这降低了系统维护与升级的成本,系统更新时只需要变更服务器端软件即可,对用户端几乎没有影响。此外,B/S 结构也降低了用户计算机的负担,并能够有效面对客户未知的情况。然而,B/S 结构也不是万能的,与 C/S 结构相比,它也存在一些缺点和不足,如难以控制系统的访问用户,运行速度较慢,传输的数据量较大等。近年来,移动互联网蓬勃发展,移动终端的出现,使得 C/S 结构又焕发了生机,也出现了 C/S 与 B/S 结构相结合的混合应用系统。

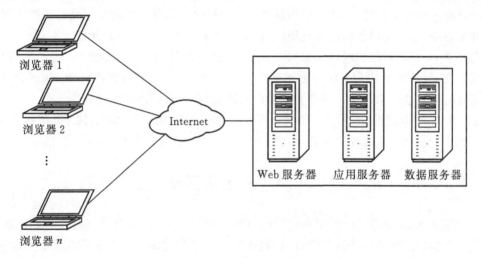

图 11-2　B/S结构示意图

不管是 C/S 还是 B/S 结构,Web 应用系统的服务端一般分为多个层次,与 Web 应用系统采用的技术架构有关,也与 Web 应用的业务规模有关。典型的 Web 应用系统一般包含 3 个层次:Web 服务器、应用服务器、数据服务器。其中:Web 服务器也称为表示层,用于生成用户页面,接收客户端(浏览器和/或专门客户端软件)的请求,并将结果返回给客户端。应用服务器也称为业务层,运行的是业务逻辑有关的核心软件,如用户身份认证、事务处理、数据分析、日志记录。数据服务器也称为数据层,用于管理应用系统的各类数据,包括数据的表示、存储、访问等。根据业务的不同,可以采用关系型数据库管理系统,也可以采用非关系型数据库管理系统,以及二者的结合或其他类型的数据库管理系统,甚至文件系统。

对于一些大型 Web 应用系统,可能会存在多个 Web 服务器、多个应用服务器、多个数据库服务器,以及电子邮件服务器等各类服务器。为了支持海量用户的并发访问,Web 应用系统可能会采用负载均衡技术,将客户请求分配到多个服务器上。

11.2　Web 应用测试问题

对于 C/S 结构的 Web 应用系统,其客户端软件与传统的桌面程序类似,本书前面讲述的测试技术可以直接应用;区别在于,传统的桌面程序不需要考虑网络连接以及网络传输延迟等问题,而客户端软件在测试的时候需要考虑网络因素。客户端软件在启动的时候,可能需要连接服务器来获得授权;在操作的过程中,需要不断地与服务器交换数据等。这些都与网络条件有密切关系,需要专门测试网络条件不好、甚至网络中断时,客户端软件能否正常处理这些情况。

而对于 B/S 结构的 Web 应用系统,由于提供给用户的软件界面是浏览器页面,而且不同类型的公司所设计的页面风格各不相同,给测试工作带来了较多挑战。此外,不同的用户所采用的浏览器不同、使用的硬件平台不同,这些都带来了兼容性方面的问题。Web 应用系统可能的服务对象来自于世界各地,用户的使用习惯不同、采用的语言不同,需要考虑 Web 应用的本地化或国际化方面是否完善。

除了表示层之外,Web 应用系统的业务层可能采用面向对象语言开发、基于组件编程、使用各种框架进行业务开发,可能会使用许多第三方提供的部件。这些手段虽然提高了 Web 系统的开发效率、充分利用了软件的复用性,但也会带来一些问题,例如,使用的现有对象或组件是否存在缺陷、现有对象和组件能否与新开发的对象和组件进行有机结合。为了提高系统的容错及容灾能力,Web 应用系统的数据通常采用分布式方式管理,数据可能在多台服务器上进行冗余备份。这带来数据一致性和完整性问题,并带来数据访问性能问题。

总地来说,Web 应用系统作为一类特殊的软件系统。不仅需要考虑功能性方面的测试,还需要进行性能测试、易用性测试、兼容性测试、安全测试、接口测试、完整性测试、本地化/国际化测试等。

11.3　表示层测试

表示层是 Web 应用系统给用户提供的可视化操作界面,网页分为静态页面和动态页面。静态页面无需经过服务器进行编译,可以直接加载到客户端浏览器上显示出来。而动态页面不是预先准备好的,会根据不同的用户、不同的时间,数据库内容动态地展现给用户。一个Web 应用系统可能既包含有静态页面,也包含有动态页面。不管是静态页面还是动态页面,都包含一些基本元素,如文本、图片、声音、视频、超链接。

表示层测试的主要目的是验证 Web 应用系统是否存在前端或 GUI(Graphical User Interface)方面的错误。由于前端页面直接与用户打交道,它是否美观、是否易于操作、是否存在错误,会直接影响到用户的体验,问题严重时,可能会使用户放弃使用该系统。

11.3.1　测试内容

表示层测试主要包括三个方面:①页面内容测试,如文本、字体、色彩、拼写、默认值以及整体美观;②Web 站点结构测试,考虑页面之间的逻辑跳转关系等;③用户环境测试,用户的硬件平台、操作系统配置、浏览器版本等。

Web 系统前端页面可能包括:不同字体、不同颜色、不同大小的文字,多种类型的图片,音乐以及视频,轮播图,下拉式文本选择框,用户输入框及表单,自定义布局和内容,动态变化的文本和图片等。Web 应用系统的前端页面越复杂,对测试的要求也越高。

对于页面中的文本,需要检查字体的大小是否合适、字体的颜色是否搭配合理、选择的字体是否合适、文本的内容是否准确、是否存在过期信息、文字的拼写是否正确、使用的术语是否准确、文本是否与主题一致。如果在页面中存在联系地址、邮政编码、电话号码以及电子邮件地址等信息,需要检查内容是否有误。如果页面包含的重点突出的文本采用不同的字体、不同的颜色进行呈现,需要验证重点突出的文本是否为真正需要关注的信息。如果文本以图片的形式出现,也需要检查图片中的文本是否正确、是否与其他信息搭配。此外,还需要考虑每个页面的标题是否正确、文字标签是否正确等。

对于页面中的图片,需要测试是否所有的图片都能够被正确载入与显示;在不同的网络环境以及客户端发生变化时,图片是否能够适应不同情况正常显示;当页面有大量图片时,网页的载入性能如何;如果文本和图片交织在一起,改变浏览器窗口的大小,是否会出现文本环绕图片不正确问题;还要检查图片的风格是否一致、图片的内容是否正确;等等。

页面中经常出现表单,供用户输入和/或选择信息。例如,用户注册、用户登录、问卷调查表单。由于表单中的每一项都是一个输入域,可以采用第 3 章讲述的黑盒测试技术进行测试,如输入是否接受非法字符、是否接受正确的输入、输入的文本长度有没有限制、不输入任何值是否可行、输入一个超大数字是否会出现问题、输入的信息是否被业务系统接受。例如,对于用手机号码注册邮箱,可以采用等价类测试技术,将待接受的手机号码划分为多个有效等价类,如移动手机号码、联通手机号码、电信手机号码、其他有效手机号码(各类虚拟运营商的手机号码);以及一系列无效等价类,如无效的 11 位手机号码、长度不等于 11 的数字、包含非数字信息等;从而验证网站对手机号码的支持程度。因为采用手机号码注册时,通常需要短信验证码,Web 系统可能无法对某些手机号码发送验证码。

Web 页面上通常存在大量的超级链接,不同的页面之间构成了非常复杂的交互关系。经常碰到一类问题:点击某个链接之后,要么发生找不到页面的问题、要么打开的页面与标题不一致。链接测试就是要发现 Web 应用系统中是否存在这类问题。对于 Web 系统,不仅要检查文字关联的链接,还要检查图片关联的链接。也就是说,对于每一个链接都要认真检查,确认每个链接都能跳转到正确的页面。此外,如果链接打开的是电子邮件,需要填写内容并点击发送,检验是否真正收到邮件。在 Web 系统中,经常会出现孤页的情况,即某些页面不和其他页面发生联系,无法在其他页面通过超链接的方式访问它们。可以借鉴状态机思想,将整个网站的页面当作不同状态,超链接作为状态之间的转移,从而基于网站的状态图来分析是否存在孤页、网页间的跳转是否正确等。基于状态图,可以很方便地设计出测试用例来进行自动化测试。

由于 Web 应用系统的用户可能处于世界各地,使用的计算机性能、操作系统、浏览器各不相同,因此,需要验证 Web 系统的兼容性。不同的浏览器对于 JavaScript、HTML、CSS 插件等的支持是不同的。用户所使用的计算机屏幕分辨率也不尽相同,有些是 1024×768、有些是 1920×1080 等。由于存在大量的影响因素,需要测试这些因素之间的各种组合。但如果将所有组合进行穷举,往往不太现实。因此,可以采用第 10 章所述的组合测试技术来进行兼容性方面的测试。

此外,还需要测试网页嵌套或提供的音频、视频、文件等是否存在错误;轮播图、滚动文本、站内搜索等功能是否正常;对于不同的国家和地区,Web 系统是否具备良好的本地化和国际化;检查 Cookie 以及 Session 中信息的安全性等;还需要检查网页中是否存在违法信息。

11.3.2　测试方法

可以将 Web 页面作为黑盒子,不关心它是如何工作的。因此,第 3 章讲述的黑盒测试技术可以直接使用,如第 3 章 3.4.2 节例 3.6 给出的注册程序。此外,还可以考虑上面给出的链接测试、内容测试、兼容性测试等。

由于 Web 系统的页面多数是由超文本标记语言 HTML 构建，许多浏览器都提供了查看页面源码的功能。例如，图 11 - 3 为某 Web 应用系统的登录页面，它所对应的部分 HTML 代码如图 11 - 4 所示。

图 11 - 3　某 Web 应用系统的登录页面

```
<!DOCTYPE html>
<html class="login-bg">
<head>
    <title>             </title>
    <meta name="keywords" content="驾校" />
    <meta http-equiv="Content-Type" content="text/html; charset=utf-8">
    <meta name="viewport" content="width=device-width, initial-scale=1.0">
    <!-- bootstrap -->
    <link href="https://                              /css/bootstrap/bootstrap.css"
    rel="stylesheet">
    <link href="https://                              css/bootstrap/bootstrap-overrides.css"
    type="text/css" rel="stylesheet">
    <link rel="stylesheet" type="text/css" href="https://
    css/compiled/icons.css">
    <link rel="shortcut icon" href="https://
    img/favicon.ico" type="image/x-icon" />
</head>
<body>
    <!-- background switcher -->
    <div class="login-wrapper">
        <div class="box" style="margin-top:5%;">
            <div class="content-wrap">
                <!-- <h6>登录</h6> -->
                <form id="new_consultation_form1" class="new_user_form">
                <input autofocus="autofocus" class="form-control" id="phone" name="phone" type="text"
                placeholder="手机号" onkeydown="KeyDown()" >
                <input class="form-control" id="password" name="password" type="password" placeholder="密码"
                onkeydown="KeyDown()">
                <a href="#" class="forgot"></a>
                <!-- <div class="remember">
                    <input id="remember-me" type="checkbox">
                    <label for="remember-me">记住密码</label>
                </div> -->
                <a class="btn-glow primary login" id="submit-form" type="button" href="#"
                style="margin-top:20px;">登录</a>
                </form>
            </div>
        </div>
    </div>
```

图 11 - 4　登录页面对应的部分 HTML 代码

　　由于可以查看被测页面的 HTML 代码,因此,可以采用灰盒技术对 Web 页面进行测试。HTML 发展至今,提供了大量标签,此外,许多前端库(如 Bootstrap)也提供了许多标记。为了对 Web 页面进行有效测试,读者应该掌握基本的 HTML 标记。查看待测 Web 系统页面上的 HTML 语句,确认它们采用了哪些技术,这些技术是如何将页面上的各种元素组织起来的。例如,对于图 11 - 3 所示的登录页面,可以发现它包含有背景图片、两个输入框(用于输入手机号码和密码)、一个登录按钮。通过分析图 11 - 4 给出的源码,发现登录按钮实际上是一个 HTML 的超链接标记,但由于该网页使用了 Bootstrap,当点击"登录"时,不是直接跳转到其他页面,而是调用"submit-form"方法来执行 Ajax 请求。此外,从图 11 - 4 中可以看到存在一些注释代码,表明开发人员曾经在页面上增加了"记住密码"时的处理。此时,作为测试人员,可以尝试着直接调用"记住密码",查看一下是否系统依然支持该功能(虽然在界面上已经去掉了该功能)。

　　此外,还可以查看 Web 应用系统提供的 URI,是否很容易猜测出来一些未公开的 URI?为用户前端提供界面显示的 URI 是否与为后台管理的 URI 具有很大差别?有些开发人员未充分考虑这类问题,可能使得未授权人员直接进入到后台管理系统,从而造成严重的信息泄露。有些开发人员设计的 URI 过于简单,很容易让人猜出命名规范,从而使得大量页面能够直接被访问。

11.4　业务层测试

　　Web 应用系统的业务层处于服务器端,测试的重点是检验 Web 系统中的业务逻辑是否存在错误。业务层的测试与传统的软件测试非常相似,前面讲述的黑盒测试技术、白盒测试技术、集成测试和系统测试都可以应用。也需要根据测试目标,制定详细的测试计划和流程,设计足够的测试用例,检验 Web 系统的功能、性能、可靠性、安全性等是否满足用户预期。

　　Web 应用系统的业务逻辑可能分布于多台服务器上,因此,还需要测试业务跨服务器之间的一致性、完整性和实时性。需要测试某个服务器发生故障停止工作之后,Web 系统是否能够继续提供服务等。

　　Web 应用系统多采用组件技术(如 Web service),使用第三方组件来加快项目的开发。虽然提高了开发效率,但也带来了一些问题。例如,所采用的第三方组件自身是否存在缺陷,即使第三方组件可以稳定可靠工作,但它是否与自己开发的组件能够兼容?因此,对于内部开发的组件,可以采用白盒技术与黑盒技术相结合的手段,进行严格测试。对于第三方组件,可以主要采用黑盒技术进行测试。但需要注意的是,对于组件之间的集成,需要进行严格测试,可以采用第 5 章所讲述的技术进行测试。

　　对 Web 系统的业务层进行系统级别的测试,可采用第 6 章所讲述的系统测试技术。但需要注意,Web 应用系统多通过浏览器来访问,需要考虑网络的影响。要测试 Web 系统的业务层是否满足用户预期,需要模拟用户实际的操作流程。例如,对于一个购物网站,通常涉及搜索/浏览商品、加入购物车、结算等步骤,可以使用需求规格说明书、用例模型、使用场景等构建出测试用例。为了提高测试效率,可以创建测试驱动器来自动化执行测试工作,即通过测试脚本来模拟用户对浏览器的操作。目前,研究人员和业界工程人员已提供了多种测试工具来帮助进行自动化的 Web 测试,如 13 章 13.6 节介绍的 Selenium。

对于 Web 应用系统,需要测试多个方面的内容,涉及功能、性能、数据有效性、事务、接口等。对于功能方面的测试,不仅考虑基础功能,还要考虑特定功能,读者可参考第 6 章介绍的测试技术。对于 Web 应用,需要更加关注性能。如果访问一个页面,超过 3 秒没有响应,那么,用户很可能以后不再使用该系统。性能指标通常包括响应时间和吞吐率。在进行性能测试的时候,不仅考虑系统在正常负载的情况下的系统表现,还要考虑在峰值负载甚至过载情况下的系统表现,读者可以参考第 6 章讲述的性能测试与压力测试进行测试。

Web 系统业务层的一个主要功能是确保用户输入的数据是安全有效的。如果前端页面没有对用户的输入进行有效性检验,那么业务层就需要执行输入数据的有效性检查。如果用户输入的数据无效,如错误的日期或手机号码,可能会使得系统发生严重错误,甚至造成严重的经济损失。因此,测试人员要和开发人员一起,明确输入的合法性检验应该在什么地方进行,是由 Web 前端页面校验,还是业务层处理,或者两个地方都需要检查?如果在前端页面和业务层都进行考虑和处理,则增加了一层保护机制;但是,增加了开发工作量,也可能造成前后端处理不一致、存在矛盾等问题。关于输入的有效性检查,可以使用第 3 章介绍的边界值分析和等价类测试技术。

Web 应用系统,尤其是电子商务类系统,用户业务由一系列事务组成,需要保证事务在全部时间内都正确处理。例如,用户添加了几个商品到购物车内,点击结算,用户支付费用,订单生成,用户收到商品,评价商品和物流服务。在这个过程中的每个环节,如果发生了异常,系统应该能够保证事务的完整性和正确性。例如,用户在支付费用的过程中,由于调用了第三方支付平台,未及时收到支付结果,重复支付了多次。此时,系统应该在尽可能短的时间内,告诉用户情况,并尽快将多扣的钱退还给用户。再如,一些网站经常进行商品促销活动,大量用户抢购同一个商品,系统提示用户抢购成功,并收取了用户订金。但由于系统的业务逻辑有问题,造成了预定用户超过商品总量的情况。此时,系统该如何处理?

通常 Web 应用系统包含几类接口:浏览器与服务器之间的接口,本系统与第三方系统的接口。对于浏览器与服务器之间的接口,可以参考上一节所讲述的表示层测试。由于系统界面可能会经常发生变化,因此,对于 Web 系统,可以基于 API 进行业务测试。设计测试用例、编写测试脚本,调用 API 对系统进行测试,检查系统是否能够正常提供服务,确认收到的结果与服务器的处理相一致。对于系统与外部系统的接口,如订单支付时调用的第三方支付平台、登录系统时使用的第三方账号等,要确认 Web 系统能够正确处理第三方系统返回的所有可能结果。此外,还需要关注接口的异常处理,尝试各种异常输入,尝试在事务处理过程中中断事务,尝试在服务过程中断开网络连接,尝试在结果尚未返回的情况下发起新的事务,等等。可以基于缺陷模式和缺陷类型,检查系统是否可能存在这类问题,如果存在,确定什么样的测试最有效。

在测试业务层的时候,还需要进行 Session 和 Cookie 方面的测试。因为它们通常保存了一些敏感信息,关注客户端替换之后 Session 的保持情况,是否存在安全性方面的问题,如 Cookie 窃取和 Session 劫持。

Web 系统不仅包含纯 HTML 编写的静态页面,还包含内容可自定义和改变的动态页面,这些页面包含 JavaScript、Java、DHTML 等语言编写的代码。此时,可以采用白盒测试技术,结合 Web 前端页面和后端业务处理层,一起检验这些动态页面是否存在错误。

11.5　数据层测试

Web 应用系统的正常运行,通常离不开数据的支撑。一方面,它收集用户提交的数据,用户的交易数据,用户的使用数据,用户的个人资料等;另一方面,它利用这些数据,经过数据分析,可以给用户提供更为精准的个性化服务,从而提高用户黏性。这些数据都是非常重要的资产,其重要性不言而喻。然而,如果发生数据丢失、破坏以及泄露,会带来严重的后果,甚至使公司破产。因此,需要对数据进行有效的保护,使其能够安全、容错,甚至容灾等。

对于数据层的测试,主要是测试存储和访问信息的数据库管理系统。有些小型 Web 系统采用文件系统来组织和管理数据,有些系统采用关系型数据库管理系统,有些系统采用非关系型数据库管理系统,而有些 Web 系统综合采用上述三类数据库管理系统。更为大型的系统可能采用数据仓库、分布式数据库、云存储等保存海量数据。

数据层的测试主要包括性能测试、完整性测试、可靠性测试以及安全性测试。

数据库的设计是引起性能问题的一个重要原因,如果结构设计不合理,那么数据库的性能会很差,尤其是针对海量数据的情况。对于关系型数据库系统而言,SQL(Structured Query Language)语句不合理也是影响性能的重要原因。因此,需要对 SQL 语句进行优化。数据库服务器性能问题主要表现为:对某些类型的操作,响应时间过长;并发处理能力差;频繁发生锁冲突等。需要测试数据库系统的并发访问量,检查性能的瓶颈,定位问题。可以从这几个方面来优化数据库的性能:物理存储、逻辑设计、数据库参数配置和调整、访问语句优化。

数据的完整性对 Web 系统(所有软件)非常重要,完整性测试的目的是发现数据库中存在不准确数据的问题。有多种原因导致数据发生错误,例如,数据类型和长度的限制使得数据发生截断或精度降低,时间和日期类数据会出现时区问题,程序设计语言采用的数据类型与数据库管理系统支持的类型不匹配等。

Web 应用系统通常需要长时间不间断运行,其可靠性要求较高。作为 Web 系统的核心与基础,数据库系统的可靠性非常关键和重要。如果发生数据丢失或者宕机,会带来重大损失甚至法律纠纷,例如,银行的数据库系统要求具备非常高的可靠性。

对于数据库层的可靠性测试,需要关注其容错性、容灾性以及可恢复性。Web 应用的数据库系统允许错误甚至灾难的发生,例如火灾、水灾。当故障发生时,系统中正在运行的事务会切换到其他数据库系统上。系统要实现容错性与容灾性,通常采用异地多活方式构建数据库系统。对于测试来说,需要检验数据库系统是否支持多种备份与还原方式;检验数据库管理系统是否能够在出现故障(如系统故障、存储介质故障)时,提供数据恢复机制;检查数据库系统是否具备较高的平均无故障时间(Mean Time Between Failures,MTBF)和较低的平均恢复时间(Mean Time to Recovery,MTTR);检验数据库系统是否能够长期稳定运行;确认数据库系统是否具备较快的数据同步与复制能力。

此外,对于 Web 系统的数据层,还需要测试设计的表是否合理,表与表之间的关系是否正确,是否存在冗余字段,关系型与非关系型数据的协作是否正确,索引是否正确和必要,约束关系是否正确,事务管理与作业管理是否保持一致性;数据库系统是否具备良好的授权和审计管理等。

11.6 讨 论

作为一类软件系统,本书前面章节介绍的测试方法和技术可以应用于 Web 应用系统。但 Web 系统又有其特点,给测试工作带来了一些新的挑战和问题。

由于 Web 系统面向的用户未知,用户所使用的计算机硬件、操作系统、浏览器、网络条件都不相同。因此,需要考虑兼容性问题,主要是浏览器兼容性问题。这是因为,不同的浏览器所支持的特性不同,Web 应用可能在某些浏览器下表现良好,但在其他浏览器下却出现各种各样的问题。有些用户使用的计算机屏幕尺寸小,页面内容难以有效展现。此外,还需要进行本地化和国际化测试,Web 系统可能在某些国家显示正常,但在有些国家显示可能错误。

Web 系统多采用组件式开发,为提高开发效率,可能会使用第三方组件。对于第三方组件,需要采用黑盒测试技术来验证其是否满足需求,还要验证第三方组件和内部开发的组件能否有机地集成在一起。对于内部开发的组件,可以结合白盒技术和黑盒技术来进行严格测试。

由于 Web 应用系统的界面运行在客户的浏览器中,客户可能处于世界各地;因此,需要考虑 Web 系统的性能表现。还要测试 Web 页面与业务层之间的接口是否正确,页面中的内容是否正确,每个超链接是否链接到正确页面等。

对于 Web 系统,需要更加考虑其安全性,包括 Cookie 窃取、Session 劫持以及拒绝服务 (Denial of Service DoS)等。对于银行、证券等 Web 系统,还需要考虑数据的一致性、完整性、容错性及容灾性等。

总地来说,Web 应用系统不仅具有普通软件的测试要求,还具有自身特有的测试要求。Web 系统的测试,不仅包括功能性测试,还包括性能、可靠性、安全性、稳定性、易用性等方面的测试。

本章小结

本章讲述了 Web 应用系统的测试,重点介绍了 Web 应用所面临的测试问题,即表示层测试、业务层测试和数据层测试。作为一类软件系统,Web 应用也可以采用本书前面章节所讲述的测试方法和技术进行测试。

习题

1.请比较 C/S 风格的架构与 B/S 风格的架构。

2.Web 应用系统面临哪些测试问题?

3.对 Web 系统表示层需要测试哪些内容?

4.可以采用哪些方法测试 Web 系统的表示层?

5.对 Web 系统业务层主要测试哪些内容?

6.对 Web 系统数据层需要测试哪些方面的内容?

第 12 章 移动应用测试

近年来,移动互联网技术发展迅速,手机、智能手表以及运动手环等各种可穿戴设备层出不穷,极大地改变了我们的生活及工作方式。这些变化也给软件开发和测试工作带来了较大的影响。

本章主要讲述如下内容:

移动应用测试问题;

移动应用测试内容;

移动应用测试方法;

嵌入式系统的测试。

12.1 移动应用测试问题

随着移动互联网技术的发展,各类移动终端设备进入到人们的日常生活与工作当中,各类移动应用(如办公、娱乐、商务、社交、支付)渗入到人们生活与工作的方方面面。然而,由于移动终端自身设备的硬件限制,以及需要不断移动所带来的网络连接问题,给测试带来了较多的挑战。

移动应用测试工作不仅需要考虑传统的测试,还需要考虑移动通信网络(4G/5G 等)的影响,考虑设备的多样性以及设备自身的限制等,还需要考虑应用程序的安装与维护方式等。

12.1.1 移动设备多样性

不同于 PC 机与服务器市场,移动设备的生产厂家众多,所采用的硬件平台种类繁多,运行的操作系统五花八门,这些都给测试带来了很大的挑战。

移动设备通常是一个嵌入式系统,由硬件和软件组成。其中,硬件包括处理器、存储器、各类输入和输出设备、移动通信模块、通信接口、电源等。处理器又分为微处理器(Micro-processing Unit,MPU)、微控制器(Micro-processing Control Unit,MCU)、数字信号处理器(Digital Signal Processor,DSP)、片上系统(System on a Chip,SoC)及片上可编程系统(System on a Programmable Chip,SoPC)等。常用的处理器架构包括 ARM、PowerPC、MIPS等。ARM 公司又将其处理器设计方案授权给各个处理器设计厂家,如华为、三星、苹果,每个厂家根据自身需求,进一步设计出功能各异的处理器。存储器又包括内存和外存,多为 Nor-Flash 和 NandFlash。输入设备包括触摸屏(电容屏或电阻屏等)、按键、麦克风、摄像头、键盘等;输出设备包括显示器、指示灯、扩音器等。为支持语音通话和网络连接,移动设备通常包含移动通信模块(如 3G/4G/5G),通过移动通信模块来访问互联网。移动设备还有多种通信接口,如 USB、蓝牙、WiFi、红外、SD 卡接口。移动设备通常采用电池进行供电,如何有效节能是一个重要问题。此外,各个厂家根据应用领域的不同,设计出形态和功能各异的移动设备,包含不同的硬件资源,如移动设备尤其是手机摄像头的像素可以从 100 万到 1 亿不等。

除了硬件资源的多样性之外,移动设备所采用的操作系统、浏览器、屏幕的物理尺寸以及分辨率、工业设计、结构设计、UI 设计等的各方面的差异,进一步造成了移动设备的多样性。例如,移动设备可以采用 Android 操作系统、iOS 操作系统、WinCE、Linux、μCOS 等。Android 系统大约每半年发布一个新版本,而且,Android 由于开源,允许各个厂商对 Android 进行深度定制,这带来了非常多的碎片化问题,即 Android 系统版本非常多。浏览器除可以使用 Chrome、Safari 外,还可以是各种各样的第三方浏览器,如 360 浏览器、Firefox。许多厂商虽然都采用 Android 系统,但它们的 UI 并不相同,如华为公司设计的 EMUI、小米公司设计的 MIUI。移动设备的屏幕尺寸也不尽相同,例如,手机屏幕从 3 英寸(1 英寸=25.4 毫米)到 7 英寸不等。

移动设备的多样性给测试工作带来很大的挑战,开发的应用如何能够在众多类型的移动设备上都正常工作,是需要解决的首要问题。

12.1.2　网络连接多样性

不同于桌面应用程序以及 Web 应用系统,移动应用软件可以通过多种方式接入到互联网。它可以通过 Wi-Fi 接入互联网,这与传统的 Web 应用系统是相同的。更重要的是,移动应用还可以通过移动通信网络(即蜂窝网络)接入互联网。

由于移动设备多采用无线方式接入互联网,这不可避免地出现连接不稳定、网络延迟较大、多个移动设备竞争网络、移动设备高速移动时网络不稳定,以及偏远地区网络不可用等问题。这些都对测试工作带来了影响,需要检验软件在各种网络情况下的表现是否符合预期。

此外,如果移动设备通过蜂窝网络接入互联网,电信运营商(如中国移动、中国联通以及中国电信)会使用某种代理或转换器(软件)将移动设备与互联网连接起来。这是因为电信运营商会将移动应用发起的基于 IP 的数据包进行打包,在移动通信网络中进行传输,然后再在移动设备上进行解码处理。由于移动应用和后台服务器之间的数据交互不是直接到达,而是经过运营商中转,用户并不清楚代理或转换器做了哪些事情,以及这些事情对系统带来的影响是什么。

一般来说,代理或转换器可能进行几方面的工作:将数据进行格式转换、将数据进行压缩以提高传输速率、对数据进行加密增加安全性和隐私保护、对于某些站点进行限速、为 VIP 用户预留资源等。对于数据进行格式转换可能会使得同一个 UI 在不同设备上呈现的视觉效果不同。为提高传输速率而进行的数据压缩,在高负荷情况下可能会适得其反。无线 TCP 和有线 TCP 对于拥塞的处理是不相同的。如果系统用户处于高峰时段,防火墙等安全措施会降低系统性能。

此外,移动设备可以通过不同运营商访问互联网,受限于运营商的基站建设和布局。对于不同运营商,同一台移动设备的性能也不尽相同。即使是同一个运营商,移动设备所处的物理位置不同,其网络连接也可能发生很大变化。因此,网络的多样性,使得对于移动应用的测试具有更多的考虑。

12.2　移动应用测试内容

对于智能手机之类的移动设备,其移动应用通常运行于操作系统之上,这和传统的桌面程序类似。当然,移动应用有其自身特点,对测试的要求也不完全相同。

12.2.1　功能性测试

对于任何软件系统,功能性方面的需求总是首要考虑的问题。对于移动 App,可以根据其类型进行测试。例如,对于社交类 App,可以测试它是否可以增加好友、删除好友、创建群组、加入群组、退出群组、与好友互发消息、群发消息、接收消息、发送文本、发送表情、发送图片、发送视频等功能。对于电子商务类 App,可以测试是否可以浏览商品、加入商品到购物车、从购物车中移除商品、结算、设置送货地址等功能。

要测试移动 App 的功能是否满足用户需求,可以采用本书前面讲述的测试技术进行测试。基于需求规格说明书,构建可追溯矩阵,设计足够多的测试用例来检验移动应用是否具备了规定的各项特性。可以基于用例,分析用例中描述的基本事件流和备选事件流,分别设计多个测试用例,来查看软件是否具备相应功能。此外,还可以结合多个用例,构建复杂的测试场景,来检验移动 App 是否考虑了复杂的情况。

一般来说,受限于移动设备的硬件,移动应用通常较为简单,复杂的业务逻辑和大量的数据放在后台服务器上。对于移动 App,可以使用第 3 章介绍的黑盒技术和第 4 章介绍的白盒技术进行单元测试,采用第 5 章介绍的技术进行集成测试,采用第 6 章介绍的技术进行系统测试。

12.2.2　兼容性测试

正如 12.1 节所述,移动设备种类繁多,如果想要移动应用得到广泛使用,需要考虑设备的多样性以及网络连接的多样性。需要考虑设备的硬件配置,如 CPU 的型号及处理速度、内存容量的大小、屏幕尺寸的大小、触摸屏的类型及敏感性、输出设备的类型、接口设备、电池容量等。

除硬件配置不同外,移动设备所运行的操作系统也种类繁多、也包含多种浏览器、包含针对不同语言的运行时库。网络连接方式也多种多样,既可以通过移动通信网络、也可以通过Wi-Fi 等无线方式;即使都通过移动通信网络,也包括不同的移动运营商。这些因素使得网络连接速度、网络的可用性、网络的延迟以及网络的可靠性都不相同。

由于具备大量不同类型的移动设备,硬件配置不同、软件环境不同、网络环境不同,使得对于移动 App 的测试要重点关注兼容性测试。但是,如果考虑所有这些影响因素的组合,不仅测试工作量繁重,还需要很大的投入来重建这些测试环境,这通常难以做到。为了在保持一定覆盖率的前提下,尽可能地减少测试工作,可以采用第 10 章所讲述的组合测试技术。

12.2.3　易用性测试

由于常常存在多个移动 App 具备相同或相似功能,因此,移动应用如果没有具备较好的易用性,很容易被用户放弃。易用性反映了移动 App 的用户体验是否良好,设计的用户界面是否美观、用户操作是否便捷等。

易用性测试需要重点关注图形用户界面(GUI)。GUI 提供了用户与 App 之间的交互,是一个系统能否被用户所接受的第一要素。GUI 测试主要关注在不同屏幕分辨率下,用户界面的布局和风格是否一致且满足用户要求,界面中的文字是否准确,各个控件、文字以及图片搭配是否美观、操作是否友好便捷等。

移动应用分为原生 App、Web App 以及混合 App。对于 Web App,可以采用第 11 章所讲述的 Web 应用测试技术。对于原生 App,可以采用传统的桌面程序测试技术。由于混合 App 结合了原生 App 和 Web App,因此,可以综合传统的软件测试技术和 Web 应用测试技术。

一个移动应用通常包含多个界面,需要测试界面之间的跳转是否正确。此外,移动 App 通常会调用第三方应用。例如,可以使用微信、QQ 以及支付宝等账户登录到某个软件系统,支付功能调用支付宝、微信支付等,移动 App 调用打电话应用或发短信功能等。对于和第三方应用有关的移动 App,需要认真测试它们之间的接口,并检验第三方应用的版本的兼容性问题。

12.2.4　安全性测试

移动应用的安全性测试是一个重要问题,它比传统的软件系统的安全性问题更加严重。这是由多个原因造成的。

首先,由于移动设备通过无线方式连接互联网,使得数据更容易被监听。如果数据没有被加密或者加密算法过于简单,很容易被其他人窃取信息。因此,移动 App 在和后台服务器进行交互的过程中,要对数据采用隐私保护能力强的方法进行加密。

其次,许多移动 App 为了能够改善用户体验,通常会记录一些隐私数据在移动设备上,包括用户口令等信息。但移动设备可能会容易发生丢失或被盗情况,使得用户信息泄露或者造成财产损失。因此,在设计移动 App 及整个系统的时候,需要考虑设备丢失的情况。

再次,对于移动设备,不仅考虑财产的安全性,还要考虑用户的人身安全性。即移动设备的使用不应该对用户的生命安全带来风险。近年来,经常发生移动设备爆炸事件。例如,三星公司的 Note 7 手机发生了几起爆炸事件,使得三星公司投入巨大资本研发的旗舰手机很快在市场中消失,也使得三星公司的手机近年来在我国市场的表现越来越差。

此外,对于移动设备的测试,还需要关注恶意 App。一些移动应用可能为了后续升级的过程中不再需要用户确认,故意申请访问不必要的权限。例如,手电筒 App 要访问位置信息、通讯录以及短信。对于 Android 系统,由于其开放性,出现了一些山寨 App,这些 App 轻则增加了广告功能,重则会故意诱导用户,从而带来财产损失。还有一些 App 完全是恶意 App 甚至是病毒,收集用户的个人数据、盗窃用户的账号信息等。

因此,对于移动设备的安全性测试,不仅考虑财产的安全性,还要考虑隐私保护,甚至人身安全。

12.2.5　性能测试

与其他类型的软件一样,也需要测试移动 App 的性能。用来检验移动应用运行在真实环境时的性能表现,确认移动 App 与硬件资源、网络环境的匹配程度。

如果是网络化软件系统,那么,移动 App 只是一个客户端。关于系统的性能测试与第 11 章所讲述的 Web 应用测试相似。但也存在一些差异:移动 App 的生命周期不受自己控制,而是受到系统平台的统一管理。例如,Android 系统应用分为 4 大类组件 Activity、Service、BroadcastReceiver 和 ContentProvider,每类组件都有专门的管理机制。Android 系统中包括多种进程:前台进程、可见进程、服务进程、后台进程以及空进程等。不同类型的进程,其优先级不同,当资源不够的时候,系统会根据某种策略来清除某些进程,从而释放资源。

对于移动 App 来说,需要考虑其包含的组件以及属于哪类进程再进行测试。此外,有些平台为了防止应用发生异常造成系统死机,对应用的响应有时间限制。例如,Android 系统一般要求界面在 5 秒内给出响应;如果设计软件的时候,将复杂耗时的逻辑运算放在了界面的主线程中,可能会造成 5 秒未响应,系统会自动弹出"应用程序×××无法响应"的异常,造成假死现象。此外,BroadcastReceiver 的生命周期一般为 10 秒,如果操作比较耗时,超过了这个时间限制,也会发生异常。

此外,还需要考虑移动 App 正在运行的过程中,突然来了电话、短信或提示消息时,移动 App 是否能够正常恢复并继续正常运行。

12.2.6　其他测试

除了上面介绍的几个方面的测试之外,还需要考虑一些测试。

安装/卸载测试:确保用户能够正确地安装移动 App、(自动)更新 App 以及卸载应用程序。并且在安装、更新和卸载的过程中,不会对其他应用以及系统造成破坏。

硬件资源有关的测试:验证移动 App 在内存不足时,是否能够正常稳定运行;检验软件运行过程中,对于按键的响应是否正确;确认 App 在运行的过程中有没有占据较多的 CPU 资源,以及消耗过多的内存资源。

电池有关的测试:检查移动 App 在切换到充电模式、充电的过程中、退出充电模式时是否能正常工作;检验 App 在低电量情况下能否正常运行;确认 App 在运行过程中,是否过多地消耗不必要的电能;检查在电池被拔出时,应用的表现是否和预期一致。

与运行有关的测试:检查 App 是否可以正常退出;检验软件程序被迫退出时,是否依然可以维持正确性;确认在运行 App 期间,设备关机是否会带来异常;检查当 App 运行于后台时(即不在前台与用户交互),程序是否依然工作正常。

12.3　移动应用测试方法

对于移动应用的测试,和上一章 Web 应用系统测试类似。尤其是对于后端的业务处理和数据库服务器测试,二者更为相似。这里重点关注移动设备上的软件测试。

可以采用黑盒技术、白盒技术以及灰盒技术进行移动 App 测试。可以执行单元测试、集成测试以及系统测试。可以执行功能性测试,也可以进行性能测试、可靠性测试、安装/卸载测试、兼容性测试等。

对于移动 App 的测试,需要特别注意测试环境。运行环境的不同,移动 App 的表现可能有很大差异。

1.基于真机的测试

在开发完 App 之后,在真机上进行测试,能够充分反映出软件的表现以及用户体验。能够检验 App 的真实性能和响应情况,确认软件 UI 是否在不同的移动设备上表现一致。可以查看软件在实际移动运营商网络中的表现情况。可以检验 App 在运行的过程,有电话接入、短信到达以及通知产生时,软件的响应情况是否正常。还可以检验移动 App 是否会出现与设备有关的缺陷。例如,不同的厂家对 Android 系统都进行了定制和优化,一些 App 的后台发送验证信息时候,App 无法收到,但其他类型的移动设备却可以收到。关于和设备有关的缺陷,需要考虑如何修复该缺陷且不破坏与其他设备的兼容性。

尽管真机测试具有很多优点,但也存在一些问题。例如:为了测试 App 在不同设备上的表现,需要购买大量移动设备,并支付移动运营商的网络服务费,这造成大量的成本投入。此外,在真机环境下,执行自动化测试工作难度相对较大;一些移动设备在出厂的时候,被制造商"锁定",用户无法安装或运行用于监视与调试 App 的工具。即使可以安装监视和调试工具,这些工具的运行会影响到移动设备的性能,并进一步影响被测 App 的表现;此时,需要反复试验才能确定是否为 App 的问题。此外,真机的电池容量有限,可能会对连续长时间测试带来影响。

2. 基于模拟器的测试

为了节约成本,可以使用模拟器来执行 App 测试。一般的移动操作系统,都提供了模拟器,便于研发团队在开发过程中测试 App。可以使用模拟器对移动应用进行调试(断点和单步执行),从而可以有效分析和解决缺陷。另外,由于模拟器是由 PC 机构建的一个软件,对它的管理很方便。可以在一台计算机上构建多个具有不同配置的模拟器,从而便于进行兼容性测试。基于模拟器,可以很方便地构建测试脚本,从而执行自动化的软件测试。在测试的过程中,不用担心是否会没电、是否会锁屏、是否会自动关机等。

然而,基于模拟器的测试依然存在一些问题。模拟器无法发现和设备有关的缺陷,也反映不了移动应用真实的性能情况。此外,由于模拟器是一个软件,它自身也可能存在缺陷。因此,需要在模拟器测试的基础上,进一步执行真机测试。

3. 基于云的测试

由于购买大量真机成本巨大,完全采用模拟器又无法反映真实的情况,一些公司提供了远程设备租用服务,甚至提供了测试工具与测试环境。

当研发人员开发完 App 之后,可以直接将 App 提交给远程测试中心,经过一段时间之后,测试服务商会将测试结果反馈给研发人员。这些测试服务提供者,通常采用 SaaS(Software as a Service)方式提供移动 App 的测试。这和传统的第三方测试机构类似,只是将服务进行了云化。此外,由于这些测试服务商专门针对移动 App 进行测试,它们可以购买大量的移动设备。虽然,购买这些设备花费较多,但由于它们测试的移动 App 数量也众多,因此,平均下来设备成本并不高。

虽然,可以采用基于云的测试,但通常也是会花费一些服务费。提交给云的程序通常是编译之后的可执行程序,因此,基于云的测试只能采用黑盒测试技术。由于用户具有很强的个性化差异,经过云的测试,移动 App 可能还存在大量易用性方面的问题。因此,还需要执行白盒测试技术,以达到更高的覆盖率;也需要执行易用性方面的测试,要求一些用户试用并反馈试用报告。

4. 众测

近年来,互联网技术发展迅猛,出现了众测方式。开发完移动 App 之后,可以第一时间邀请广大的互联网用户体验应用程序。用户在体验的过程中,对移动 App 提出反馈意见及改进建议。为了鼓励用户积极参与测试,通常需要支付一些费用给试用用户。

虽然,众测在一定程度上增加了测试用户的数量,但由于测试用户的水平良莠不齐,不一定能够发现软件中存在的深层次缺陷。此外,参与众测的用户可能发现的多为易用性方面的问题,对于其他类型的缺陷可能难以发现。

12.4　嵌入式系统测试

移动设备,尤其各种可穿戴设备,多采用嵌入式系统。手机 App 运行于嵌入式硬件与操作系统之上,本质上与桌面应用程序类似。但大量的嵌入式系统不仅包含操作系统,还包括硬件,软硬件紧密结合。因此,嵌入式软件的测试,和传统的桌面软件以及移动 App 测试有所区别。

嵌入式系统是"以应用为中心,以计算机技术为基础,软硬件可裁剪,对功能、可靠性、成本、体积、功耗等有严格要求的专用计算机系统"。根据定义可知,嵌入式系统也是计算机系统,但是它不是通用计算机而是专用计算机。由于应用领域的广泛性,存在大量的硬件各异、软件各不相同的嵌入式系统。

嵌入式系统开发通常采用交叉开发方式,即在通用计算机上进行源代码的编写,通用计算机上的交叉编译器将源代码翻译成目标机(嵌入式系统)上的可执行代码,然后采用专门设备和工具将可执行代码安装到目标机上。嵌入式系统的测试通常也采用交叉测试方式进行。嵌入式系统的设计与开发,通常需要软硬件协同设计,其开发过程是一个软硬件相互反馈和相互测试的过程。对于嵌入式软件的测试,不仅考虑软件自身,还需要考虑硬件的稳定性与可靠性。通常来说,嵌入式系统的软件包括硬件抽象层(Hardware Abstract Layer,HAL)/板级支持包(Board Support Package,BSP)、操作系统、应用程序。但它们之间的层次划分不是十分严格或明显,开发一个嵌入式系统,通常对这三个层次的软件都要进行开发或定制;各个层次之间界限的不清晰增加了测试的难度。此外,由于软硬件紧密结合,使得在测试的时候,不仅需要构建嵌入式系统硬件平台,还需要进行软硬件集成测试。而且,一旦发现问题,也难以确定该问题是由于硬件引起的还是软件引起的。

现在的嵌入式系统设计的趋势:硬件设计的软件化、软件实现的硬件化。也就是说,嵌入式系统硬件的设计,是采用专门的设计软件完成的;而一些算法之类的功能,不再由纯软件实现,而是采用专用集成电路(Application Specific Integrated Circuit,ASIC)实现。这给嵌入式系统带来的挑战是,系统如何划分功能,即哪些功能由硬件实现,哪些功能由软件实现?对于嵌入式系统的测试,不仅涉及硬件单元测试、硬件集成测试、硬件系统测试、软件单元测试、软件集成测试、软硬系统测试,更重要的是软硬件集成测试和整个嵌入式系统的系统测试。

嵌入式系统是专用计算机系统,其软件通常面向特定任务。例如,应用于考勤机的软件难以被用作投影仪。对于测试来说,就需要针对特定任务,设计充足的测试用例,来检验嵌入式系统是否满足了特定需求。

一些嵌入式系统的计算能力虽然不强,但它们都有实时性要求。例如:应用于汽车刹车控制的嵌入式系统,对用户操作的响应有严格的时间约束。因此,针对这类嵌入式系统,需要严格测试其是否具备硬实时能力,在各种情况下对操作的响应能否满足实时性要求。甚至需要计算每条指令的执行时间和异常中断的响应时间。

通常,嵌入式系统的运行环境较为复杂和恶劣,且需要长时间运行。例如,一些工作于工业现场的嵌入式系统可能会受到较强的电磁辐射,工作于人造卫星等的嵌入式系统可能会受到太空中高能粒子的辐照。因此,对于嵌入式系统来说,其可靠性要求更高。

要测试嵌入式系统,通常需要专门工具。如使用仿真器将运行测试程序的通用计算机与被测嵌入式系统连接起来,可以执行调试工作。但是,通常调试器成本昂贵,无法给每个测试人员提供单独的调试器。为了使测试工作顺利进行,可以使用一些软件技术来协助测试。例如,使用程序插装、软件代理、日志记录等手段,虽然不能执行单步调试,但可以根据程序运行状态来检验软件是否发生错误。

由于嵌入式系统涉及软硬件协同工作,要进行嵌入式软件测试,需要稳定的硬件平台。如果硬件平台不稳定,可能会使软件测试效率低下、甚至阻塞软件测试工作。笔者曾经带领团队针对国内某 GPU(Graphics Processing Unit)厂家所生产的 GPU 展开测试工作,主要验证该 GPU 是否支持 OpenGL API。在项目的初期,该 GPU 运行不稳定且功耗较大,持续运行 1 个小时左右便因为过热而停止工作,使得笔者团队设计的自动化测试流程执行得不够顺利;一直到项目的后期,GPU 功耗被降下来之后,自动化测试流程才能顺利执行。

　　第 6 章例 6.4 所描述的可回收资源管理系统中的资源回收箱也是一个嵌入式系统,涉及多个硬件的控制并接收来自于服务器的指令和数据。对于资源回收箱,本书不仅执行了传统的单元测试、集成测试和系统测试,更进行了可靠性测试、易用性测试、软硬件集成测试、功耗测试、连接测试等。例 6.4 描述的可回收资源系统给用户和司机提供了不同的手机 App,对于这两类 App,分别进行了功能性测试、易用性测试、页面跳转测试以及性能测试等。对于可回收资源系统,不仅采用了第 3 章介绍的黑盒测试技术,还采用了第 4 章介绍的白盒测试技术进行测试。

12.5　讨　论

　　随着移动互联网的发展以及计算机技术的发展,大量的移动设备融入到人们的生活与工作当中。以手机为代表的移动设备安装了各种应用,软件 App 运行于特定操作系统之上,对它们的测试和传统的桌面应用测试类似。区别在于,移动 App 的生命周期通常受到移动操作系统的管理,而桌面应用的生命周期通常由软件自身管理。

　　移动 App 的测试任务,不仅关注功能性方面,还更加关注性能、可靠性、与第三方应用的交互性等。测试移动 App,还需要考虑软件在运行过程中,被电话、短信以及通知等中断的情况。更为关键的是,由于移动设备的多样性及运行环境的多样性,需要对移动 App 进行兼容性测试。此外,还需要关注移动 App 的安全性和数据的隐私性保护,这些要求给测试带来了新的挑战。

　　对于移动 App 的测试,可以在真机上完成,可以在模拟器上完成,也可以采用基于云的方式完成,还可以利用众测来完成。每种方式都有其优点和缺点。在实际测试 App 的过程中,应该根据自身需求,选择最为合适的测试方式。

　　嵌入式系统由于其软硬件紧密结合,运行环境通常较为恶劣,对实时性有较高要求。因此,嵌入式系统的测试面临更多的挑战。需要考虑软硬件的集成测试,通常需要专门的硬件工具才能执行嵌入式系统的测试,需要关注嵌入式系统的实时性要求和可靠性测试。

　　不管是移动 App 还是嵌入式软件,本书前面讲述的测试方法和技术,都可以应用。此外,针对移动 App 和嵌入式软件的特点,专门开展相应测试,从而提高它们的质量。

▨ 本章小结

　　本章首先介绍了移动应用测试面临的问题,讨论了移动应用测试的内容和测试方法,并对嵌入式系统的测试进行了初步探讨。

▨ 习题

　　1.移动应用测试面临的问题有哪些?

　　2.移动应用测试包含哪些内容?

　　3.为什么说兼容性是移动应用测试面临的一个重要问题?

　　4.如何进行移动应用测试?

　　5.嵌入式系统测试面临哪些挑战?

第三部分　工具篇

第 13 章　软件测试工具

"工欲善其事,必先利其器"——《论语》。前面讲述了多种软件测试方法和技术,如果没有测试工具的支持,完全采用人工方式进行测试工作,则测试效率是极其低下的。但如果有了软件测试工具的帮助,则往往可以达到事半功倍的效果。

本章重点讨论如下内容:

软件测试工具概述;

自动化测试技术;

JUnit 介绍及应用;

EclEmma 介绍及应用;

muJava 介绍及应用;

Selenium 应用;

Appium 应用。

13.1　测试工具概述

软件测试方法和技术经过多年的发展,形成了较为完善的理论,并在各类软件中得到了广泛应用。软件测试是劳动密集型工作,需要大量测试人员付出辛勤劳动才能取得较为良好的测试结果。为提高测试效率,人们开发出了多种测试工具。这些工具中既有商业付费软件,也有免费开源软件;既有公开供大家使用软件,也有仅供研发团队或公司内部使用的测试工具。这些软件有面向功能性测试方面的,也有面向性能等方面的。

目前,主流的商业付费测试软件包括:IBM 公司的 Rational 系列测试软件,CompuWare公司测试分析软件,Parasoft 公司测试软件,Micro Focus 公司测试软件等。免费开源测试软件包括:JUnit、CUnit 等 XUnit 系列单元测试工具,Emma 等覆盖率分析软件,Selenium Web应用测试软件,JMete,Appium 等。

13.1.1　IBM Rational 系列测试软件

IBM 于 2002 年收购了 Rational 公司,拥有了一系列测试软件,并对这些软件进行不断改进和完善。主要测试软件包括:IBM Rational Functional Tester、IBM Rational Performance Tester、IBM Rational Test Workbench、IBM Rational Test Virtualization Server、IBM Engineering Test Management 等。

Rational Functional Tester 是一个自动化测试及回归测试工具,可用于功能性、回归、GUI 以及数据驱动的自动化测试。支持 Web 应用程序、Net 程序、Java 程序、SAP、Siebel、Ajax 以及 Adobe PDF 文档等的测试。该软件使用录制-回放技术允许用户快速得到自动化测试脚本,并允许用户采用数据驱动技术来自动化执行相似的测试。提供脚本保证

(ScriptAssure)技术使用户的自动化技术能够适应 UI 的变化。

Rational Performance Tester 有助于测试团队进行更早更频繁的测试工作。作为 De-vOps 方法的一个组成部分,该工具确认 Web 及服务器应用的伸缩性,发现系统性能瓶颈及原因,并减少负载测试工作。测试人员可以很方便地执行负载测试来发现系统性能问题。

Rational Test Virtualization Server 允许在开发周期中尽早频繁地进行测试工作。通过虚拟化技术使得测试人员无需等待所有组件准备好之后才进行测试工作,而是只要有少量组件准备好即可进行测试工作。

Rational Test Workbench 给测试团队提供支持 DevOps 的工具:API 测试、功能性 UI 测试、性能测试以及服务虚拟化。它符合尽早频繁测试原则,有助于降低缺陷修复成本。该软件能够将多类测试进行自动化,如传统的功能性测试和回归测试、移动应用测试、集成测试、性能测试。该工具支持虚拟组件的创建,从而有助于尽早测试,还可以和许多第三方软件集成在一起协同工作。

IBM Engineering Test Management 是一个基于 Web 的协作质量管理解决方案,提供测试计划和测试资产管理,建立测试与需求的关系。它集成测试计划来清晰地描述项目的质量目标和标准,追踪测试进展过程。该软件提供基于风险的测试来对软件特征和功能进行优先级排序。它还和 IBM 的其他软件(如 Rational Functional Tester、Engineering Requirements Management DOORS Next 等)进行无缝对接,共同为测试人员甚至项目团队提供服务。

关于 IBM 公司的软件测试工具,请访问 https://www.ibm.com/products/software。

13.1.2 Parasoft 测试软件

Parasoft 公司提供 C/C++test、Jtest、dotTEST、Insure++、SOAtest 以及 Virtualize 等测试工具,支持敏捷测试、DevOps 持续测试等。

Parasoft C/C++test 是一个统一全集成测试解决方案,有助于在开发过程中尽早发现缺陷。该工具支持静态分析、运行时分析、单元测试、安全性测试、代码覆盖率与可追溯性、报表及分析等。它可用于嵌入式系统的测试工作。

Parasoft Jtest 通过提供一组工具来最大化程序质量以及最小化商业风险,来加速 Java 程序开发。该软件提供 Java 静态分析、单元测试、测试影响分析、覆盖率与可追溯性、Java 安全测试、报表及分析等。

Parasoft dotTEST 用于.Net 开发,它是一个自动化的、非侵入式解决方案,作为 Visual Studio 的补充,提供深入的静态分析和高级覆盖率。

Parasoft Insure++是一个 C/C++内存调试器,用于发现软件是否存在内存泄露、缓冲区是否溢出、无效指针、堆是否损坏、恶意线程、数组是否越界等问题。

Parasoft SOAtest 为功能性测试提供人工智能和机器学习,帮助测试人员采用多个接口(UI、REST 与 SOAP API、Web service、微服务等)来测试软件,简化自动化的端到端测试(数据库、MQ、JMS、EDI 等)。该软件可以进行 API 测试、Web UI 测试、负载与性能测试、微服务测试、移动应用测试、安全测试、测试数据管理、测试复用等。

Parasoft Virtualize 是一种服务虚拟化解决方案,用来给测试人员提供虚拟测试环境,使得在软件部分组件可用的情况下,能够开展测试工作。该软件包括:服务虚拟化、测试环境管理、集成 API 测试、测试数据管理以及报表与分析。

关于 Parasoft 公司的软件测试工具,请访问 https://www.parasoft.com。

13.1.3　Micro Focus 公司测试软件

Micro Focus 公司于 2017 年与 HP 公司的软件部门合并,而 HP 公司于 2006 年收购了 Mercury Interactive 公司。目前,Micro Focus 公司提供 LoadRunner、UFT、QC、Mobile Center 等测试工具。

LoadRunner 是一款业界领先的负载测试工具,支持多类应用软件的测试,如 Web 应用、移动应用、Ajax、Flex、HTML 5、Java、.Net、GWT、SOAP,可用于识别软件的性能瓶颈。LoadRunner 具有很大的可伸缩性,能够同时模拟大量虚拟用户。此外,该软件还可以与一些软件集成在一起,如 Microsoft Visual Studio、JUnit、Jenkins、Selenium。

Unified Functional Testing (UFT),以前称为 QTP,是一个自动化的功能性测试工具,可用于自动化测试 Web 应用、移动应用、API、混合应用、企业应用、Java、SAP、Citrix、PDF 等。该工具使用神经网络等人工智能算法、基于高级图像的 OCR 等技术进行对象识别。

Quality Center Enterprise (QC)是一个质量管理软件,用来管理软件测试和 IT 质量管理,从而快速部署软件应用。该软件包括测试管理、缺陷管理、开发人员协作、基于风险的测试规划、报表及可视化展示等功能。

StormRunner Load 是一个简单高效、可伸缩的基于云的负载和性能测试软件,主要用于 Web 应用和移动应用。可以同时模拟 1 到 500 万(甚至更多)个用户,并通过综合分析快速给出问题并找出问题的根源。由于采用基于云的测试方式,不需要部署、调度以及管理负载发生器。

Service Virtualization 是一款数据仿真软件,使得测试人员关注于服务质量而不是服务限制。它提供向导,可以很方便地创建模拟应用行为的虚拟服务,允许动态地修改数据、网络以及性能模型。它以 Web 方式管理虚拟服务,并可以和 LoadRunner、UFT 等无缝集成在一起。

Mobile Center 提供企业级的端到端移动应用测试,可以通过实际的移动设备和虚拟机来支持移动应用的构建。它具有较高的伸缩性,支持同一个企业对多个移动 App 的测试和管理;可以进行手工或自动化测试,性能和安全测试,原生 App、WebApp 以及混合 App 测试;提供分析报告及度量信息。

关于 Micro Focus 公司的软件测试工具,请访问 https://www.microfocus.com/。

13.2　自动化测试技术

对于被测软件来说,由于设计的测试用例数量较多,尤其对于回归测试、每日构建等需要频繁测试的情况,为提高测试效率,人们通常寻求自动化测试技术。与手工测试不同,自动化测试让计算机自动执行测试工作,将测试用例作用于被测软件,记录测试结果。有些时候,测试用例的生成也可能会由计算机自动产生,如随机测试。

自动化测试的应用能够极大地提高测试效率、减少测试时间。其优点包括:回归测试更加高效,符合每日构建理念,可以很方便重复执行多次,可以复用一些测试资产(如测试脚本、测试数据),增加软件质量评价的客观性(如应用随机测试、执行大量测试用例)等。

然而,自动化测试不是万能的,它依然存在一些不足。首先,它不能取代手工测试。手工测试和自动化测试应该是相辅相成的,两者结合使用。探索性测试基本上是手工测试,但可以使用一些软件进行辅助工作。其次,自动化测试工具本身也可能存在缺陷,如果使用带缺陷的工具则可能带来不正确的结果。再次,自动化测试工具的开发需要较高的开发工作量和技能。最后,自动化测试工具的应用,需要一定的学习代价,自动化测试(如随机测试)的结果难以直接判断是否通过。

自动化测试通常采用特定的软件来模拟测试人员/用户的操作行为,从而达到软件测试的目的。常用的技术包括:代码分析、录制-回放技术、数据驱动的测试、脚本技术以及模拟用户技术。

代码分析通常属于白盒测试技术,可用于静态测试和动态测试。在静态测试时,采用特定工具对代码的语法、类、函数等进行扫描分析,看它们是否满足预定义规则和规范,从而发现代码中可能存在的问题以及圈复杂度等,也可以给出代码的质量评价和系统的调用关系。在动态测试时,可以采用代码分析工具来确定覆盖情况(如代码级、函数级、方法级、类级)。

录制-回放技术属于黑盒测试技术,用于动态测试技术。首先,采用特定的工具对用户的每一步操作都进行捕捉,如用户点击鼠标事件、用户通过键盘输入的信息、用户选择的界面控件等。其次,在录制的过程中,用户可以插入检查点;录制结束后,通常生成测试脚本。最后,回放操作,测试脚本一步步模拟用户(测试人员)对被测软件的操作,并判断软件的输出是否和预期一致。

数据驱动的测试是在录制-回放技术的基础上,可以一次录制、多次自动回放,从而提高测试效率。对于被测软件中的某个功能(函数),可能会设计若干个测试用例,它们对被测软件执行相同的操作。如果纯粹采用录制-回放技术,则需要对每个测试用例,执行一次录制操作,生成一个测试脚本。这些测试脚本内容基本上相同,差别就在于输入和预期输出的不同。因此,将差异部分提取出来,剩下的是供多个测试用例共用的脚本,这就是数据驱动的测试。关键字驱动的测试是数据驱动的测试技术的进一步扩展,对基本操作进行封装,通过关键字来执行测试任务。

脚本技术是将测试过程转变成一条条作用于被测程序的指令/操作,通过解释器/解释程序来逐条解析每条操作,从而达到自动化测试的目的。录制-回放技术自动生成的就是一种脚本,也可以通过人工的方式编写脚本(类似于程序设计)。在实际工作中,可能会出现录制生成脚本和人工编写脚本相结合的方式。

模拟用户技术是通过采用特定工具来模拟真实用户对软件的操作。模拟用户技术多用于负载及性能测试,采用特定工具同时模拟大量用户对软件系统进行访问,以检查软件的响应时间、吞吐率等是否满足要求。现在的 Web 应用和移动应用,基本上都需要模拟用户技术来检验服务器的性能。

13.3　JUnit 应用

JUnit 是一个面向 Java 的开源测试框架,最初由 Kent Beck 和 Erich Gamma 构建,最新版本是 JUnit 5(访问网址 https//junit. org/)。目前,主流的 Java 集成开发环境都支持 JUnit,如 IntelliJ IDEA、Eclipse、NetBeans 以及 Visual Studio Code;常用的构建工具也支持 JUnit,如 Gradle、Maven 以及 Ant。

与以前版本不同,JUnit 5 由三个模块组成,包括:JUnit Platform、JUnit Jupiter 和 JUnit Vintage。JUnit Platform 是在 JVM 上运行测试框架的基础,也提供了有关测试引擎

(TestEngine)的 API 以及控制台操作。JUnit Jupiter 是新编程模型和扩展模型的综合,提供了运行基于 Jupiter 测试的引擎。JUnit Vintage 用于支持 JUnit 3 和 JUnit 4 的测试。

　　JUnit 的主要目标是提供一个测试框架,使开发人员和测试人员很方便地进行测试,并提供管理测试用例的机制,提高测试效率。

13.3.1　JUnit 注解(Annotation)

JUnit 5 提供注解来进行测试配置和扩展框架,如表 13 - 1 所示。

表 13 - 1　JUnit 5 注解

序号	注解	说明
1	@Test	将一个方法标记为测试方法
2	@ParameterizedTest	说明一个方法为参数化测试
3	@RepeatedTest	标记一个方法为一个测试模板,可进行重复测试
4	@TestFactory	说明一个方法是用于动态测试的测试工厂
5	@TestTemplate	标记一个方法是一个模板,用于设计执行多次的测试用例
6	@TestMethodOrder	用于设置多个测试方法的执行顺序
7	@TestInstance	用于设置测试用例的生命周期
8	@DisplayName	为标注的测试类或方法声明一个显示的名称
9	@DisplayNameGeneration	为测试类声明一个显示的名称生成器
10	@BeforeEach	表明一个方法,需要在每个被 @Test、@RepeatedTest、@ParameterizedTest 或 @TestFactory 标注的方法之前执行
11	@AfterEach	表明一个方法,需要在每个被 @Test、@RepeatedTest、@ParameterizedTest 或 @TestFactory 标注的方法之后执行
12	@BeforeAll	表明一个方法,需要在所有被 @Test、@RepeatedTest、@ParameterizedTest 或 @TestFactory 标注的方法之前执行;通常作为静态方法存在
13	@AfterAll	表明一个方法,需要在所有被 @Test、@RepeatedTest、@ParameterizedTest 或 @TestFactory 标注的方法之后执行;通常作为静态方法存在
14	@Nested	表明标注的类是一个非静态嵌套测试类;通常 @BeforeAll 和 @AfterAll 不能用于被 @Nested 标注的类
15	@Tag	为过滤测试声明 Tag,可用于类级或方法级
16	@Disabled	使测试类或方法不起作用;常用于被测对象未准备好或被测对象存在未修复的 Bug
17	@Timeout	设置超时,常用于异步情况
18	@ExtendWith	用于以声明方式注册扩展
19	@RegisterExtension	用于通过域以编程方式注册扩展
20	@TempDir	用于提供临时目录,通过域注入或参数注入方式

除了表 13-1 给出的元注解(Meta-Annotation)外,用户也可以基于这些元注解来自定义组合注解,详情请参考 JUnit 官方文档。

13.3.2　JUnit 测试框架

在 JUnit 框架中,测试类(Test Class)可以是任何顶层类、静态类或@Nested 标注的类。测试类不能是抽象类,且至少包含一个测试方法。测试方法(Test Method)是测试类中被@Test、@RepeatedTest、@ParameterizedTest、@TestFactory 或@TestTemplate 注解的方法。生命周期方法(Lifecycle Method)是测试类中被@BeforeAll、@AfterAll、@BeforeEach 或@AfterEach 注解的方法。测试方法和生命周期方法不能是抽象方法,且不能有返回值。测试类和测试方法不要求是 public 属性,但不能是 private 属性。

JUnit 提供了多种断言方法(Assertion Method)来检验测试用例是否通过,如 assertAll、assertEquals、assertNotNull、assertThrows、assertTimeout、assertTrue。这些断言方法都是静态方法。此外,JUnit 也允许用户使用第三方断言库,如 AssertJ、Hamcrest 以及 Truth。如果测试方法中的所有断言都和预期相同,则表明测试通过;否则,测试失败。JUnit 会给出测试是否通过的结论,如果某个测试用例不通过,会给出较为详细的描述。

通常在 JUnit 框架测试过程中,测试方法执行的顺序为:@BeforeAll → @BeforeEach → @Test → @AfterEach → @BeforeEach → @Test → @AfterEach → … → @BeforeEach → @Test → @AfterEach → @AfterAll。即在每个测试类中,@BeforeAll 和@AfterAll 标注的方法只执行一次,@BeforeEach 和@AfterEach 在每个被@Test、@RepeatedTest、@ParameterizedTest 或@TestFactory 标注的方法之前和之后执行一次。@BeforeAll 和@AfterAll 通常用于对某个测试类中所有测试用例的顺利执行提供初始化工作以及释放资源;而@BeforeEach 和@AfterEach 用于对每个测试用例的顺利执行进行初始化操作及释放资源。

【例 13.1】　一个简单的计算器程序,只包含加法和减法,对其采用 JUnit 进行测试。简单计算器程序源码如下所示。

```
public class Calculator {
    public int add(int x, int y){ //两个整数加法
        return x+y;
    }
    public int sub(int x, int y){ //两个整数减法
        return x-y;
    }
}
```

对于如上简单计算器程序,设计如表 13-2 所示的测试用例来检查程序是否存在缺陷。读者可以根据需要设计其他测试用例。

表 13 - 2　简单计算器程序的测试用例

测试对象	序号	输入	预期输出
add 方法	1	$<x, y> = <10, 20>$	30
	2	$<x, y> = <0, 0>$	0
	3	$<x, y> = <10, -20>$	-10
sub 方法	1	$<x, y> = <10, 20>$	-10
	2	$<x, y> = <20, 10>$	10
	3	$<x, y> = <0, 20>$	-20

　　使用 JUnit 创建一个测试类,类的名称可以任意,但通常选择被测类的类名加 Test 作为测试类的类名。包含如表 13 - 2 所示的 3 个 add 方法的测试用例的测试类如下所示。为了说明测试方法的执行顺序,测试类中增加了 @BeforeAll、@AfterAll、@BeforeEach 和 @After-Each。

```
class CalculatorTest {
    Calculator x = new Calculator();
    @Test
    void testAdd1() {
        System.out.println("测试用例 1 执行");
        assertEquals(30, x.add(10, 20));
    }
    @Test
    void testAdd2() {
        System.out.println("测试用例 2 执行");
        assertEquals(0, x.add(0, 0));
    }
    @Test
    void testAdd3() {
        System.out.println("测试用例 3 执行");
        assertEquals(-10, x.add(10, -20));
    }
    @BeforeAll
    static void testBeforeAll() {
        System.out.println("@BeforeAll 执行");
    }
    @AfterAll
    static void testAfterAll() {
        System.out.println("@AfterAll 执行");
    }
```

```
@BeforeEach
void testBeforeEach() {
    System.out.println("@BeforeEach 执行");
}
@AfterEach
void testAfterEach() {
    System.out.println("@AfterEach 执行");
}
}
```

测试类 CalculatorTest 的执行结果如图 13-1 所示。从结果可以看出，@BeforeAll 和 @AfterAll 只执行了一次；而由于存在三个测试用例，@BeforeEach 和 @AfterEach 执行了 三次。

<terminated> CalculatorTest [JUnit] C:\Program Files
@BeforeAll执行
@BeforeEach执行
测试用例1执行
@AfterEach执行
@BeforeEach执行
测试用例2执行
@AfterEach执行
@BeforeEach执行
测试用例3执行
@AfterEach执行
@AfterAll执行

图 13-1　CalculatorTest 的执行结果

13.3.3　JUnit 参数化测试

从例 13.1 可以看到，为了测试简单计算器程序的 add 方法，需要为每个测试用例编写一 个测试方法。再进一步分析这三个测试方法，发现它们的结构是完全相同的，区别就在于传递 的参数不同。而对于类中的每个方法，通常可以设计出更多的测试用例，如果为每个测试用例 编写一个测试方法，则测试类显得非常臃肿，维护起来也不方便。JUnit 提供了参数化测试技 术来解决这个问题。

通过给测试方法添加标注@ParameterizedTest，并使用标注@xSource 来指定测试数据， 其中：x 可能为 Value、Enum、Method、Csv、CsvFile、Arguments 等。由于简单计算器的 add 方法接受两个输入、有一个输出，因此，这里使用 ArgumentsAccessor API 和@CsvSource 来 实现需要的功能。参数化测试类源码如下所示。

```
class CalculatorParameterizedTest {
    Calculator x = new Calculator();
    @ParameterizedTest
    @CsvSource({"10, 20, 30", "0, 0, 0", "10, −20, −10"}) //提供测试用例
    void testAdd(ArgumentsAccessor args) {
```

```
        assertEquals(args.getInteger(2), x.add(args.getInteger(0),
        args.getInteger(1));
    }
}
```

从上述参数化测试类可以看出,不管测试用例的数量有多少,只需要编写一个测试方法即可。此外,也可以使用@CsvFileSource 来指定一个包含测试用例的文件;这样,可以做到测试用例设计和测试程序编写相互独立,提高测试效率。JUnit 中的参数化测试技术相当于是数据驱动的测试。

此外,在使用参数化测试时,需要考虑清楚参数和预期输出的顺序,要一一对应起来才能得到正确结果。例如:在上述案例中,在@CsvSource 中给出了三组测试用例,用" "表示;每组测试用例中,第一个数字对应于 add 方法的输入参数 x、第二个数字对应于参数 y、第三个数字对应于预期输出。

13.3.4　JUnit 测试套

参数化测试技术有效地减少了编写测试方法的数量,但它通常只适用于被测类中的同一个方法,而不能适用于类中的其他方法。例如:上述参数化测试只能用于简单计算器程序的 add 方法,而不能用于 sub 方法。

为了测试 sub 方法,编写如下测试类,对应表 13－1 所示的三个测试用例分别设计测试方法。

```
class CalculatorSubTest {
    Calculator x = new Calculator();
    @Test
    void testSub1() {
        assertEquals(−10,x.sub(10, 20));
    }
    @Test
    void testSub2() {
        assertEquals(10,x.sub(20, 10));
    }
    @Test
    void testSub3() {
        assertEquals(−20,x.sub(0, 20));
    }
}
```

在 Java 中,不同的类通常用不同的文件描述。一个软件包含多个类,每个类包含多个方法。例如,计算器类除了 add 和 sub 方法之外,还有乘法、除法、求幂、求平方根等多种方法。需要为每个方法设计若干个测试用例,每个方法的测试用例可能存在于一个测试类中或多个测试类中。如果一个个地执行这些测试类,则效率较低。JUnit 提供了测试套的方式来提高测试效率。

使用注解@RunWith(JUnitPlatform. class)来调用测试套,并使用注解@SelectPackages

来指定需要执行的测试类。在注解@SelectPackages 中给出的是一个包名,在该包及其子包内,所有以 Test 开头和以 Test/Tests 结束的类都会被统一执行。下面是针对简单计算器程序的测试套。

```
@RunWith(JUnitPlatform.class)
@SelectPackages("example")
class CalculatorTestSuite {
}
```

从示例可以看出,测试套类可以为空,不需要包含任何属性和方法。只需在测试套类前指明测试类所在的包名即可。本例中,包名为"example",里面包含两个测试类:CalculatorTest 和 CalculatorSubTest。

13.3.5　TestNG

TestNG 也是一个测试框架,充分利用了 Java 的特性(注解、反射等),其灵感来自 JUnit 和 NUnit(访问网址 https://testng.org/)。与 JUnit 相比,它增加了一些新功能,使得对 Java 程序的测试更加简单。它主要用于单元级别的功能性方面的测试。TestNG 支持灵活的运行时配置、支持测试套、支持依赖测试以及并行测试。

在 TestNG 下,写一个测试通常需要三个步骤:

①写测试的业务逻辑,并在代码中插入合适的 TestNG 注解;

②在一个 test. xml 或 build. xml 中添加关于测试的信息,如测试类名、测试组;

③运行 TestNG。

在 TestNG 中,每个测试套用一个 XML 文件描述,用<suite>标记,包含一个或多个测试。一个测试用<test>标记,包含一个或多个 TestNG 类。一个 TestNG 类是一个 Java 类,包含至少一个 TestNG 注解,用<class>标记,可以包含一个或多个测试方法。一个测试方法是一个 Java 方法,用@Test 注解。

TestNG 包含如表 13-3 所示的注解。

表 13-3　TestNG 注解

序号	注解	说明
1	@Test	将一个类或方法标记为测试方法,可接受多个配置参数
2	@Parameters	描述如何将参数传递给@Test 方法
3	@Listeners	为某个测试类定义监听器
4	@Factory	标记一个方法作为工厂,返回供 TestNG 作为测试类使用的对象
5	@DataProvider	标记一个方法作为测试方法的数据提供者
6	@BeforeSuite	在测试套运行之前执行
7	@AfterSuite	在测试套运行之后执行
8	@BeforeTest	在属于<test>标记的类的每个测试方法运行之前执行
9	@AfterTest	在属于<test>标记的类的每个测试方法运行之后执行

序号	注解	说明
10	@BeforeGroups	在测试组运行之前执行
11	@AfterGroups	在测试组运行之后执行
12	@BeforeClass	在每个测试类运行之前执行
13	@AfterClass	在每个测试类运行之后执行
14	@BeforeMethod	在每个测试方法运行之前执行
15	@AfterMethod	在每个测试方法运行之后执行

　　TestNG 中有一个分组测试功能,支持将多个测试按照需要进行分组。可以将一个测试类中的不同测试方法分组,也可以将多个测试类分组。一个方法可以同时属于多个不同的组。下面是针对例 13.1 给出的简单计算器程序,采用 TestNG 通过分组进行测试的示例代码。

```
public class CalculatorTest {
    Calculator x = new Calculator();
    File f;
    OutputStream os;
    @Test(groups = "add")
    void testAdd1() {
        assertEquals(30, x.add(10, 20));
        String s = "<10, 20>,30;";
        os.write(s.getBytes());
    }
    @Test(groups = "add")
    void testAdd2() {
        assertEquals(0, x.add(0, 0));
        String s = "<0, 0>,0;";
        os.write(s.getBytes());
    }
    @Test(groups = "add")
    void testAdd3() {
        assertEquals(-10, x.add(10, -20));
        String s = "<10,-20>,-10;";
        os.write(s.getBytes());
    }
    @BeforeGroups("add")
    void testBeforeAdd() {
        f = new File("test.txt");
        os = new FileOutputStream(f);
```

```
    }
    @AfterGroups("add")
    void testAfterAdd() {
        os.close();
    }
    @Test(groups = "sub")
    void testSub1() {
        assertEquals(-10,x.sub(10, 20));
    }
    @Test(groups = "sub")
    void testSub2() {
        assertEquals(10,x.sub(20, 10));
    }
    @Test(groups = "sub")
    void testSub3() {
        assertEquals(-20,x.sub(0, 20));
    }
}
```

上述代码将 6 个测试方法分成了两组:add 组和 sub 组。对于 add 组,增加了@Before-Groups 来打开一个文件,用于每个 add 组的测试方法保存所采用的测试用例;增加@After-Groups 来关闭文件。对于数据库的访问或其他需要初始化的操作,也可以采用类似方式处理。

13.4 EclEmma 应用

EclEmma 是适用于 Eclipse 的 Java 代码覆盖率测试工具。EclEmma 具有一些特点:(1)开发/测试周期快,可直接分析代码覆盖率;(2)丰富的覆盖率分析,在 Java 源码编辑器可以通过高亮的方式立即展现覆盖情况;(3)非侵入式,不需要修改项目或执行其他步骤。

EclEmma 可用于测试本地 Java 应用、Eclipse RCP 应用、Equinox OSGi 框架、JUnit 测试程序、TestNG 测试程序、Scala 应用等。通过简单采用覆盖(Coverage)模式来启动被测程序即可。当测试完成后,代码覆盖率信息自动地在 Eclipse 工作台展现出来。通过覆盖率概览可以方便地查看 Java 项目的覆盖情况,可以细致到方法级别;在 Java 源码编辑器中,可以通过高亮的方式显示哪些代码被完全覆盖、哪些代码被部分覆盖,以及哪些代码没有被覆盖。可以查看指令、分支语句、方法等的覆盖情况。

【例 13.2】 针对例 3.3 所述的三角形程序,这里给出一个 Java 实现的简单版本,并采用 EclEmma 测试其代码覆盖率。Java 实现的三角形程序简单版本源码如下。

```
public class Triangle {
    int a,b,c;
    int type;//1—等边;2—等腰;3—普通;4—非
```

```
public Triangle() {
    a = b= c = 1;
}
public Triangle(int i, int j, int k) {
    a = i;
    b = j;
    c = k;
}
public int getType() {
    if(a==b && b==c)
        type = 1;
    else if(a==b || b==c || a==c)
        type = 2;
    else
        type = 3;
    if(a+b<=c || b+c<=a || a+c<=b)
        type = 4;
    return type;
}
}
```

对于该版本的三角形程序,设计如表 13-4 所示的几个测试用例,并用 JUnit 构建测试程序。

表 13-4　三角形程序的测试用例

序号	输入	预期输出(type)
1	$<a, b, c> = <5, 5, 5>$	1
2	$<a, b, c> = <5, 5, 6>$	2
3	$<a, b, c> = <4, 5, 6>$	3
4	$<a, b, c> = <1, 5, 6>$	4

JUnit 构建的测试程序源码如下所示。

```
public class TriangleTest {
    Triangle x;
    @Test
    public void test1() {
        x = new Triangle(5,5,5);
        int type = x.getType();
        assertEquals(1,type);
    }
    @Test
```

```
public void test2() {
    x = new Triangle(5,5,6);
    int type = x.getType();
    assertEquals(2,type);
}
@Test
public void test3() {
    x = new Triangle(4,5,6);
    int type = x.getType();
    assertEquals(3,type);
}
@Test
public void test4() {
    x = new Triangle(1,5,6);
    int type = x.getType();
    assertEquals(4,type);
}
}
```

使用 EclEmma 进行覆盖率分析。通过选择 Coverage as JUnit Test 选择 TriangleTest 类即可得到测试程序以及被测程序 Triangle 类的覆盖情况。导出的被测试类 Triangle 覆盖率情况如图 13 - 2 所示。

Triangle

Element	Missed Instructions	Cov.	Missed Branches	Cov.	Missed	Cxty	Missed	Lines	Missed	Methods
● Triangle()		0%		n/a	1	1	3	3	1	1
● getType()		100%		75%	4	9	0	8	0	1
● Triangle(int, int, int)		100%		n/a	0	1	0	5	0	1
Total	12 of 90	86%	4 of 16	75%	5	11	3	16	1	3

图 13 - 2　Triangle 类的覆盖情况

从图 13 - 2 可以看出，当测试类 TriangleTest 运行完成之后，被测类 Triangle 中的方法 getType()和 Triangle(int，int，int)都被覆盖到了，但是并未覆盖 Triangle()方法。可在 Java 源码编辑器或者导出的覆盖情况文档中，进一步查看 Triangle 类中代码的覆盖情况，如图 13 - 3 所示。

EclEmma 使用不同的颜色表示不同的代码的不同覆盖情况。绿色表示代码被完全覆盖、红色表示代码未被执行到，而黄色则表示代码被部分执行。当然，各种情况对应的颜色，用户也可以根据自己喜好进行设置。

关于 EclEmma 的详细说明，请访问 https://www.eclemma.org。

```
1.   public class Triangle {
2.       int a,b,c;
3.       int type;//1-等边；2-等腰；3-普通；4-非
4.       public Triangle() {
5.           a = b= c = 1;
6.       }
7.       public Triangle(int i, int j, int k) {
8.           a = i;
9.           b = j;
10.          c = k;
11.      }
12.      public int getType() {
13.   ◇      if(a==b && b==c)
14.              type = 1;
15.   ◇      else if(a==b || b==c || a==c)
16.              type = 2;
17.          else
18.              type = 3;
19.   ◇      if(a+b<=c || b+c<=a || a+c<=b)
20.              type = 4;
21.          return type;
22.      }
23.  }
```

图 13-3　Triangle 类中代码覆盖情况

13.5　muJava 应用

muJava 实际上应该称为 μJava,是针对 Java 程序的变异软件。它可以自动地生成传统的变异测试变体(方法级)和类级变异测试变体。μJava 可以作用于单个类,也可以作用于包含多个类的包。创建好变体之后,测试人员可以执行测试工作来评估变体覆盖情况。对于等价变体,则需要人工识别。

13.5.1　muJava 环境搭建

在应用 μJava 之前,需要搭建环境。具体步骤如下:

(1)从官网 https://cs.gmu.edu/~offutt/mujava/下载 muJava 工具,具体包括:mujava.jar、openjava.jar 以及 mujava.config。其中 mujava.jar 是 μJava 的系统库;openjava.jar 是 μJava 的依赖库;mujava.config 是一个配置文件,用来指定 μJava 在系统中的路径。

(2)设置 μJava 运行环境,主要包括三个子步骤。

①设置系统环境变量 CLASSPATH,将 mujava.jar 和 openjava.jar 加入到 Java 类路径中。为了使 Java 能够工作,CLASSPATH 中必须包括 JUnit、hamcrest 的安装路径等。

②修改 mujava.config 文件,用于设定 μJava 的工作目录,来存放 Java 源程序或临时文件,路径必须是完整路径,如 MuJava_HOME=C:\home\mujava\exp。

③在 MuJava_HOME 目录下,创建四个文件夹:src、classes、result 和 testset。其中,src 目录存放被测的 Java 源代码;classes 目录下存放 src 中 Java 源程序对应的编译后类文件;

testset 用于存放测试用例集对应的编译后的类文件；result 目录存在生成的变体。

（3）一旦配置好环境，可以使用命令"java mujava. gui. GenMutantsMain"来产生变体。用户可以选择编译算子和被测对象。μJava 提供了 19 个方法级的变异算子，28 个类级变异算子。生成变体的程序界面如图 13 - 4 所示。用户可以选择要测试的对象，并选择拟采用哪些变异因子；选择好之后，只需要点击"Generate"按钮即可生成相关变体。

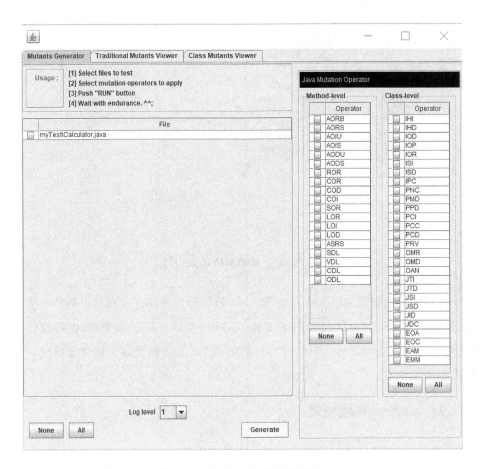

图 13 - 4　muJava 生成变体界面

（4）在设计好测试用例之后，即 testset 目录下已经包含了测试用例对应的编译后的类文件，执行命令"java mujava. gui. RunTestMain"来执行测试，并给出分析结果。需要注意的是，μJava 不支持 JUnit 中的测试套。μJava 测试程序界面如图 13 - 5 所示。用户可以选择执行哪些变体，测试哪些类及方法，采用哪些测试用例等；选择好之后，用户点击"RUN"按钮就可以得到测试用例杀死变体情况。

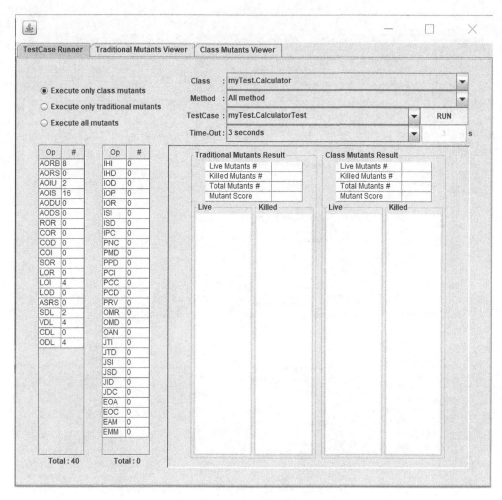

图 13 - 5　muJava 测试程序界面

13.5.2　muJava 案例

针对例 13.1 给出的简单计算器程序,采用 μJava 产生变体。在图 13 - 4 所示的界面中,选择所有的方法级变异算子(共 19 个)和所有的类级变异算子(共 28 个)对 Calculator 类及其所有方法进行变异操作,共得到 40 个方法级变体,类级变体数量为 0。40 个方法级变体分别由 AORB 算子产生 8 个、AOIU 算子产生 2 个、AOIS 算子产生 16 个、LOI 算子产生 4 个、SDL 算子产生 2 个、VDL 算子产生 4 个,以及 ODL 算子产生 4 个。一个 AORB 算子对 Calculator 类中程序代码产生的变体为:第 9 行的 x+y 变为 x * y,具体变体信息如图 13 - 6 所示。

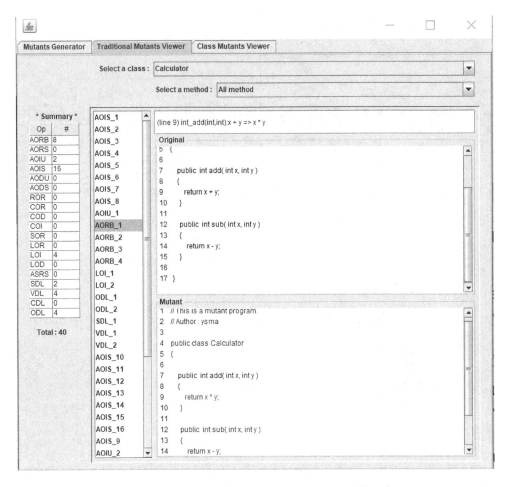

图 13 - 6　muJava 对 Calculator 类产生的变体

采用表 13 - 2 所示的 6 个测试用例,设计一个包含 6 个测试方法的测试类 CalculatorT-est。将其作用于 Calculator 类的 40 个变体,共有 32 个被杀死,变异测试覆盖率达 80%。未杀死的变体如表 13 - 5 所示。

表 13 - 5　Calculator 类未被杀死的变体

序号	原程序	变体
1	x ＋ y	x＋＋＋y
2	x ＋ y	x－－＋y
3	x ＋ y	x ＋ y＋＋
4	x ＋ y	x ＋ y－－
5	x － y	x＋＋－y
6	x － y	x－－－y
7	x － y	x － y＋＋
8	x － y	x － y－－

对表 13-5 进一步分析,可以发现在 Java 语言环境下,原程序和变体实际上是等价体。无论设计什么测试用例,在强变异测试准则下是无法识别变体的;但在弱变异测试准则下,可以通过观察程序内部状态(由 x 的取值和 y 的取值表示)来识别原程序和变体间的差异。

关于 μJava 的详细说明,请访问 https://cs.gmu.edu/~offutt/mujava/。

13.6 Selenium 应用

Selenium 是一套工具,用来在多个平台上进行自动化浏览器操作。它的最初目的是进行自动化的 Web 应用测试,也可用于基于 Web 的管理工作的自动化。Selenium 支持主流的操作系统和 Web 浏览器,可以通过多种编程语言和测试框架来控制它。Selenium 的一个重要特点是支持在多个浏览器平台上执行测试。

Selenium 提供 WebDriver 和 IDE 两种方式,用户根据需要进行选择。如果用户想要创建鲁棒的基于浏览器的自动化回归测试、适用于多种环境的可伸缩分布式脚本,请选择 Selenium WebDriver。Selenium WebDriver 支持主流 Web 浏览器,如 Chrome、Internet Explorer 7 以上、Firefox、Safari、Opera、HtmlUnit。如果用户想要快速复现 Bug 的脚本、协助探索性测试的自动化测试脚本,请选择 Selenium IDE。Selenium IDE 是一个用于 Chrome 和 Firefox 的插件,便于用户进行录制-回放操作,将用户与浏览器的交互记录为测试脚本。对于初学者,可以选择 Selenium IDE,因为它简单易学易用。但为了更灵活地进行测试,建议选择 Selenium WebDriver,用户可以通过某种编程语言(如 Java、Python、C♯)来调用 Selenium WebDriver API,从而实现 Web 应用自动化测试。

如果用户只在同一台计算机上执行测试,则只需要调用 Selenium WebDriver API 即可。但如果用户希望在多台不同计算机上同时执行测试用例,则不仅需要 WebDriver,还需要 Selenium Server 以及 Selenium Grid 等。

【例 13.3】 Web 应用测试。图 13-7 是某个系统的注册页面,包含 5 个输入:用户名、密码、确认密码、性别以及是否同意服务条款。其中:用户名长度为 4 到 12 个字符,可以使用字母、数字和下划线,但必须以字母开头;密码长度限制为 6 到 8 个字符;性别为单选框,只能选择"男"或"女";是否同意服务条款为复选框,选中表示同意、不选表示不同意,如果不同意,则不允许注册。根据输入的信息,系统以提示框的形式给出注册结果:成功或失败;如果注册失败,在提示框中给出详细的失败原因。

图 13-7 某 Web 系统的注册页面

　　要执行软件系统测试,需要先进行测试用例设计。针对例 13.3 给出的 Web 系统注册页面,采用等价类测试技术(请读者参考第 3 章内容)并考虑特殊情况进行设计,得到如表 13-6 所示的测试用例。

表 13-6　Web 系统注册页面的测试用例

编号	输入					预期输出
	用户名	密码	确认密码	性别	是否同意 服务条款	
1	Abcd	a12cd3	a12cd3	男	是	注册成功
2	Abcd123	12ab56	12ab56	女	是	注册成功
3	Abc1234567890	a12cd3	a12cd3	男	是	注册失败/用户名过长
4	abc	a12cd3	a12cd3	男	是	注册失败/用户名过短
5	A@123	a12cd3	a12cd3	男	是	注册失败/用户名含非法字符
6	Abcd	a12cd3	a12cd3	男	是	注册失败/用户名已存在
7	Abcd_1	a12345678	a12345678	男	是	注册失败/密码过长
8	Abcd_2	123	123	男	是	注册失败/密码过短
9	Abcd_3	a12cd3	12ab56	男	是	注册失败/两次密码不一致
10	Abcd_4	111111	111111	男	是	注册失败/密码过于简单
11	Abcd_5	a12cd3	12ab56	男	否	注册失败/请先同意服务条款

　　接下来,安装测试环境并编写测试脚本来自动化地执行 Web 应用测试。关于如何安装 Selenium 测试环境,请读者自行查阅官方文档。需要注意的是,安装的驱动要和浏览器以及操作系统版本相对应。这里采用数据驱动方式进行测试,即测试数据和测试代码相分离,根据数据的不同,自动地执行多次测试。有多种方式实现数据驱动的测试:①采用编程语言对应的单元测试框架,如 JUnit、PyUnit;②自己编写代码来控制测试执行逻辑。对于准备好的测试数据(测试用例),也有多种方式提供:①保存在外部文件中(如 csv 文件、txt 文本),测试代码从文件中读取测试数据;②直接在测试代码中创建数组来保存测试数据。下面是采用 Python 编写的一个测试脚本。

```
from selenium import webdriver  ♯ 使用 Selenium 提供的库
import time
♯ 构建测试用例集,根据表 13-6 构建,为节省空间,这里只给出了 3 个测试用例
TC = [['Abcd', 'a12cd3', 'a12cd3', '男', True, '注册成功'],['Abcd123', '12ab56',
'12ab56', '女', True, '注册成功'],['Abc1234567890', 'a12cd3', 'a12cd3', '男', True, '
注册失败:用户名过长']]
index = 0
♯采用数据驱动方式,每次执行一个测试用例
for testcase in TC:
    index += 1
    driver = webdriver.Chrome()  ♯ 调用 Chrome 浏览器,可以根据需要采用其他浏览器
```

```
driver.get('http://XXX.com/register')　# 打开 Web 系统注册页面
time.sleep(2)　# 由于网络传输有延迟,等待一段时间
account = driver.find_element_by_id('account')　# 找到"用户名"输入框
account.clear()　# 执行清除操作,防止包含不必要的信息
account.send_keys(testcase[0])　# 输入用户名
pw = driver.find_element_by_name('password')　# 找到"密码"输入框
pw.clear()　# 执行清除操作,防止包含不必要的信息
pw.send_keys(testcase[1])　# 输入密码
again = driver.find_element_by_name('repassword')　# 找到"确认密码"输入框
again.clear()　# 执行清除操作,防止包含不必要的信息
again.send_keys(testcase[2])　# 输入密码
if testcase[3] == '男':
    driver.find_element_by_id('male').click()
else:
    driver.find_element_by_id('female').click()
accept = driver.find_element_by_id('accept')　# 获取"是否同意条款"复选框
if testcase[4] is True:　# 如果同意,则选中
    accept.click()
driver.find_element_by_id('submit').click()　# 点击"注册"按钮
time.sleep(2)　# 等待系统响应
alert = driver.switch_to.alert
if alert.text != testcase[5]:　# 测试不通过
    print('测试用例:', index, ',预期输出:', testcase[5], ',实际输出:', alert.text, '\n')
driver.close()　# 关闭浏览器
```

上述代码给出了 Web 系统注册页面的基本测试过程。为了使测试能够自动进行下去,需要正确识别出页面中的元素。Selenium 提供了多种识别手段,常用的定位符包括:id、name、class_name、tag、link_text、partical_link_text、xpath 以及 css_selector 等。Selenium WebDriver 提供了多种 find_element_by_XXX( )方法来定位网页中的元素,如表 13 - 7 所示。在实际应用中,可能需要组合使用多种定位方法来选择元素。

表 13 - 7　Selenium 提供的定位元素方法

方法	描述	参数
find_element_by_id	通过 ID 的值来查找定位元素	id:需要查找元素的 ID
find_element_by_name	通过 name 的值来查找定位元素	name:需要查找元素的名称
find_element_by_class_name	通过 class 的名称值来查找元素	class_name:需要查找元素的类名
find_element_by_tag_name	通过 tag 的名称值来定位元素	tag:需要查找元素的标签名称
find_element_by_link_text	通过链接文字来定位元素	link_text:需要查找元素的链接文字
find_element_by_partial_link_text	通过部分链接文字来定位元素	link_text:需要查找元素的部分链接文字

方法	描述	参数
find_element_by_css_selector	通过 CSS 选择器去定位查找元素	css_selector：需要查找元素的 ID
find_element_by_xpath	通过 XPath 的值来定位元素	xpath：需要查找元素的 xpath

关于 Selenium 的详细说明，请访问 https://www.seleniumhq.org。

13.7　Appium 应用

Appium 是一个面向移动 App 的开源自动化测试工具，可以测试原生 App、移动 Web 应用以及混合 App。可以测试 Android App 和 iOS App 等。Appium 具有跨平台性，使用相同的 API 可以测试多个平台（如 iOS、Android 和 Windows）。

Appium 的设计理念：①用户不必重新编译或修改 App；②为了编写和执行测试，用户不必限制于某种编程语言或框架；③自动化测试框架应该是开源的，且应该维持一定的兼容性和扩展性。

Appium 本质上是一个 Web 服务器并暴露出 Rest API。它接收客户的连接、监听命令，在移动设备上执行命令，通过 HTTP 返回响应。这种 C/S 风格架构允许用户可以使用任何编程语言，Appium Server 可以和运行测试的 Appium Client 相互独立。客户和服务器之间通过 Session 来维持通信，以 JSON 格式传递数据。

Appium Server 采用 Node.js 开发，可以通过源码编译并安装，也可以直接通过 NPM 来安装。Appium 提供一些 Client 库（Java、Ruby、Python、PHP、JavaScript 和 C♯）来支持 Appium 对 WebDriver 协议的扩展。Appium 也提供桌面程序 Desktop 来辅助用户使用，提供 GUI 界面以及 Inspector。

13.7.1　Appium 环境搭建

为了使用 Appium 进行移动应用测试，首先需要进行环境搭建，具体步骤如下：

1. 安装 Appium

有两种方式安装 Appium：通过 VPM 或通过 Appium Desktop。

（1）如果通过 NPM 来安装 Appium，需要 Node.js 和 NPM（使用 nvm、n 或 brew 安装模式）。安装命令为"npm install-g appium"。

（2）通过 Appium Desktop 应用安装。Appium Desktop 是一个图形化的应用程序，可以很方便地启动 Appium Server，只需要下载最新版的 Appium Desktop 即可。

2. 安装驱动

对于不同平台的 App，采用不同的驱动程序。例如，为了测试 Android 应用，需要安装 Android SDK 和适用于 Android 的驱动（如 UiAutomator2 Driver）。

3. 验证安装是否正确

可以使用 appium-doctor 来验证 Appium 的依赖是否满足需要。用户可能需要先执行命令"npm install-g appium-doctor"来安装 appium-doctor。然后在命令行运行"appium-doc-tor",并增加"——ios"或"——android"标识来检验开发/运行环境是否正确。

13.7.2　Appium 应用案例

【例 13.4】　移动应用测试。图 13-8 是某个 Android 应用的注册界面(原生 App),包含的输入字段和例 13.3 相同。根据输入的信息,系统以提示框的形式给出注册结果:成功或失败;如果注册失败,在提示框中给出详细的失败原因。其中,提示框通过自定义 AlertDialog 的布局实现。

图 13-8　某移动 App 的注册页面

采用表 13-6 的测试用例对该 App 注册页面进行测试。为提高测试效率,采用数据驱动测试技术。如果采用 Python 编写测试脚本来自动化地执行移动 App 测试,则需要利用 unit-test 框架的参数化测试来实现(其他编程语言类似)。下面是 Python 实现的移动 App 测试脚本。

```
importunittest
import paramunittest
import time
from appium import webdriver
♯ 准备测试数据,为节省空间,这里只给出了三个测试用例
```

@ paramunittest. parametrized ({ " name"：" Abcd"，" pw"：" a12cd3"，" again"：
"a12cd3"，"gender" ："男"，" agreement"：True，" expected"："注 册 成 功"}，{"name"：
"Abcd123"，"pw"："12ab56"，"again"："12ab56"，"gender"："女"，"agreement"：True，"expec-
ted"："注册成功"}，{"name"："A1"，"pw"："12ab56"，" again"："12ab56"，" gender"："男"，
"agreement"：True，"expected"："注册失败-用户名过短"})

```
class TestApp(unittest.TestCase)：#测试类
#将参数对应起来
    def setParameters(self,name,pw,again,gender,agreement,expected)：
        self.name = name
        self.pw = pw
        self.again = again
        self.gender = gender
        self.agreement = agreement
        self.expected = expected
@classmethod
    def setUpClass(self):#测试初始化工作
        desiredCaps = {
            'platformName':'Android', # 测试平台
            'platformVersion':'9.0', # Android 版本
            'deviceName':'XXXXX', # 测试设备的名称
            'appPackage':'com.example.test', # App 的包名
            'appActivity':'.MainActivity', # 测试 App 的起始 activity
        }
        self. driver = webdriver. Remote ('http://localhost：4723/wd/hub', de-
siredCaps) # 设定正确的 Appium 服务器
    @classmethod
def tearDownClass(self)：
    self.driver.quit()
    def testReg(self)： # 测试用例执行程序
        driver = self.driver
        input_name = driver.find_element_by_id('Name') # 定位用户名输入框,是
否可以直接 ID 名称,而不用包名?
        input_name.clear()
        input_name.send_keys(self.name)
        password = driver.find_element_by_id('Password') # 定位密码输入框
        password.clear()
        password.send_keys(self.pw)
```

```
        pw_again = driver.find_element_by_id('com. example. test;id/Again') #
定位确认密码输入框
        pw_again.clear()
        pw_again.send_keys(self. again)
        if self. gender == '男';
            driver.find_element_by_id('com. example. test;id/Male'). click() #
选择男
        else;
            driver.find_element_by_id('com. example. test;id/Female'). click() #
选择女
        if self. agreement;
            driver.find_element_by_id('com. example. test;id/Agreement'). click()
# 同意服务条款
        driver.find_element_by_id('com. example. test;id/Register'). click()
# 点击注册
        time. sleep(2) #等待服务器端返回结果
    #返回结果以 AlertDialog 出现
        ret = driver.find_element_by_id('com. example. register;id/Result')
    if ret. text ! ="注册成功";
            det = driver. find_element_by_id ('com. example. register; id/
Details')
            res = ret. text + '一' + det. text
        else;
            res = ret. text
    self. assertEqual(self. expected, res)
    bt = self. driver. find_element_by_id("android;id/button1") #定位"确定"
按钮
    bt. click()
if __name__ == '__main__';
    unittest. main(verbosity=2)
```

上述代码给出了移动 App 注册页面的基本测试过程。为了使测试能够自动进行下去,需要正确识别出页面中的元素。Appium 提供了 find_element_by_XXX( )方法来定位移动 App 中的元素,除了表 13-7 所示的 8 种方法之外,还提供了 find_element_by_accessibility_id 和 find_element_by_android_uiautomator 方法。在实际应用中,可能需要组合使用多种定位方法来选择元素。对于根据 ID 来识别移动 App 中的界面元素,可以给出完整的 id 描述(如 com. example. test;id/Name),可以只给出需要的部分(如 Name)。

关于 Appium 的详细说明,请访问 https;//appium. io。

13.8　讨　论

为了提高测试效率，人们开发出了许多自动化测试工具，将测试人员从繁忙的手工测试中解脱出来。这些自动化测试工具既有商业付费软件，也有开源免费软件。一些公司针对自身项目需求，会开发供团队内部使用的各种测试工具；这些内部工具虽然不一定完善，但往往非常有效。但由于它们不对外开放，本书不讨论它们。

虽然在 13.3 小节，给出了被测程序的源码，但 JUnit 和 TestNG 可以直接针对 Jar 包进行测试，而不需要程序的源代码。因此，JUnit 和 TestNG 属于黑盒测试工具。

要分析测试用例达到的覆盖率，通常有多种技术。一种技术是代码注入，在软件的关键位置插入统计代码，从而获得测试覆盖率数据。代码注入根据是否修改源码可以分为侵入式注入和非侵入式注入。对于 Java 程序来说，可以将统计代码插入到源代码中并重新编译，这是侵入式注入，也称为代码级注入。也可以将统计代码插入到编译好的 .class 文件中，这是非侵入式注入，也称为类级注入，EclEmma 就是这种工作原理。对于 Java 来说，还可以对 JVM 进行定制，在对 Java 源码编译或执行的过程中，由 JVM 将统计代码注入。对于 C 语言程序来说，可以通过修改源码，修改编译后的二进制文件，以及修改编译器实现注入。

变异测试作为一种有效的测试技术，受到人们的关注。但由于变异算子种类繁多，生成的程序变体数量往往巨大，这给测试工作带来了较大负担。对于未被识别的变体，需要人工来确定该变体是否为被测程序的等价变体。muJava 作为一种应用于 Java 语言程序的变异测试工具，可以进行有效的程序变异和变异测试分析，但测试用例的设计及编写还需要用户给出。

尽管追求测试尽可能地自动化是测试人员的目标，但自动化测试不是万能的。还需要手工测试，如探索性测试无法实现自动化。此外，自动化测试工具也是由人开发的，由于人会犯错的特性，自动化测试工具本身也会存在缺陷。因此，实际工作中，会采用自动化测试和手工测试相结合的方式。

本章小结

本章介绍了主流软件测试工具、自动化测试技术，重点阐述了 JUnit、EclEmma、muJava、Selenium 以及 Appium 的应用。

习题

1. 自动化测试具有哪些优点？它是否是万能的？
2. 请比较手工测试和自动化测试。
3. 请针对 NextDate 函数或其他程序，采用 JUnit 进行测试设计与开发。
4. 请针对 NextDate 函数或其他程序，采用 EclEmma 进行测试，分析第 3 章测试技术所设计的测试用例代码覆盖率情况。
5. 请针对 NextDate 函数或其他程序，采用 muJava 进行测试设计，分析第 3 章测试技术所设计的测试用例变异覆盖率情况。
6. 请针对某个 Web 应用，采用 Selenium 进行测试设计。
7. 请针对某个移动 App，采用 Appium 进行测试设计。

参考文献

[1] 乔根森. 软件测试:一个软件工艺师的方法:原书第 4 版[M]. 马琳,李海峰,译. 北京:机械工业出版社,2017.

[2] 马瑟 A P. 软件测试基础教程[M]. 王峰,郭长国,陈振华,等译. 北京:机械工业出版社,2011.

[3] 梅耶,巴吉特,桑德勒. 软件测试的艺术:原书第 3 版[M]. 张晓明,黄琳,译. 北京:机械工业出版社,2013.

[4] 宫云战,赵瑞莲,张威,等. 软件测试教程[M].2 版. 北京:机械工业出版社,2016.

[5] 佩腾 R. 软件测试:原书第 2 版[M]. 张小松,王钰,曹跃,等译. 北京:机械工业出版社,2015.

[6] 胡铮. 软件测试技术详解及应用[M]. 北京:科学出版社,2011.

[7] 李晓红,唐晓君,王海文,等. 软件质量保证及测试基础[M]. 北京:清华大学出版社,2015.

[8] 李龙,李向函,冯海宁,等. 软件测试实用技术与常用模板[M]. 北京:机械工业出版社,2016.

[9] 夸克 K,特里帕蒂 P. 软件测试与质量保证:理论与实践[M]. 郁莲,等译. 北京:电子工业出版社,2013.

[10] 克里斯平,格雷戈里. 敏捷软件测试:测试人员与敏捷团队的实践指南[M]. 孙伟峰,崔康,译. 北京:清华大学出版社,2010.

[11] 惠特克,阿乎帮,卡罗洛. Google 软件测试之道[M]. 黄利,李中杰,薛明,译. 北京:人民邮电出版社,2013.

[12] 佟伟光,郭霏霏. 软件测试[M].2 版. 北京:人民邮电出版社,2015.

[13] DU X Z,LUO D Y,HE C H,et al. A fine-grained software-implemented DMA fault tolerance for SoC against soft error [J]. Journal of Electronic Testing:Theory and Applications,2018,34(6):717 - 733.

[14] DU X Z, LUO D Y, SHI K L, et al. FFI4SoC:a Fine-grained fault injection framework for assessing reliability against soft error in SoC [J]. Journal of Electronic Testing:Theory and Applications,2018,34(1):15 - 25.

[15] 章晓芳,冯洋,刘頔,等. 众包软件测试技术研究进展[J]. 软件学报,2018,29(1):69 - 88.